# AI 超神活用術

## Felo
搜尋 | 筆記 | 簡報 | 網頁 | 知識庫
心智圖與視覺圖表 全能助手

# 關於文淵閣工作室
ABOUT

常常聽到很多讀者跟我們說：我就是看你們的書學會用電腦的。

是的！這就是寫書的出發點和原動力，想讓每個讀者都能看我們的書跟上軟體的腳步，讓軟體不只是軟體，而是提升個人效率的工具。

文淵閣工作室創立於 1987 年，創會成員鄧文淵、李淑玲在學習電腦的過程中，就像每個剛開始接觸電腦的你一樣碰到了很多問題，因此決定整合自身的編輯、教學經驗及新生代的高手群，陸續推出 「快快樂樂全系列」 電腦叢書，冀望以輕鬆、深入淺出的筆觸、詳細的圖說，解決電腦學習者的徬徨無助，並搭配相關網站服務讀者。

隨著時代的進步與讀者的需求，文淵閣工作室除了原有的 Office、多媒體網頁設計系列，更將著作範圍延伸至各類 AI 實務應用、程式設計、影像編修與創意書籍。如果你在閱讀本書時有任何的問題，歡迎至文淵閣工作室網站或者使用電子郵件與我們聯絡。

- 文淵閣工作室網站　http://www.e-happy.com.tw
- 服務電子信箱　e-happy@e-happy.com.tw
- Facebook 粉絲團　http://www.facebook.com/ehappytw

總　監　製：鄧文淵　　　責任編輯：鄧君如
監　　　督：李淑玲　　　執行編輯：熊文誠、鄧君怡、李昕儒
行銷企劃：鄧君如

# 本書學習資源
RESOURCE

本書特別規劃專屬 "學習地圖"，引導讀者循序漸進掌握 Felo 與多款 AI 工具的整合運用，全面提升實戰操作力。(電腦端示範以 Google Chrome 瀏覽器為主；行動裝置則以 iPhone 為主要示範，並標註與 Android 系統的操作差異。所有操作均須在連接網路的情況下進行，以確保功能正常運作。)

## ✦ 學習地圖介紹

學習地圖頁面網址：**https://bit.ly/ehappy-Felo**　以電腦瀏覽器開啟即可進入 (請注意！網址輸入時須確保字母大小寫正確，以避免無法正常開啟)。若使用行動裝置，可掃描右側 QR code 進入。

- **各單元學習資源**：依各單元整理相關 AI 提示詞用句、主題範例的資源連結...等素材檔案。
- **教學影片與相關素材**：提供四則教學影片，包含：
  - Felo Canva 設計專業的社群行銷圖文
  - Felo 打造互動式網頁
  - Felo Chat 應用01_三種 AI 互動模式全解析
  - Felo Chat 應用02_外掛程式

## ✦ 取得各單元範例 AI 提示詞與資料來源

於學習地圖 **各單元學習資源**，選按單元名稱即可進入該單元主頁，各單元會有 **Felo 提示詞**、**資料來源**、**圖片素材**、**完成作品** ...等主題，分別是各章節中用到的 AI 提示詞、相關文字與需匯入的資料檔案或網址。以 **Part 02** 為例：

- AI 提示詞：可直接選取複製，再依章節說明，於 ChatGPT 或 NotebookLM 對話框中貼上。

### 各單元學習資源

💬 搭配各單元學習素材，快速學習 Felo！

⭐ Part 01 智慧搜尋新體驗 Felo
📕 Part 02 與 AI 對話 / 立即掌握關鍵知識
💬 Part 03 主題集與文件庫 / 個人專屬知識庫與主題式探討
🧠 Part 04 心智圖與視覺圖表 / 視覺化資訊架構強化思考力
📘 Part 05 Felo 與 Notion 高效整合 / 跨平台內容同步與管理
📄 Part 06 知識一鍵變簡報 / 套用範本加速設計流程

---

AI 超神活用術：Felo 搜... / 📕 Part 02 與 AI 對話 / 立即掌握關鍵知識

## Part 02 與 AI 對話 / 立即掌握關鍵知識

**Felo 提示詞**

Tip 1
- 我經營一個專賣健身用品的 IG 帳號，目標是吸引 25~35 歲男性，請問有什麼主題或內容形式能提高互動率？
- 請簡單說明什麼是短影音行銷？它與傳統社群貼文行銷有何不同？
- 請比較 TikTok、IG Reels 與 YouTube Shorts 在短影音行銷上的優劣勢，適合哪些品牌使用？
- 我是一家運動服飾品牌，目標客群為 20–35 歲族群，請根據 IG Reels 的特性，幫我設計一支 30 秒內能促進品牌好感度的短影音
- 針對 25–35 歲女性族群，請根據 "短影音互動趨勢" 提出 2 - 3 種可應用於 FB 粉專的活動設計建議。
- 請將第 2 種腳本，具體寫成一支 30 秒的 IG Reels 腳本草案。

Tip 3
- 請以中文繁體，幫我摘要這篇文章的內容，並列出五個關鍵重點。
- 請針對行銷趨勢的部分，整理出三個值得注意的變化。

- 資料來源：以 "**資料來源 (編號)**" 標註，方便讀者於閱讀書中範例的同時，可以快速找到相對的資料內容下載並匯入至 Felo 的使用。

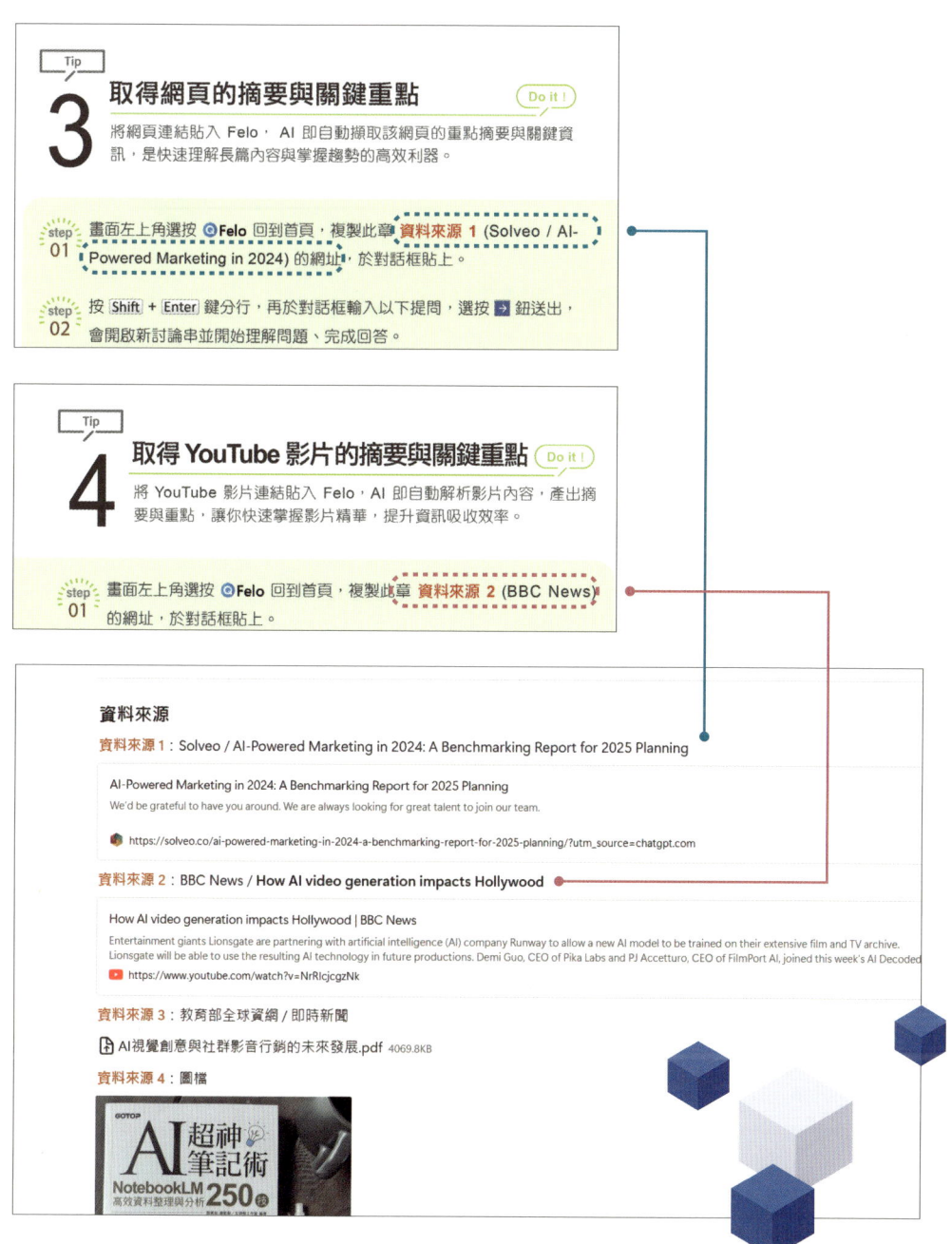

# 單元目錄
CONTENTS

▶ 新手篇

## Part 1 Felo 智慧搜尋新體驗
用 AI 全面強化思考與決策力

**1　Felo × ChatGPT 智慧搜尋雙核心** .................................................. 1-3
   ✦ 從知識到創意：AI 助力提升五大關鍵力 .................................. 1-3
   ✦ 九大面向解析 Felo 與 ChatGPT 的應用重點 ........................... 1-4
   ✦ Felo 從搜尋到知識轉化 ............................................................. 1-5

**2　Felo × ChatGPT 智慧協作與分工** .................................................. 1-6
   ✦ 一樣的模型，不一樣的任務！ .................................................. 1-6
   ✦ Felo 與 ChatGPT 搭配策略：會議摘要與電子郵件撰寫 ..... 1-7
   ✦ Felo 與 ChatGPT 搭配策略：數據分析與行銷文案撰寫 .... 1-8

**3　快速上手 Felo** .................................................................................. 1-9
   ✦ 註冊與登入 ................................................................................. 1-9
   ✦ 免費標準版與訂閱版的差異 ..................................................... 1-10
   ✦ 認識 Felo 介面 ........................................................................... 1-10

**4　Felo 個人化設定** ............................................................................. 1-12
   ✦ 外觀主題與介面語言 ................................................................. 1-12
   ✦ AI 數據保留 ................................................................................ 1-13
   ✦ 對話內容偏好語言 ..................................................................... 1-13
   ✦ 自訂搜尋偏好與個人化資訊 ..................................................... 1-14

# Part 2 與 AI 對話
## 立即掌握關鍵知識

1 用對方法問問題，Felo 回答更聰明！ ..................................................2-3
 - 使用 Felo 的第一步，就是 "提問" ...............................................2-3
 - 具體清晰的提問 ..........................................................................2-4
 - 循序漸進的提問 ..........................................................................2-5
 - 多種情境提問 ..............................................................................2-7
 - 由相關問題繼續提問 ..................................................................2-8
 - 掌握 Felo 回應邏輯三步驟 ........................................................2-9

2 善用討論串，發揮 Felo 對話力 ..........................................................2-10
 - 什麼是 "討論串" ？ ...................................................................2-10
 - 新增討論串 ................................................................................2-11
 - 為討論串更名 ............................................................................2-11

3 取得網頁的摘要與關鍵重點 ................................................................2-12

4 取得 YouTube 影片的摘要與關鍵重點 ...............................................2-13

5 精準提問技巧：搜尋源與檔案資料 ....................................................2-14
 - 指定搜尋源，一鍵選擇知識管道 ............................................2-14
 - 添加檔案，幫你取得摘要、精準分析、結構化整理 ............2-17
 - 添加圖像，幫你看圖辨字、洞察內容、延伸創意 ................2-20

6 Felo PRO Search 專業版搜尋 ...............................................................2-24
 - 設定模型與模式 ........................................................................2-24
 - 探索深度研究：從多元資料到深度解析 ................................2-26

7 回答與資料來源管理 ............................................................................2-28
 - 瀏覽資料來源 ............................................................................2-28
 - 瀏覽相關圖片與影片 ................................................................2-29

- ✦ 刪除不合適的資料來源 ........................................... 2-29
- ✦ 翻譯資料來源 ....................................................... 2-30
- ✦ 檢視與翻譯引用的資料來源 ................................... 2-31
- ✦ 編輯問題以取得新的答案 ...................................... 2-32
- ✦ 重寫答案 .............................................................. 2-32
- ✦ 顯示提問的 "相關問題" ......................................... 2-33
- ✦ 複製某一段回答內容 ............................................. 2-33
- ✦ 分享討論串 .......................................................... 2-34

**8　歷史記錄：討論串的搜尋與管理** ..................................... 2-35
- ✦ 查看與延續歷史討論串 ......................................... 2-35
- ✦ 用關鍵字快速搜尋歷史記錄 ................................... 2-36
- ✦ 刪除歷史記錄 ....................................................... 2-36

▶ 應用篇

# Part 3　主題集與文件庫
### 個人專屬知識庫主題式探討

**1　"主題" 的建立與管理** ....................................................... 3-3
- ✦ 建立主題與自定義提示詞 ....................................... 3-3
- ✦ 管理主題項目 ........................................................ 3-5

**2　上傳、添加與管理知識源** ................................................ 3-6
- ✦ 上傳 PDF 資料 ...................................................... 3-6
- ✦ 上傳 Word 資料 .................................................... 3-7
- ✦ 添加網頁連結 ........................................................ 3-8
- ✦ 添加 YouTube 影片連結 ........................................ 3-9
- ✦ 新增與移除、刪除知識源 ..................................... 3-10

| | | |
|---|---|---|
| 3 | 僅用知識源進行精準搜尋並回答 ............................................. | 3-12 |
| | ✦ 關閉網路模式並開始提問 ................................................. | 3-12 |
| | ✦ 確認回答的引用資料 ......................................................... | 3-14 |
| 4 | 網路與知識源整合搜尋並回答 ................................................. | 3-15 |
| | ✦ 開啟網路模式並開始提問 ................................................. | 3-15 |
| | ✦ 確認回答的引用資料 ......................................................... | 3-17 |
| 5 | 用多個討論串強化你的 Felo 主題 ............................................ | 3-18 |
| | ✦ 規劃子主題建立討論串 ..................................................... | 3-19 |
| | ✦ 將不合適的討論串移出主題 ............................................. | 3-20 |
| | ✦ 將歷史討論串加入主題 ..................................................... | 3-20 |
| 6 | 主題分享與團隊協作 ................................................................. | 3-21 |
| | ✦ 分享主題項目 ..................................................................... | 3-21 |
| | ✦ 分享主題項目予指定對象 ................................................. | 3-22 |
| | ✦ 分享主題項目中的討論串 ................................................. | 3-23 |
| 7 | 掌握 Felo 文件庫．高效資料管理 .......................................... | 3-24 |
| | ✦ 知識源檔案與簡報 ............................................................. | 3-24 |
| | ✦ 將討論串儲存為 Felo 文件 ............................................... | 3-25 |
| | ✦ 編輯 Felo 文件 ................................................................... | 3-27 |
| | ✦ AI 生成圖片並插入至文件 ............................................... | 3-28 |
| | ✦ 下載 Felo 文件 ................................................................... | 3-30 |
| 8 | 文件庫檔案跨主題研究 ............................................................. | 3-31 |

## Part 4 心智圖與視覺圖表
### 視覺化資訊架構強化思考力

1. 掌握視覺化思維五大優勢 ........................................... 4-3
2. 用心智圖讓思緒變得看得見！ ...................................... 4-4
3. 將 Felo 回答視覺化為心智圖 ........................................ 4-5
4. 調整心智圖結講與設計 ................................................ 4-7
   - ✦ 重新產生 ............................................................... 4-7
   - ✦ 套用合適的結構與樣式 ........................................... 4-7
   - ✦ 縮、放顯示大小 .................................................... 4-11
   - ✦ 展開與收合層級 .................................................... 4-12
5. 複製、下載與分享心智圖 ............................................ 4-13
6. 將 Felo 文件視覺化為心智圖 ....................................... 4-14
7. 用視覺圖表讓複雜資訊一看就懂！ ............................... 4-15
8. 將 Felo 文件視覺化為視覺圖表 ................................... 4-16

## Part 5 Felo 與 Notion 高效整合
### 跨平台內容同步管理

1. 打造 AI 協作工作流 .................................................... 5-3
2. 將 Felo 提問與回答儲存到 Notion ............................... 5-4
   - ✦ 輸入問題提問 ........................................................ 5-4
   - ✦ 首次儲存至 Notion 先設定平台連結 ...................... 5-5
   - ✦ 儲存更多 Felo 回答至 Notion ................................ 5-9
3. 認識 Notion 介面與資料庫 ......................................... 5-10
   - ✦ 登入 Notion 帳號 ................................................ 5-10
   - ✦ 認識 Notion 操作介面 .......................................... 5-11
   - ✦ 認識 Notion 資料庫操作介面 ................................ 5-12

| 4 | 瀏覽每筆提問的 Notion 主頁面 | 5-14 |
|---|---|---|
| | ✦ 進入各提問主頁面 | 5-14 |
| | ✦ 展開/收合摺疊列表 | 5-15 |
| 5 | Notion 資料庫屬性設定與最佳化 | 5-18 |
| | ✦ 調整屬性欄寬 | 5-18 |
| | ✦ 修改資料庫瀏覽模式標籤名稱 | 5-18 |
| | ✦ 調整屬性格式 | 5-19 |
| | ✦ 建立分類標籤 | 5-20 |
| | ✦ 建立關鍵字標籤 | 5-22 |
| | ✦ 開啟對應的 Felo 討論串畫面 | 5-24 |
| | ✦ 新增屬性(欄位) | 5-24 |
| 6 | Notion 資料庫以看板模式分組管理 | 5-26 |
| | ✦ 新增看板瀏覽模式 | 5-26 |
| | ✦ 看板資料分組管理 | 5-26 |
| | ✦ 指定看板上出現的項目 | 5-29 |
| 7 | Notion 資料庫篩選與排序 | 5-30 |
| 8 | 將 Felo 心智圖整併至 Notion | 5-32 |

## Part 6 知識一鍵變簡報
### 套用範本加速設計流程

| 1 | 與 Felo 探討提案簡報內容 | 6-3 |
|---|---|---|
| 2 | 生成簡報:調整與編排大綱 | 6-5 |
| | ✦ 變更大綱內容 | 6-5 |
| | ✦ 透過大綱調整內頁 | 6-6 |
| | ✦ 透過大綱整併頁面 | 6-7 |
| 3 | 生成簡報:套用版型與風格 | 6-9 |

| | | |
|---|---|---|
| 4 | 瀏覽簡報作品與認識編輯介面 | 6-10 |
| 5 | 調整簡報版型與排版樣式 | 6-11 |
| | ✦ 變更套用的模板 | 6-11 |
| | ✦ 調整排版樣式 | 6-12 |
| 6 | 快速編輯簡報文案內容 | 6-14 |
| | ✦ 透過大綱調整 | 6-14 |
| | ✦ 文字編輯與格式套用 | 6-15 |
| 7 | 插入圖片與背景設計 | 6-17 |
| 8 | 簡報拼圖展示 | 6-19 |
| 9 | 放映與保存簡報 | 6-21 |
| 10 | 將簡報下載為 PowerPoint 檔 | 6-23 |
| 11 | 將簡報下載為 PDF 檔 | 6-24 |

## Part 7　將簡報轉入 Canva 設計
### 專業編排結合動態呈現

| | | |
|---|---|---|
| 1 | 查看與管理討論串中的簡報 | 7-3 |
| 2 | Felo 簡報轉換為 Canva 專案 | 7-4 |
| 3 | 熟悉 Canva 主要畫面與基礎功能 | 7-6 |
| 4 | Canva 打造吸睛設計的進階技巧 | 7-9 |
| | ✦ 變更頁面版面配置 | 7-9 |
| | ✦ 套用配色與字型組合 | 7-10 |
| | ✦ 添加照片 | 7-12 |
| | ✦ 讓照片依邊框形狀呈現 | 7-13 |
| | ✦ 為頁面元素套用動畫 | 7-14 |
| | ✦ 變更文字、照片動畫 | 7-15 |

　　　　✦ 加入頁面轉場 ......................................................................7-16
5　Canva 變更簡報語系 ..............................................................7-17
6　Canva 簡報的展示技巧 ..........................................................7-18

# Part 8 設計資訊圖卡
## 視覺化知識重點

1　**Felo 改寫社群貼文風格** ........................................................**8-3**
　　　　✦ 定義社群貼文風格與改寫標題 ........................................8-3
　　　　✦ 撰寫符合標題的簡介 ........................................................8-4
2　一鍵生成視覺化圖卡 ..............................................................**8-6**
3　變更圖卡樣式 ..........................................................................**8-7**
4　下載圖卡 ..................................................................................**8-9**
5　分享討論串 QR code ............................................................**8-10**
6　**Canva 打造社群行銷影像設計** ..........................................**8-11**
　　　　✦ 吸引客群的貼文 ..............................................................8-11
　　　　✦ 建立 Canva 新專案 ........................................................8-12
　　　　✦ 上傳外部圖片並插入頁面 ..............................................8-13
　　　　✦ 裁切圖片 ..........................................................................8-14
　　　　✦ 插入、編輯形狀元素 ......................................................8-15
　　　　✦ 輸入並設計標題文字 ......................................................8-17
　　　　✦ 顯示尺規並新增輔助線 ..................................................8-19
　　　　✦ 利用元素遮蓋圖片多餘的部分 ......................................8-20
　　　　✦ 複製頁面完成其他設計 ..................................................8-21
　　　　✦ 添加品牌 Logo ................................................................8-24
　　　　✦ 下載圖片 ..........................................................................8-26

▶ 提升篇

# Part 9 Felo Agent 搜尋代理
## 自動化搜尋與報告產出

1 認識 Felo Agent 並執行精選代理 ..................................9-3
- Felo Agent 是什麼？ ..................................9-3
- Felo Agent 適用場景 ..................................9-4
- 超實用的 Felo Agent 精選推薦：YouTube 摘要 ..................9-4
- 超實用的 Felo Agent 精選推薦：PDF 速讀 ..................9-6

2 自訂 AI 搜尋代理 ..................................9-9
- 查看代理描述與步驟 ..................................9-9
- 編輯代理 ..................................9-10
- 管理 "我的代理" ..................................9-13
- 將搜尋代理釘選到首頁 ..................................9-14

3 從提問到生成專業報告 ..................................9-15
- 套用代理 ..................................9-15
- 取得報告並改寫風格 ..................................9-17
- 優化內容結構與呈現方式 ..................................9-18

4 輸出報告 ..................................9-21
- 生成心智圖、簡報並儲存至 Notion ..................9-21
- 儲存至 Google 雲端硬碟 ..................................9-21
- 下載為 Word、PDF、Markdown 文件 ..................9-22

5 打造專屬 AI 搜尋代理 ..................................9-23
- 建立多步驟代理 ..................................9-23
- 編輯代理步驟 ..................................9-24
- 套用代理 ..................................9-26

6 分享與保存 AI 搜尋代理 ..................................9-27

# Part 10 行動化與語音會議記錄
## AI 語音助理新體驗

**1　行動裝置 Felo App 應用技巧** ........................................10-3
- 安裝手機應用程式 ........................................10-3
- 註冊與登入帳號 ........................................10-3
- 認識 Felo App 畫面 ........................................10-4
- 進入討論串畫面 ........................................10-6
- 以輸入文字方式提問 ........................................10-7
- 以語音的方式提問 ........................................10-8

**2　Felo App 語音 AI 語音助理** ........................................10-9

**3　利用語音筆記記錄會議** ........................................10-10
- 開始錄製語音筆記 ........................................10-10
- 即時提問並取得回答 ........................................10-11
- 結束錄製與會議內容總結 ........................................10-12
- 重新為語音筆記命名 ........................................10-14
- 刪除語音筆記 ........................................10-14

**4　語音會議記錄生成逐字稿並翻譯** ........................................10-15
- 生成會議逐字稿依講者分段整理 ........................................10-15
- 將逐字稿翻譯成指定語系 ........................................10-16

**5　會議記錄分析及改進** ........................................10-18

# Part 11 Felo 與 NotebookLM 筆記協作
## 從知識分析到 Podcast 對談

- 1 用 **Felo** 快速產出專業趨勢報告 ..................................................11-3
- 2 **NLM** 開啟 **AI** 高效知識應用新模式 ......................................11-6
  - ✦ 登入並開啟第一本筆記本 ............................................. 11-6
  - ✦ 認識筆記本畫面 ............................................................ 11-7
  - ✦ 認識首頁畫面 ................................................................ 11-8
- 3 **NLM** 打造專屬知識庫 ..................................................................11-9
  - ✦ 新增來源：文件與檔案 ................................................. 11-9
  - ✦ 探索來源：網路搜尋 ................................................... 11-10
- 4 **NLM** 從探索主題到知識轉化 ................................................. 11-12
  - ✦ 提問並儲存為記事 ...................................................... 11-12
  - ✦ 一鍵生成簡介文件 ...................................................... 11-15
- 5 **NLM** 生成 **Podcast** 知識對談 ............................................... 11-17
  - ✦ 調整生成語音摘要指定語言 ....................................... 11-17
  - ✦ 自訂對話式語音摘要並生成 ....................................... 11-17
  - ✦ 刪除並重新生成語音摘要 ........................................... 11-18
  - ✦ 下載語音摘要 .............................................................. 11-19

# PART 01

## Felo 智慧搜尋新體驗
## 用 AI 全面強化思考與決策力

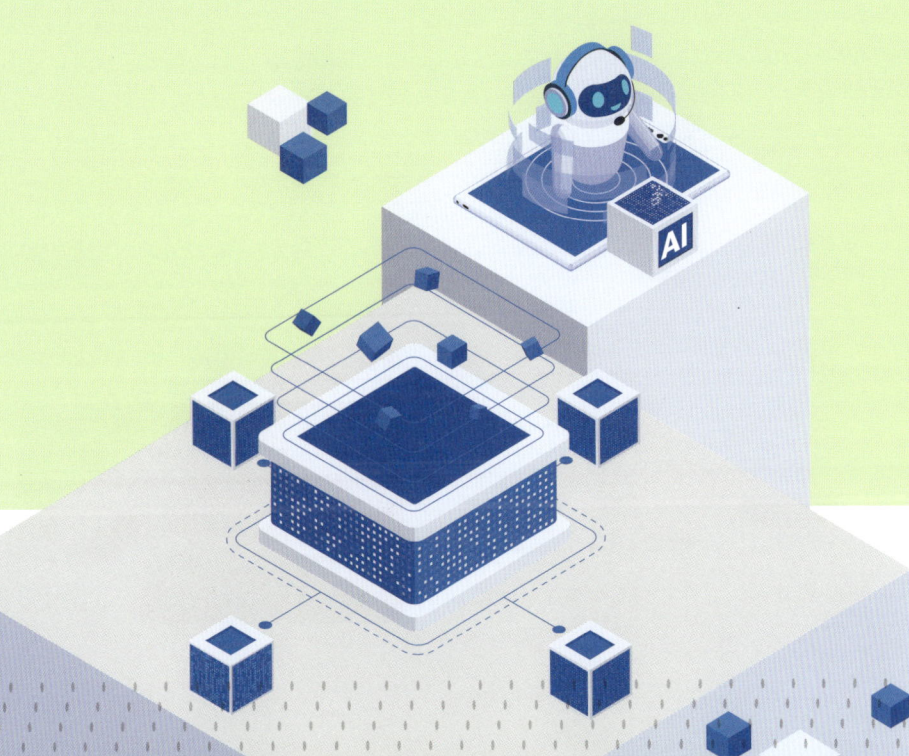

## 單元重點

啟動 Felo，展開全新的 AI 搜尋體驗，不僅提升資料分析效率，更全面強化思考力與工作精準度。

- ☑ Felo × ChatGPT 智慧搜尋雙核心
- ☑ Felo × ChatGPT 智慧協作與分工
- ☑ 快速上手 Felo
- ☑ Felo 個人化設定

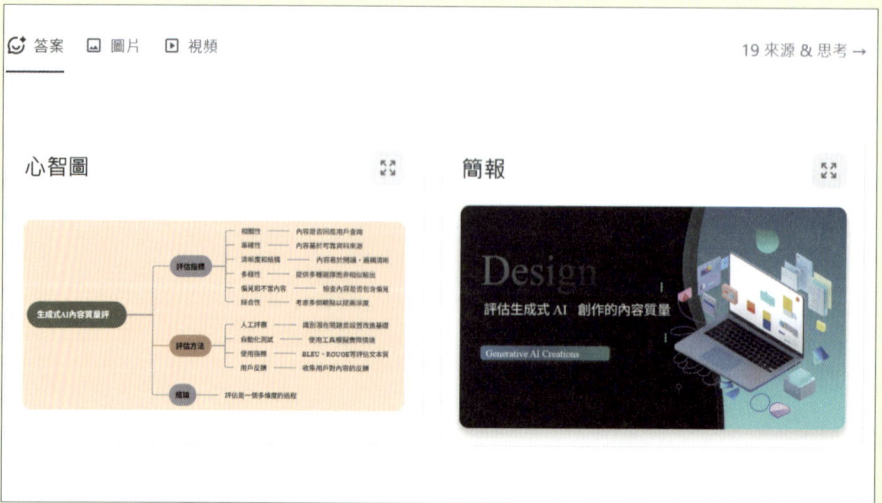

# Felo × ChatGPT 智慧搜尋雙核心

不只是搜尋,更是思考的延伸。善用 Felo 與 ChatGPT,讓 AI 成為你的智慧助理。

### ✦ 從知識到創意:AI 助力提升五大關鍵力

數位時代,AI 正重塑職場運作模式,以下是多種實務應用方式,能更有效優化流程、強化成果:

- **知識整理與內容管理**:AI 協助整理筆記、分類資料、彙整會議紀錄與內容摘要,讓資訊架構更清晰。透過智慧搜尋與自動化整理,提升工作效率,強化知識應用與團隊協作。
- **創意生成與簡報設計**:運用 AI 自動生成吸引人的行銷文案、資訊圖表、簡報與影片腳本⋯等內容,快速且符合品牌調性。在短時間內創造多樣化、高點擊率和高質量的內容,提升品牌曝光與受眾互動。
- **優化社群管理**:AI 在社群媒體行銷中發揮著關鍵作用,可以協助撰寫貼文文案、梗圖設計、回覆訊息和分析資料⋯等,讓你可以輕鬆管理多個社群平台,並根據受眾的反饋和互動數據進行調整,優化內容策略,進而提高社群媒體行銷的效率和品牌影響力。
- **精準數據分析與預測**:AI 以其強大的數據分析能力成為職場的一大優勢,利用 AI 來處理和分析大數據,進而挖掘出潛在的市場趨勢、消費者行為模式與消費傾向,進而提高行銷效果。
- **個性化策略制定**:結合數據和 AI 技術,根據個別消費者的喜好、行為和需求,量身定製和優化策略。這種方法不僅提高了品牌的吸引力和忠誠度,還增加了目標達成率和滿意度。

## ✦ 九大面向解析 Felo 與 ChatGPT 的應用重點

Felo 與 ChatGPT 同為 AI 智慧搜尋與對話工具,在功能設計與操作介面上各有特色。使用者可依任務需求,選擇最適合的 AI 助手。以下以表格方式整理兩者的主要差異,方便快速比較與應用。

| 應用 | Felo | ChatGPT |
|---|---|---|
| AI 模型 | GPT-4o、o4-mini、Claude 3.7 Sonnet...等多種模型供選擇使用。 | GPT-4o、o4-mini、GPT-4.5...等多種模型供選擇使用。 |
| 資料來源 | 可指定透過網際網路、Felo Agent、學術資訊、社群...等搜尋範圍。 | 多數回應來自內部訓練資料,部分版本可啟用網頁搜尋來補充即時資訊。 |
| 資料庫建構 | 透過 **文件庫** 及 **主題集** 管理搜尋及上傳的檔案。 | 無法儲存上傳的檔案。 |
| 對話連續性 | 透過 **討論串** 建立對話主題,每個 **討論串** 皆能接續該主題繼續提問;並提供提問建議選項,使問答過程條理清晰。 | 透過 **聊天室** 建立對話主題,每個 **聊天室** 都能接續該主題繼續提問、生成創意內容或總結主題重點...等。 |
| 上傳與分析檔案 | 可上傳並分析<br>**圖片檔案**:.jpg、.png、.tiff、.gif...等檔案格式。<br>**文件檔案**:.pdf、.doc、.txt...等檔案格式。 | 可上傳並分析<br>**圖片檔案**:.jpg、.png、.gif...等檔案格式。<br>**文件檔案**:.pdf、.doc、.txt...等檔案格式。<br>**資料檔案**:.xlsx、.csv...等檔案格式。 |
| 心智圖資訊圖表生成 | 可以生成心智圖、資訊圖表,並可針對層級與文字內容調整。 | 以圖像形式產生心智圖、資訊圖表,無法編輯層級與文字內容。 |
| 圖像生成 | 可以生成圖像。 | 可以生成圖像。 |
| 簡報生成 | 可以生成簡報。 | 無法直接生成簡報,但可以生成簡報大綱及內容。 |
| 專業報告生成 | 可生成商業、學術、新聞稿及演講稿結構多頁式報告。 | 可生成報告大綱與結構,適合初步發想,但內容深度需使用者自行補充。 |

## ✦ Felo 從搜尋到知識轉化

Felo (又稱 Felo Search)，是一款由 AI 驅動的多語言搜尋平台，使用者只需輸入提問，即可過網際網路或指定的知識來源進行搜尋，快速整合資訊並生成回答。適用於學術研究、職場應用與內容創作...等多元用途。

- **討論串整合搜尋與觀點延伸**：Felo 將提問與回應自動整理為討論串，保留搜尋脈絡，方便追蹤與擴充，並可進一步轉為簡報、摘要或報告，加速知識轉化。
- **資料分類管理及分析**：Felo 透過 主題集 上傳檔案，以專屬知識庫分析並提供精準回答，避免過多的資訊干擾，有效管理並進行更全面性、更深入的探討與研究。

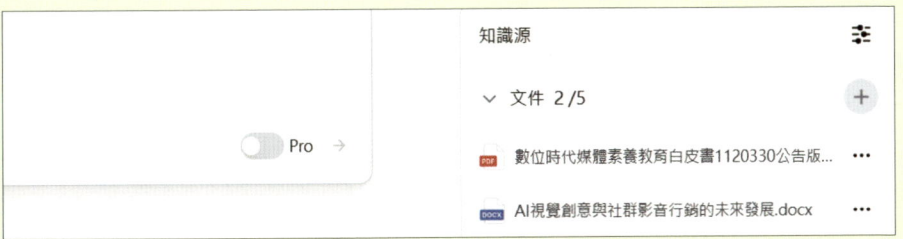

- **產出專業報告與視覺化呈現**：將討論串內容改寫為商務、學術、新聞稿及演講稿...等風格及結構，並進一步生成簡報、心智圖與資訊圖表，打造一份完整且專業的報告文件。

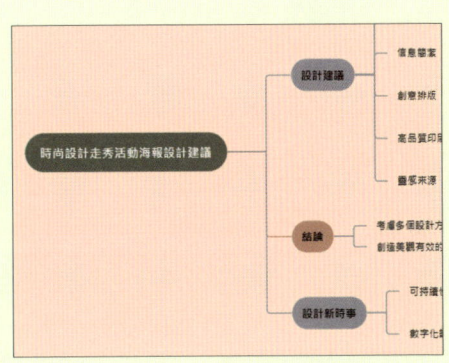

- **自動化搜尋代理**：透過套用或建立自動化的搜尋流程，讓重複性任務交由 AI 執行，有效提升效率並降低錯誤率。

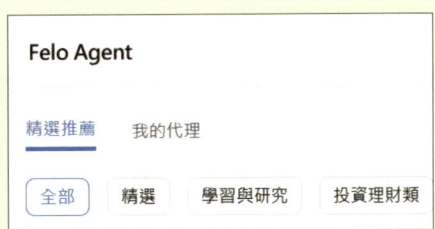

## Tip 2 Felo × ChatGPT 智慧協作與分工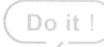

Felo 與 ChatGPT 皆具備重點摘要、文案創作與語氣風格調整…等功能,並各具優勢,將兩個工具搭配使用,將效益最大化。

### ✦ 一樣的模型,不一樣的任務!

Felo 與 ChatGPT 雖使用相同 GPT-4o 模型,應用場景卻不同。Felo 擅長語意搜尋與資料整理,適合用於文件分析、報告撰寫與知識輸出;ChatGPT 則以自然對話與靈活生成為強項,適用於問答互動、創作發想與技術協作。以下對比兩者在實際使用流程上的差異。

| 流程 | Felo | ChatGPT |
| --- | --- | --- |
| 輸入 | 文件上傳、問題提問、知識庫資料引用。 | 自然語言提問。 |
| 處理方式 | 結合語意搜尋與文件內容擷取。 | 模型回應、上下文理解。 |
| 輸出形式 | 摘要、心智圖、資訊圖表、簡報、報告。 | 對話回應、腳本、建議、文案、表格…等。 |

Felo 與 ChatGPT 雖同樣具備 AI 功能,實際應用場景仍有所不同。以下從五大功能面向切入,快速比較兩者在資料處理與生成應用上的優勢與差異。(√:較為擅長、△:表現普通)

| 項目 | Felo | ChatGPT |
| --- | --- | --- |
| 知識彙整與重點摘要 | √ | △ |
| 個人專屬資料庫 | √ | △ |
| 內容創作與改寫 | √ | √ |
| 資料視覺化 | √ | △ |
| 語氣風格調整 | △ | √ |

## ✦ Felo 與 ChatGPT 搭配策略：會議摘要與電子郵件撰寫

根據 Felo 與 ChatGPT 各自的應用優勢相互搭配，迅速摘要會議紀錄，並撰寫會後電子郵件，提升團隊溝通與職場工作效率。

Felo 善於重點摘要與資料視覺化，在 "跨部門專案檢討會議" 任務流程中的角色定位與應用如下：

- **角色定位**：產品行銷專員，負責會議內容整合。
- **任務分配**：根據會議紀錄整理重點摘要與後續安排，並將內容以心智圖形式呈現，協助資訊接收者更清晰掌握重點與脈絡。

ChatGPT 文案創作及語氣風格調整較具優勢，在 "跨部門專案檢討會議" 任務流程中的角色定位與應用如下：

- **角色定位**：行銷業務專員，負責撰寫溝通訊息與外部聯繫內容。
- **任務分配**：依據 "會議記錄摘要及會議後續任務" 撰寫電子郵件，並依據收件對象，如：同事、合作夥伴與客戶…等，調整語氣，明確傳達重點與行動指引。

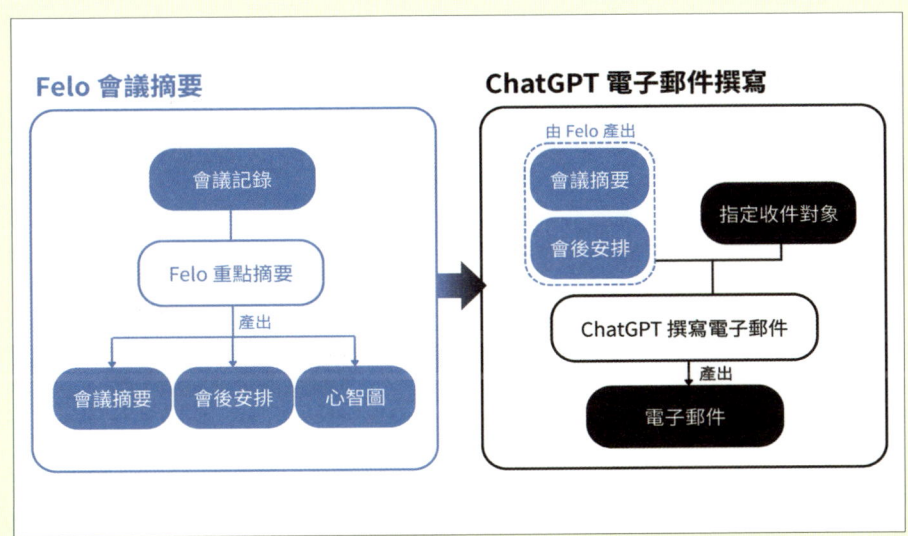

## ✦ Felo 與 ChatGPT 搭配策略：數據分析與行銷文案撰寫

根據 Felo 與 ChatGPT 各自的應用優勢相互搭配，精準掌握問卷調查數據，並打造極具吸引力的行銷文案，提升行銷成效。

於 Felo 建立個人專屬資料庫，在 "問卷調查結果分析及行銷文案撰寫" 任務流程中的角色定位與應用如下：

- **角色定位**：資料整合與數據分析專家，負責重點彙整與洞察報告撰寫。
- **任務分配**：整合分析 "社群平台用戶使用習慣問卷調查結果" 與 "社群行銷策略"，撰寫 "廣告與推廣策略洞察報告"。

ChatGPT 文案創作及語氣風格調整較具優勢，在 "問卷調查結果分析及行銷文案撰寫" 任務流程中的角色定位與應用如下：

- **角色定位**：創意行銷文案專家，負責撰寫並優化行銷內容。
- **任務分配**：依據 "廣告與推廣策略洞察報告" 撰寫針對目標客群與產品特性的社群行銷貼文，並依需求調整語氣風格。

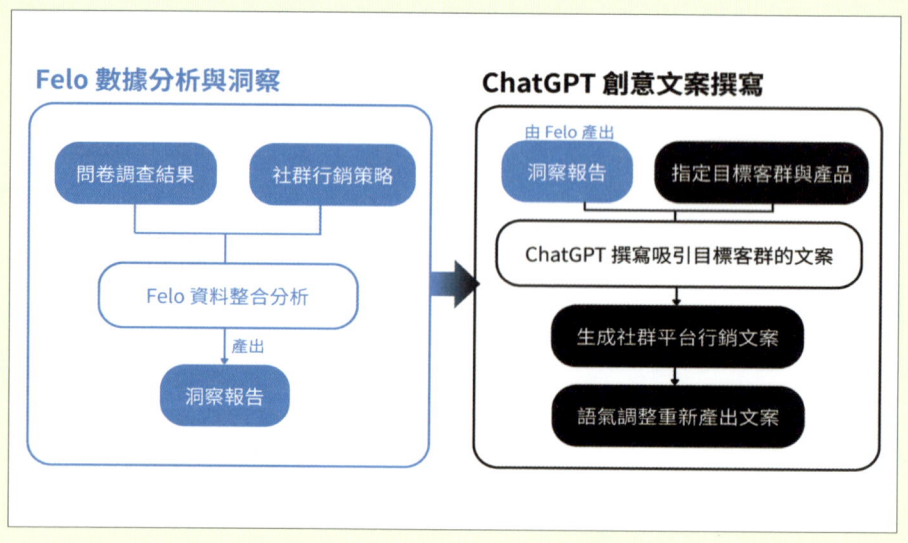

# 3 快速上手 Felo

使用 Felo 不需要登入即可對談,但有登入帳號的用戶才能保留對話紀錄,並解鎖更多功能與應用。

## ✦ 註冊與登入

Felo 支援以 Google、Apple 或電子郵件登入,立即開始體驗智慧搜尋。

**step 01** 開啟瀏覽器,於網址列輸入「https://felo.ai/」,進入 Felo 首頁,若為初次使用,於畫面左下角選按 **登入 / 註冊** 鈕。

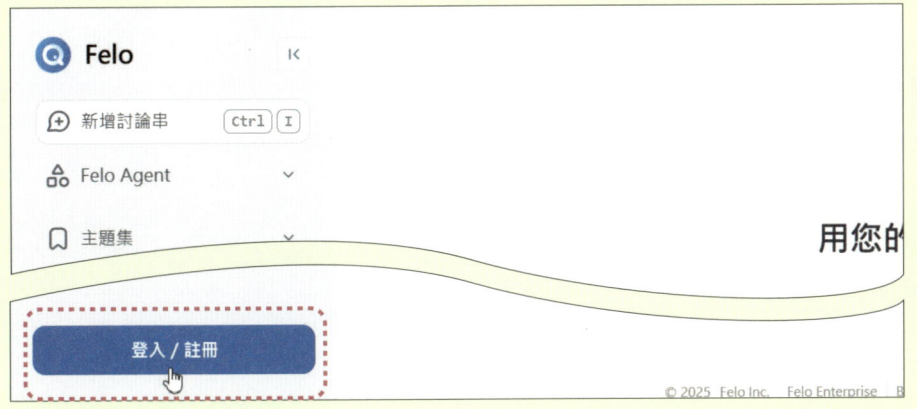

**step 02** 選擇合適的註冊方式,在此選按 **使用 Google 繼續** 鈕。依畫面指示完成登入流程。(若尚未有 Google 帳號,可選按 **建立帳戶**,依步驟完成註冊。)

## ✦ 免費標準版與訂閱版的差異

Felo 提供免費與訂閱兩種方案,免費版可使用為這個版本開放的功能與有限制的體驗部分進階功能,訂閱版則可完整解鎖進階應用,下表列出這兩個版本的差異。

| 項目 | 免費標準版 | 訂閱版 |
| --- | --- | --- |
| 高級 AI 模型 | 未解鎖 | 解鎖 |
| 每日專業搜尋次數 | 5 次 | 300 次 |
| 每日 PPT 生成次數 | 3 次 | 不限 |
| 每日檔案上傳分析次數 | 3 次 | 不限 |
| 主題上傳檔案數量 | 5 個 | 50 個 |

詳細資訊可參考官網:「https://felo.ai/zh-Hant/blog/pricing/」中說明,或在登入 Felo 後,於討論串畫面左下角 **升級方案** 選按 **深入瞭解** 查看。

## ✦ 認識 Felo 介面

進入 Felo 首頁後,預設會展開側邊欄,若側邊欄如下圖為收合狀態,選按 ⇥ 即可展開。

1-10

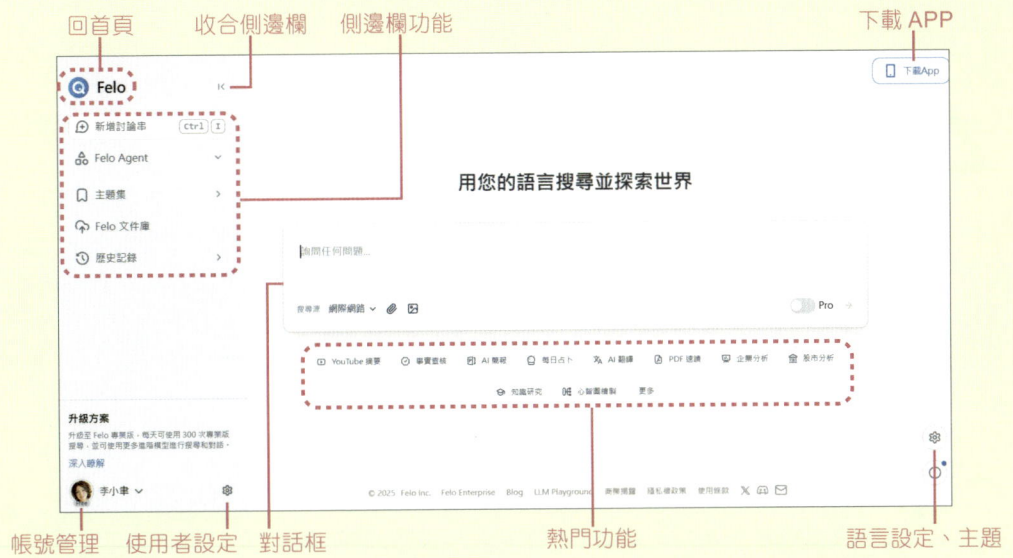

- **側邊欄**：Felo 五大功能 **新增討論串**、**Felo Ageng**、**主題集**、**Felo 文件庫**、**歷史記錄**。

    - 選按 **新增討論串** 鈕，可新增一個討論串。
    - **Felo Agent** 可套用各式搜尋代理，也可建立專屬代理。
    - **主題集** 可建立主題討論，並上傳與管理知識源。
    - **Felo 文件庫** 儲存與管理 Felo 文件及上傳的檔案。
    - **歷史記錄** 記錄與管理所有討論串。

- **使用者設定**：帳號、訂閱方案、AI 模型、外觀及語言..等各項設定皆在此查看或更改。

- **對話框**：輸入提問送出即可取得回答；選按 **搜尋源** 設定搜尋範圍；選按 附加文件檔案；選按 附加圖片檔案；選按 呈 狀可切換為專業版搜尋。

- **熱門功能**：目前顯示於此處的是 Felo Agent (搜尋代理) 的精選項目，Felo Agnet 是多階段自動化搜尋功能，建立的搜尋代理與自訂的搜尋代理皆可釘選於此處，方便使用。

# Felo 個人化設定

在 Felo 中,除了可自訂外觀主題與介面語言,還可以指定 Felo 的回應語系,優化 AI 工具個人化設定,讓回答內容更貼近需求與目標。

首先於首頁左下角選按 ⚙ 進入 **使用者設定** 畫面。

## ✦ 外觀主題與介面語言

於 **設定** 自訂 **外觀**,支援淺色與深色模式,可配合工作環境調整,在此選按 **淺色** (全書皆以 **淺色** 外觀操作示範)。

於 **設定** 自訂 **介面語言**,可依需求選擇合適的語系,在此選按 **繁體中文**。

1-12

### ✦ AI 數據保留

於 **設定** 自訂 **AI 數據保留**，若開啟，會將用戶的搜索數據用來改進 AI 模型。在此選按 🔘 呈 🔘 關閉 **AI 數據保留**。

### ✦ 對話內容偏好語言

於 **答案偏好設定** 自訂 **偏好的回應語言**，此範例選按 **自動 (偵測輸入)**，會根據輸入語言，自動以相對應的語言回答。

### ✦ 自訂搜尋偏好與個人化資訊

於 **答案偏好設定** 選按 **自訂指令**，對話方塊輸入提問偏好、職業與興趣…等相關資訊，幫助 Felo 的回答聚焦；於 **位置** 輸入所在位置，Felo 即會根據所提供的位置進行個人化回答或推薦。

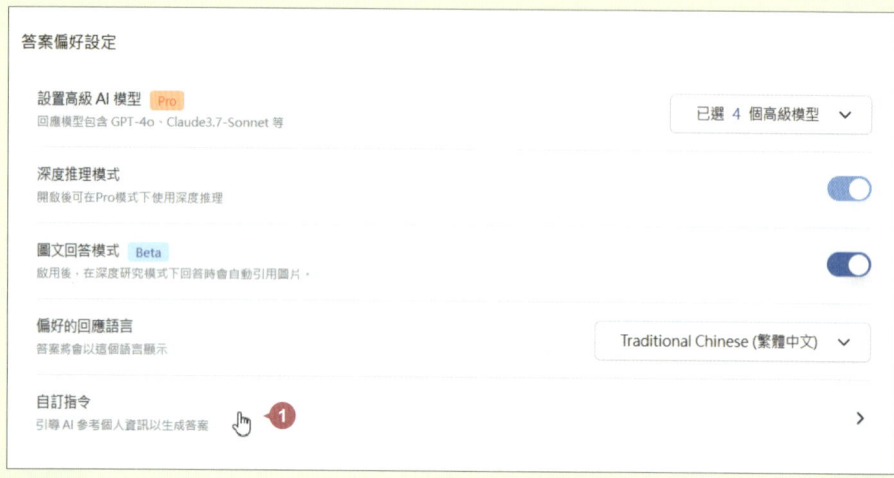

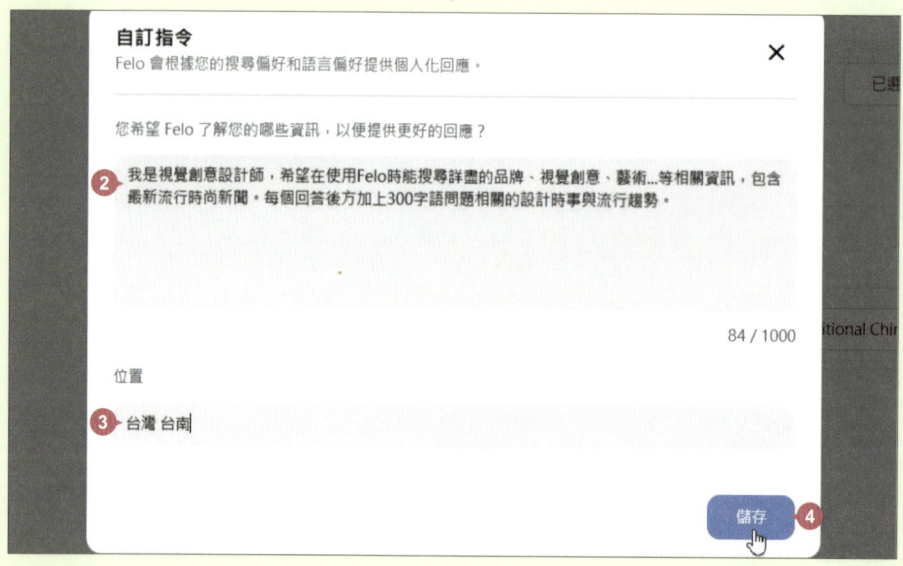

# PART 02

## 與 AI 對話
### 立即掌握關鍵知識

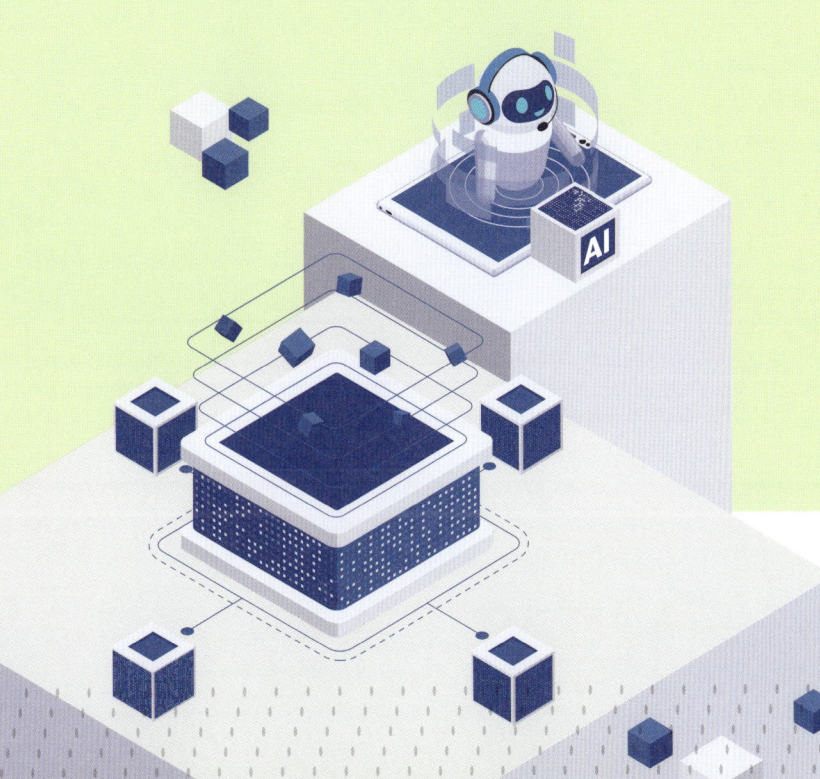

# 單元重點

掌握 Felo 正確提問、靈活運用討論串與搜尋技巧，就能充分發揮對話效能。從網頁與影片摘要、專業版搜尋到歷史記錄應用，帶你逐步學會各項核心操作，提升提問品質，精準取得所需答案與資訊。

- ☑ 用對方法問問題，Felo 回答更聰明！
- ☑ 善用討論串，發揮 Felo 對話力
- ☑ 取得網頁的摘要與關鍵重點
- ☑ 取得 YouTube 影片的摘要與關鍵重點
- ☑ 精準提問技巧：搜尋源與檔案資料
- ☑ Felo PRO Search 專業版搜尋
- ☑ 回答與資料來源管理
- ☑ 歷史記錄：討論串的搜尋與管理

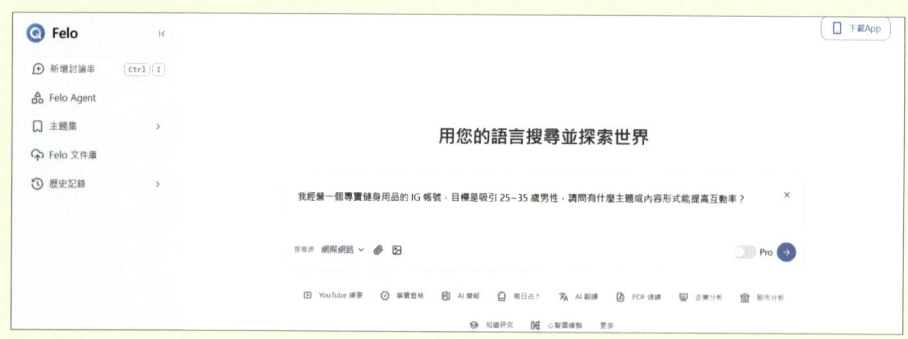

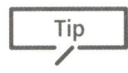

# 用對方法問問題，Felo 回答更聰明！ Do it !

不論是找資料、寫文章、翻譯還是規劃行程，只要會問，Felo 就能幫得上忙！

### ✦ 使用 Felo 的第一步，就是 "提問"

Felo 是一個以對話為核心的 AI 工具，無論你是要找資料、生成內容、整理重點、還是分析文件，一切都從 "提問" 開始。提問就像是設定方向的羅盤，問題問得好，AI 回得準！

與 AI 人工智慧溝通時，"提問" 指的是提供給 AI 的指令、提問與各式描述，用來引導 AI 生成回答或特定內容。模糊的提問不僅會影響溝通，也會讓 AI 工具無法提供正確的回應，為了讓溝通更加順暢，可以透過具體的指示、總結到細節提問，及多種情境提問來溝通。這些方法能有效幫助 Felo 理解問題的本質，進而提供更準確的回答。

開啟瀏覽器，於網址列輸入：「https://felo.ai/」進入 Felo 首頁，可以選擇登入帳號，或直接於畫面中開始提問。(建議登入帳號以更完整的使用 Felo)

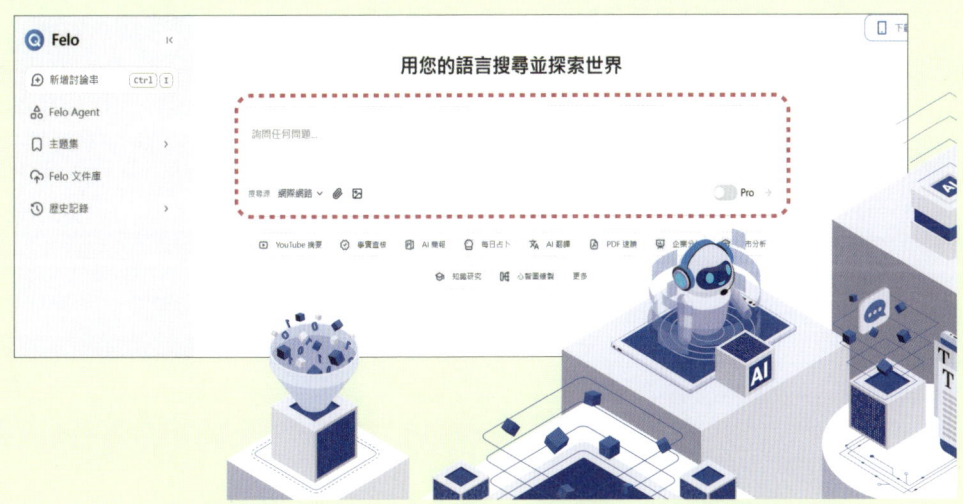

## ✦ 具體清晰的提問

提問時，需給予具體的指示，"誰、在哪裡、要做什麼、希望達到什麼..."，避免使用模糊或不確定的描述。例如：「我要做社群行銷，有什麼建議？」就是較模糊的提問。

於對話框輸入以下提問，**搜尋源** 為預設：**網際網路**，一般搜尋（不開啟 Pro），選按 ➔ 鈕送出，Felo 會開始理解問題並完成回答。

2-4

## ✦ 循序漸進的提問

善用 **基礎理解** → **比較分析** → **進階應用** 的層次進行提問，不僅能獲得更有脈絡的回答，還能幫助聚焦核心問題，提升思考深度與發想效率。

**基礎理解**：先建立清楚的基本概念。於對話框輸入以下提問，選按 → 鈕送出，Felo 會開始理解問題並完成回答。

> 提問 💬
> 請簡單說明什麼是短影音行銷？它與傳統社群貼文行銷有何不同？

---

**小提示**

**查看回答來源資訊**

將滑鼠指標移至回答的文字最後方數字註腳上，會顯示此段回答內容的參考來源。

**比較分析**：深入探討差異與適用時機。於對話框輸入以下提問，選按 ➡ 鈕送出。

> **提問** 💬
> 請比較 TikTok、IG Reels 與 YouTube Shorts 在短影音行銷上的優劣勢，適合哪些品牌使用？

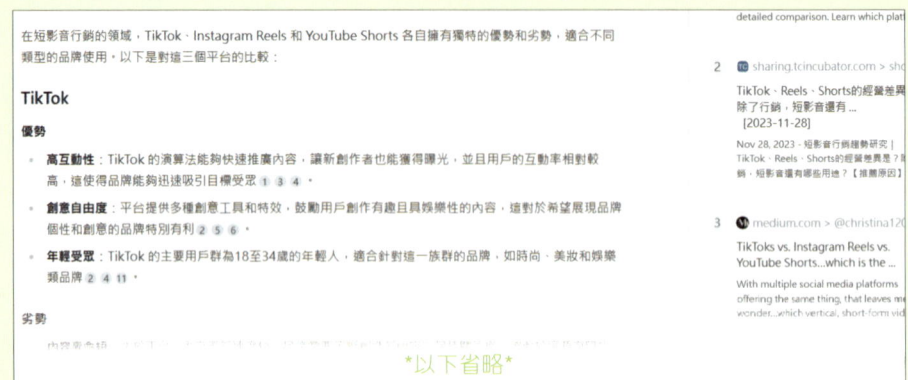

*以下省略*

**進階應用**：實際運用、創作、策略規劃。於對話框輸入以下提問，選按 ➡ 鈕送出。

> **提問** 💬
> 我是一家運動服飾品牌，目標客群為 20–35 歲族群，請根據 IG Reels 的特性，幫我設計一支 30 秒內能促進品牌好感度的短影音腳本。

*以下省略*

最後，可再依回答內容，進一步調整問題，或自行挑選欲延伸探討的主題，以獲取更精確或深入的資訊。

2-6

## ✦ 多種情境提問

充分了解資料脈絡及重點後，可以根據不同需求，靈活運用多種提問方式，幫助你更有效地分析資料，並加深對內容的理解。以下是幾種常見的提問情境：

- **基礎理解**：適用於快速掌握概念，如「請簡要說明這篇文章的重點」。
- **深入探討**：針對特定主題挖掘細節，如「深入分析食物選擇的影響因素」。
- **比較與對照**：比較不同觀點或內容，如「對比 A 與 B 的優缺點」。
- **摘要與整理**：請總結長篇內容，如「請將此文件摘要為 200 字」。
- **應用與推論**：知識轉化為實際應用，如「如何將此策略應用於市場行銷？」。
- **創意發想**：啟發靈感、點子產出，如「基於...，發想 3 個創新點子」。
- **校對與優化**：幫助改寫或潤飾內容，如「請將這段文字優化，使其更清晰流暢」。

**step 01** 針對 "應用與推論" 的情境應用，於對話框輸入以下提問，選按 ➔ 鈕送出。

> 提問 💬
> 針對 25–35 歲女性族群，請根據 "短影音互動趨勢" 提出 2 - 3 種可應用於 FB 粉專的活動設計建議。

---

針對 25–35 歲女性族群，請根據 "短影音互動趨勢" 提出 2 - 3 種可應用於 FB 粉專的活動設計建議。

✓ 答案    🖼 圖片    ▶ 視頻                    23 來源 & 思考 →

針對25至35歲女性族群，以下是幾種可應用於Facebook粉專的短影音互動活動設計建議，旨在提高品牌參與度和互動性：

**活動設計建議**

**1. 挑戰賽活動**
- 活動內容：發起一個以品牌產品為主題的挑戰賽，例如「30天健身挑戰」。參與者需每天分享使用品牌運動服飾的短影音，展示他們的運動過程或成果。
- 互動方式：鼓勵參與者使用特定的活動標籤（如 #品牌名稱挑戰），並標註品牌的Facebook粉專。每週選出最佳影片，贈送品牌產品作為獎勵。
- 目的：透過用戶生成內容（UGC）提升品牌曝光率，並增強社群的凝聚力。

*以下省略*

2-7

**step 02** 針對 "創意發想" 的情境應用,於對話框輸入以下提問,選按 ➡ 鈕送出。

> **提問** 💬
> 請將第 2 種腳本,具體寫成一支 30 秒的 IG Reels 腳本草案。

**IG Reels 腳本草案:產品試穿分享**

**場景設定**
- 時長:30秒
- 風格:活潑、時尚,搭配流行音樂背景

**腳本內容**
1. 開場(0-5秒)
   - 畫面:快速剪輯的模特兒穿著不同款式的運動服飾,展現自信的笑容。
   - 文字:左畫面上顯示「穿上自信,展現真我!」(使用動態字體)。

*以下省略*

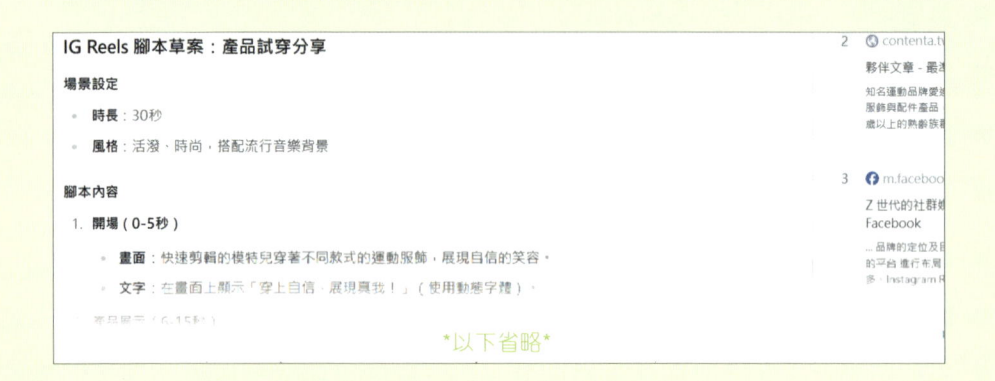

## ✦ 由相關問題繼續提問

用 Felo 進行提問後,討論串的最下方,會看到相關的問題。這項設計能在你一時不知該問什麼時,協助持續探索主題並深入理解或進行多角度探討,直接選按感興趣的問題,即可立即展開進一步對話。

相關問題:
- 如何選擇適合的背景音樂來增強 IG Reels 的吸引力?
- 有哪些成功的品牌試穿分享活動案例可以參考?
- 如何評估參與者的影片質量以選出最佳分享?

選擇適合的背景音樂對於增強 IG Reels 的吸引力至關重要。以下是一些具體的建議,幫助你選擇合適的音樂來提升影片的效果:

**1. 確定影片主題**
- 音樂風格:根據影片的主題選擇音樂,例如,若影片是關於健身或運動,選擇節奏感強、充滿活力的音樂會更合適;而如果是分享旅行或日常生活的片段,則可以選擇輕快或悠閒的旋律。

*以下省略*

2-8

### ✦ 掌握 Felo 回應邏輯三步驟

在 Felo 提出問題後，Felo 會依三大步驟：**理解問題**、**分解問題**、**回答完成**，進行 AI 分析，並生成整合性的回應內容。

選按 **來源 & 思考**，於右側 **思考** 面板可瀏覽三大步驟的詳細資訊：

三個步驟會列項整理，讓使用者一目了然 Felo 是如何處理提問，以下是各步驟的說明：

| 步驟 | 說明 |
| --- | --- |
| 理解問題 | 顯示系統如何判讀你的原始提問，會標示出提問的語意、重點詞彙或主題。這有助於使用者確認 AI 是否理解正確方向。 |
| 分解問題 | 呈現系統將問題拆分為幾個子問題（如：4 個子查詢），並指出使用了多少資料來源與語言，讓使用者掌握 AI 分析的邏輯結構。 |
| 回答完成 | 表示已彙整所有分析與查詢結果，完成回應撰寫，使用者可開始閱讀系統生成的回答內容。此為最終處理狀態。 |

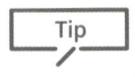

## Tip 2 善用討論串,發揮 Felo 對話力　　Do it！

**討論串** 是指在 Felo 中,圍繞同一主題展開多輪提問與回答,所形成的連續且完整的 AI 對話紀錄。

### ✦ 什麼是 "討論串"？

在 Felo,從第一次在對話框提出問題開始,到後續針對同一主題不斷追問與回應,所建立的一段有脈絡的互動過程,即為一則 "討論串"。

- 從單一主題提問出發,延續上下文脈絡,多輪互動深入探討。
- AI 能根據過往對話理解意圖,提供更精準的建議與內容。
- 完整保留對話脈絡,方便後續查閱或延伸討論。
- 適合進行任務規劃、文件分析、學習研究、創意產出…等情境應用。

過往的討論串會保留在畫面左側側邊欄中,依照今天、昨天、過去 7 天、五月、四月…等時間點分類整理,也可以在 **歷史記錄** 中進一步瀏覽與管理。

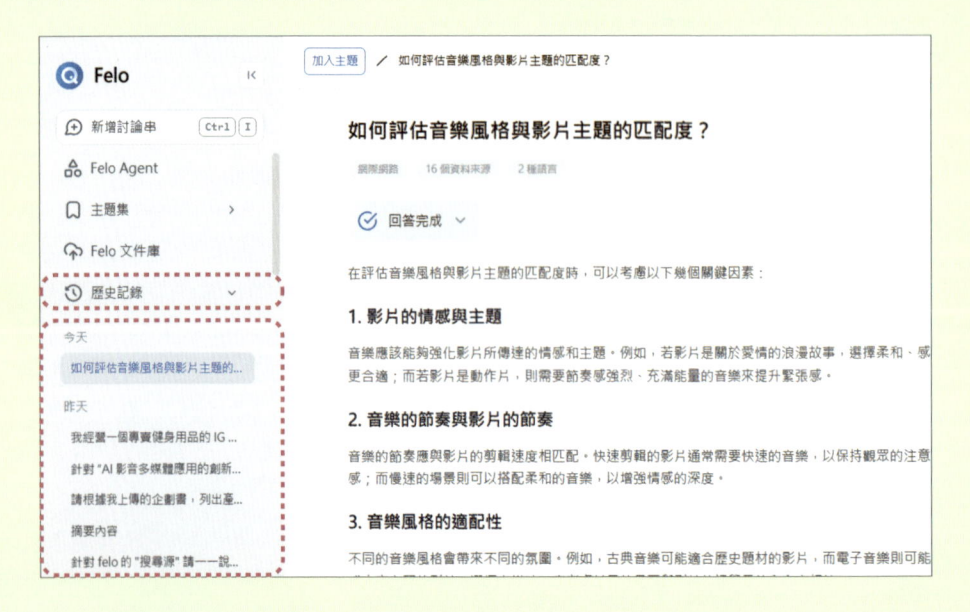

## ✦ 新增討論串

當你想針對新主題開始提問時，建議開啟一段全新的 AI 對話討論串，避免與過往內容混淆。

選按畫面左上角的 **⊙Felo** 或 **新增討論串**，即可開始輸入新的問題；Felo 將自動建立一個新的對話討論串，並顯示在側邊欄中。

## ✦ 為討論串更名

為討論串命名合適的名稱，有助於快速辨識對話主題與內容，便於日後回顧與管理，特別適用於長期追蹤的知識整理與專案紀錄。

將滑鼠指標移至側邊欄欲更名的討論串，選按 🖉，輸入新名稱後按下 **儲存** 鈕，即可完成更名。

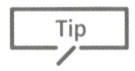

## Tip 3　取得網頁的摘要與關鍵重點

Do it！

將網頁連結貼入 Felo，AI 即自動擷取該網頁的重點摘要與關鍵資訊，是快速理解長篇內容與掌握趨勢的高效利器。

**step 01**　畫面左上角選按 Felo 回到首頁，複製此章 **資料來源 1** (Solveo / AI-Powered Marketing in 2024) 的網址，於對話框貼上。

**step 02**　按 Shift + Enter 鍵分行，再於對話框輸入以下提問，選按 → 鈕送出，會開啟新討論串並開始理解問題、完成回答。

> 提問 💬
> 請以中文繁體，幫我摘要這篇文章的內容，並列出五個關鍵重點。

```
https://solveo.co/ai-powered-marketing-in-2024-a-benchmarking-report-for-2025-planning/?utm_source=chatgpt.com    ①
請以中文繁體，幫我摘要這篇文章的內容，並列出五個關鍵重點。    ②

搜尋源  網際網路                                             ③ →

🌐 傳統搜索    按 Ctrl+Enter 可搜尋「網頁」與「鏈接」      (Beta)
```

這篇文章《2024年的AI驅動行銷：2025年規劃的基準報告》探討了人工智慧（AI）如何迅速改變行銷領域，並提供了2025年行銷規劃的寶貴基準和見解。以下是文章的五個關鍵重點：

1. **個性化行銷的興起：**
   - AI使行銷人員能夠以空前的規模提供個性化體驗。例如，Coca-Cola利用AI分析消費者數據，實現了瓶子上的名字個性化，從而提升了銷售和社交媒體互動。
2. 生成式AI的應用：

*以下省略*

**step 03**　可進一步提問，針對網頁內容給予其他分析與應用。於對話框輸入提問，選按 → 鈕送出。

> 提問 💬
> 請針對行銷趨勢的部分，整理出三個值得注意的變化。

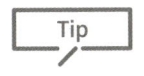

## Tip 4 取得 YouTube 影片的摘要與關鍵重點 ( Do it ! )

將 YouTube 影片連結貼入 Felo，AI 即自動解析影片內容，產出摘要與重點，讓你快速掌握影片精華，提升資訊吸收效率。

**step 01** 畫面左上角選按 **Felo** 回到首頁，複製此章 **資料來源 2** (BBC News) 的網址，於對話框貼上。

**step 02** 按 Shift + Enter 鍵分行，再於對話框輸入以下提問，選按 → 鈕送出，會開啟新討論串並開始理解問題、完成回答。

> **提問** 💬
> 請以中文繁體，幫我摘要這支影片的內容，並列出五個關鍵重點。

```
https://www.youtube.com/watch?v=NrRlcjcgzNk  ①
請以中文繁體，幫我摘要這支影片的內容，並列出五個關鍵重點。  ②

搜尋源 網際網路 ∨  📎  🖼                                  🕐 ③ →
🌐 傳統搜尋   按 Ctrl+Enter 可搜尋「網頁」與「鏈接」              Beta
```

⌄

這支影片探討了人工智慧 (AI) 在好萊塢影片製作中的影響，特別是文本轉視頻技術的革命性變化。以下是影片的五個關鍵重點：

1. **AI技術的革命性：**
    - AI技術正在改變傳統的電影製作方式，特別是在降低製作成本方面，使得更多創作者能夠進入這個領域。
2. 好萊塢的AI合作

*以下省略*

**step 03** 可進一步提問，針對影片內容給予其他分析與應用。於對話框輸入提問，選按 → 鈕送出。

> **提問** 💬
> 幫我整理影片內容並轉換成簡報三個投影片的結構。

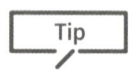

## Tip 5　精準提問技巧：搜尋源與檔案資料　(Do it！)

Felo 提問時，透過指定搜尋來源、附加檔案或圖片，並搭配深度搜尋功能，可讓 AI 回答更聚焦、更具參考依據。

### ✦ 指定搜尋源，一鍵選擇知識管道

Felo 提供多元 "搜尋範圍" 設定，預設為：**網際網路**，使用者可於提問前指定其他資料來源，如：**學術資訊**、**社群討論**、**Reddit**、**小紅書**、**X**、**文件**...等，也可選擇 AI 對話生成或交由 **Felo Agent** 代查。

於畫面左上角選按 **Felo** 回到首頁，於對話框 **搜尋源** 右側選按清單鈕，即可查看各種可用搜尋來源，其使用時機如下說明：

| 搜尋源 | 使用時機與說明 |
| --- | --- |
| 網際網路 | 查找最新資訊、跨語言整合搜尋，適合快速獲取公開網路內容，例如新聞、網站、報導...等。 |
| 對話 | 不經過網路搜尋，由 AI 直接生成回答，適合需快速獲得概念說明、範例生成、寫作輔助...等情境。 |

2-14

| 搜尋源 | 使用時機與說明 |
| --- | --- |
| Felo Agent | 由研究代理模型整理後回應，適合需要更深層的整理、研究型問題探討或特定分析任務。(可參考 Part09 Felo Agent 詳細說明) |
| 社群討論 | 搜尋論壇、社群平台的真實對話與討論內容，適合了解使用者觀點、趨勢回饋、常見問題…等。 |
| 學術資訊 | 搜尋已發表的學術論文與研究資料，適合進行專題研究、論文撰寫或引用學術證據。 |
| 文件 | 搜尋網路上與提問主題相關的文件格式內容 (如 PDF、Word 等)，並擷取其中的重點進行分析。 |
| 小紅書 | 搜尋來自小紅書的熱門貼文與趨勢，適合針對產品行銷、社群趨勢、使用者體驗觀察…等。 |
| Reddit | 搜尋熱門話題、真實用戶評論、深度討論，適合探索國際觀點、技術討論、生活經驗分享…等主題。 |
| X（前 Twitter） | 搜尋全球即時話題與時事資訊，適合掌握事件動態、輿情變化與第一手消息來源。 |

依提問方向與應用層面挑選合適的搜尋源，例如：「針對 "AI 影音多媒體應用的創新與發展" 主題該如何進行分析？」，建議可搭配以下搜尋源，提升資料的完整性與分析的深度：

| 搜尋源 | 使用理由 |
| --- | --- |
| 網際網路 | 可取得最新新聞、技術文章與跨平台應用案例，適合掌握 AI 影音的當前發展與業界動態。 |
| 社群討論 | 可觀察使用者實際回饋、開發者交流與應用實況，有助了解哪些技術或平台受到關注。 |
| 學術資訊 | 若你想了解技術原理、發展路徑與未來趨勢的研究論述，搜尋相關論文將更具參考價值。 |
| 文件 | 可取得研究報告、產業白皮書、政策文件或會議資料。這些文件中常包含圖表、研究資料與演算法發展、商業實例，具備較高的資訊可信度與完整性，有助於深入理解 AI 影音應用的趨勢與技術發展。 |
| Felo Agent | 若希望由 AI 幫你統整來自多源的綜合觀點與架構性分析，此選項可快速獲得有條理的總結與初步見解。 |

**step 01** 畫面左上角選按 **Felo** 回到首頁。

**step 02** 於對話框輸入提問，**搜尋源** 右側選按清單鈕，選按合適的搜尋源 (在此示範 **社群討論**)，選按 → 鈕送出。

> 提問 💬
> 針對 "AI 影音多媒體應用的創新與發展" 主題該如何進行分析？

會開啟新討論串並開始理解問題並完成回答。選按 **來源 & 思考**，於右側 **資料來源** 面板可看到依選定的搜尋源 (例如：**社群討論**)，取得相關平台 (例如：論壇、社群媒體) 的觀點或趨勢資訊。

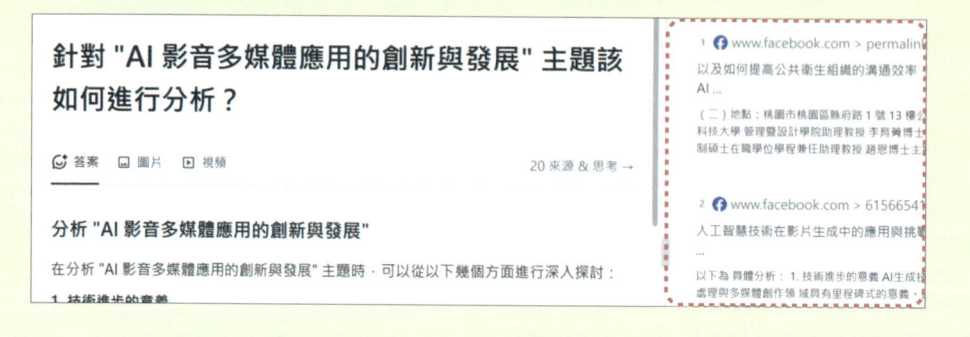

**step 03** 可進一步提問，將回答內容轉化為實用洞察或策略建議。於對話框輸入提問，選按 → 鈕送出。

> 提問 💬
> 請根據以上社群觀點，整理出 3 點可應用於品牌行銷的建議。

### ✦ 添加檔案，幫你取得摘要、精準分析、結構化整理

在 Felo 提問時，可直接添加 PDF、Word、TXT 檔案 (免費帳號每天可使用 3 次)，讓 AI 根據檔案內容進行分析與回答，有助於快速摘要重點、整理章節或釐清文件脈絡。以下整理出幾種常見的應用方向，幫助你快速掌握文件在對話中的延伸可能：

| 應用方向 | 可延伸的提問 |
| --- | --- |
| 資料摘要與<br>重點提取 | • 這份報告的重點結論是什麼？<br>• 幫我摘要這份文件的前三頁內容<br>• 有提到哪些關鍵數據或研究方法？<br>• 幫我針對業務主管重寫摘要，聚焦行銷成效與預算。<br>• 為大學生設計淺白版摘要，用五個重點條列說明這份研究。 |
| 結構化整理與<br>行動項目擷取 | • 請幫我整理這份會議紀錄的行動項目<br>• 企劃書中提到的策略重點是什麼？<br>• 有哪些需要跨部門協作的任務？<br>• 幫我統整這份會議記錄中需法務單位協助的項目有哪些？<br>• 根據內容擬一份跨部門溝通流程圖 |
| 對話分析與語意歸納 | • 哪些字詞出現頻率最高？<br>• 分析出對話中最常見的三個主題<br>• 這些聊天紀錄中，使用者最關心的三個問題是什麼？<br>• 分析這段對話中隱含的情緒轉折與常見關鍵字 |
| 靈感延伸與內容改寫 | • 幫我整理這份文件的懶人包<br>• 根據文件內容幫我設計一則社群貼文 + 延伸成簡報開場白<br>• 請將文件內容轉換成三段式行銷文案 (痛點、解法、行動呼籲) |
| 知識地圖建立與<br>內容標籤化 | • 根據這份文件，設計成教學大綱，包含三個單元主題，每個單元請列出以下要素：單元主題、學習目標、建議教材內容、延伸討論題或實作活動建議。<br>• 根據這份文件，請聚焦在品牌策略、行銷方案、執行評估等三個面向設計單元。<br>• 根據這份文件，建立章節架構，並列出每個章節對應的標題、重點摘要 (1-2 行)、常見 FAQ、建議的互動式提問。 |

**step 01** 畫面左上角選按 **Felo** 回到首頁。

**step 02** 於對話框選按 🖉 鈕，指定存放路徑並選按欲添加的檔案，此章 **資料來源 3** <AI視覺創意與社群影音行銷的未來發展.pdf>，再選按 **開啟** 鈕。

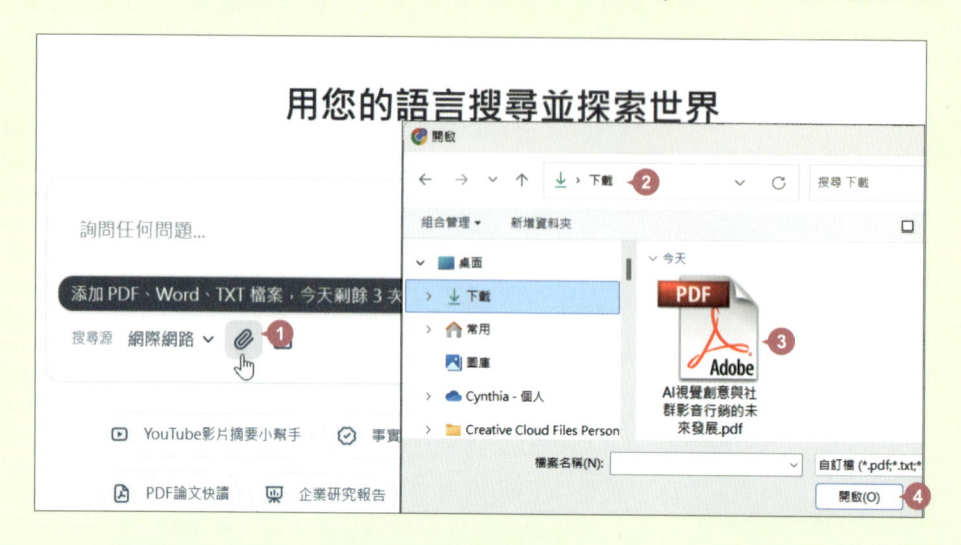

**step 03** 檔案上傳後，會於右側出現 **摘要內容** 鈕，選按後即可自動整理並呈現該文件的重點摘要；選按 **來源 & 思考**，於右側 **資料來源** 面板可看到該文件。

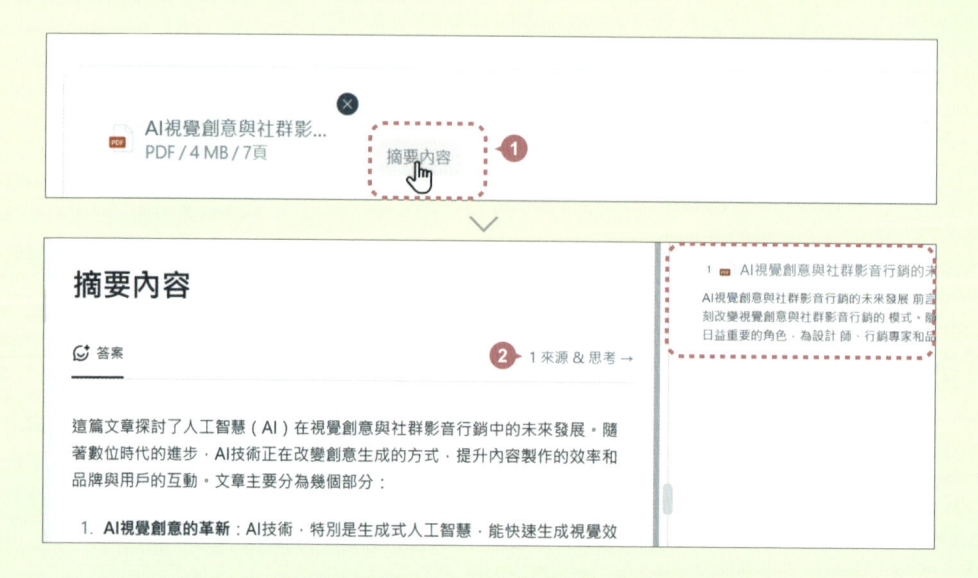

2-18

**step 04** 針對這份文件分析與釐清脈絡,於對話框輸入提問,選按 → 鈕送出,會開啟新討論串並開始理解問題、完成回答。

---

**提問** 💬

請簡要整理這篇文件的章節架構與五大核心觀點。

---

這篇文件《AI視覺創意與社群影音行銷的未來發展》主要探討了人工智慧(AI)在視覺創意和社群影音行銷中的應用與未來趨勢。以下是該文件的章節架構與五大核心觀點的整理:

**章節架構**

1. 前言
   - 介紹AI如何改變視覺創意與社群影音行銷的模式。
2. AI視覺創意的革新
   - AI技術對視覺創意的影響
   - AI驅動的個性化設計
3. 社群影音行銷中的AI應用
   - 短影音時代的行銷挑戰
   - AI生成內容(AIGC)在社群影音行銷中的應用
4. AI如何提升社群影音行銷的效果
   - 精準目標受眾定位
   - 實時反饋與優化
5. 未來展望:AI與視覺創意的深度融合
   - 多模態AI的發展
   - 虛擬現實(VR)與擴增實境(AR)的應用
6. 結論
   - 總結AI技術對行銷的影響與未來趨勢。

**五大核心觀點**

*以下省略*

---

**step 05** 可進一步提問,將回答內容與文件轉化為行銷提案靈感。於對話框輸入提問,選按 → 鈕送出。

---

**提問** 💬

請根據這份資料,構想一則 30 秒的短影音腳本,用於宣傳 AI 行銷課程。

### ✦ 添加圖像,幫你看圖辨字、洞察內容、延伸創意

目前 Felo 無法直接生成圖片,但可在對話中添加圖像檔進行分析。一則討論串中僅支援單張圖片上傳,無法同時比較多張圖像;Felo 不僅能看圖說故事、提取文字、協助理解內容、撰寫文案、延伸設計靈感。以下整理出幾種常見的應用方向,幫助你快速掌握圖片在對話中的延伸可能:

| 應用方向 | 可延伸的提問 |
| --- | --- |
| 圖像內容理解 | • 請說明這張圖片的主題是什麼?<br>• 這張圖想傳達的情感是什麼? |
| 文案搭配建議 | • 請為這張圖撰寫一段社群貼文文案,語氣輕鬆吸睛。<br>• 請為這張圖設計一段吸睛的活動貼文開場與報名 CTA (行動呼籲)<br>• 請為這張圖生成一段吸引年輕族群的品牌口號,15 字內。<br>• 這張活動現場照片該如何搭配文案,讓貼文更具分享力與互動性? |
| 風格分析與延伸設計構想 | • 這張圖片適合什麼品牌調性?<br>• 請依這張圖,建議延伸設計應用(海報、封面)<br>• 這張圖該如何作為品牌價值的視覺傳達?請提供三個貼文構思方向<br>• 這張圖片可以如何延伸為三款不同風格的限動貼圖或橫幅廣告? |
| 圖片情境應用建議 | • 這張圖適合用在哪些社群貼文形式?限時動態、貼文封面、活動廣告哪個比較合適?<br>• 這張圖片適合用於哪個社群平台?請就 IG、FB、LINE 貼文形式分別給出應用建議。<br>• 這張圖片能否應用於教學類貼文?請協助設計搭配的學習標語與圖文段落結構。 |
| 分析目標受眾偏好 | •「這張圖片適合吸引哪一類型的受眾?請就年齡層、性別或興趣提出建議。」<br>•「這張圖若用在 IG 與 FB,對 20–30 歲與 35–50 歲族群的互動表現可能有何差異?」<br>•「這種風格的圖片是否比較能吸引年輕女性使用者互動?請舉例說明相似應用案例。」 |

**step 01** 畫面左上角選按 **Felo** 回到首頁。

**step 02** 於對話框選按 🖼 鈕,指定存放路徑並選按欲添加的圖像檔案,此章 **資料來源 4** <02-01.jpg>,再選按 **開啟** 鈕。

**step 03** 圖像檔案上傳後,會於右側出現一 **圖片講解** 與 **提取文字** 鈕。

- **圖片講解** 功能,會分析整體圖像內容,包括圖中出現的主題、視覺構圖、情境氛圍與風格特色。

- **提取文字** 功能,會自動執行 OCR (光學文字辨識),擷取圖片中的文字內容,並顯示為可複製、編輯的純文字格式。

在此示範選按 **圖片講解**,即可生成完整的講解內容,會依圖像整理為:主要元素、總體印像...等相關說明。

選按 **來源 & 思考**，於右側 **資料來源** 面板可看到該圖檔。

**step 04** 若想要取得圖像中的文字，於對話框輸入提問，選按 → 鈕送出，Felo 會開始理解問題並完成回答。

提問 💬
提取圖像中的文字。

2-22

**step 05** 針對這張圖像延伸提問並加上 CTA (行動呼籲)，於對話框輸入提問，選按 → 鈕送出，Felo 會開始理解問題並完成回答。

> **提問** 💬
> 請根據這張書籍圖片，撰寫一則適合 Facebook 的推廣貼文，語氣專業並附上購書 CTA。

🔥 告別資料混亂，迎接效率巔峰！🔥

您是否經常為以下問題所困擾？

- 資料爆炸，難以整理？
- 靈感乍現，卻難以系統化？
- 想將創意轉化為實際內容，卻無從下手？

📘《AI超神筆記術：NotebookLM高效資料整理與分析250技》將是您的最佳解答！

本書由鄧君如總監製、文淵閣工作室編著，匯集了NotebookLM、ChatGPT、Gamma、Sora、FlexClip等AI工具的250個實用技巧，助您一鍵提升創意與決策力！

✅ **本書特色：**

- **全方位資料整理：**輕鬆解析文件、YouTube影片、音檔與網頁，快速掌握重點。
- **高效辦公助手：**協助行政事務、會議記錄、市場調查及新品分析，簡化工作流程。
- **個人化旅行規劃：**智能安排行程、快速比對選項，整合 LINE 訊息，讓旅途更順暢。
- **行動創意整理：**錄製節目、協助思維梳理，將零散點子轉化為完整企劃。
- **Podcast轉錄與影音創作：**轉錄訪談，結合Sora與FlexClip生成高品質影片。

🎁 現在購買，即享超值加贈：全書範例與素材，以及NotebookLM和ChatGPT提示詞！

✨ 讓《AI超神筆記術》成為您提升工作效率、激發創意的秘密武器！

👉 **立即購買：** [放入書籍購買連結]

#AI #NotebookLM #ChatGPT #資料整理 #效率提升 #創意發想 #效率工具 #職場必備 #書籍推薦 #GOTOP

*以下省略*

**step 06** 可進一步提問，分析受眾與策略應用。於對話框輸入提問，選按 → 鈕送出，Felo 會開始理解問題並完成回答。

> **提問** 💬
> 這張圖若要搭配投放於 30 - 45 歲知識工作者的社群廣告，建議使用哪類文案策略？

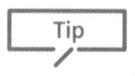

## Tip 6　Felo PRO Search 專業版搜尋　　Do it！

Felo PRO Search 結合語意理解與重點分析，讓資訊搜尋更有策略性與深度，全面提升探索與應用效益。

### ✦ 設定模型與模式

Felo Pro Search 專業版搜尋，以多元資料來源與 AI 語言模型，讓你不只是獲得答案，更能掌握脈絡與趨勢，在最短時間內做出最精準的判斷與決策(免費帳號每天可使用 5 次)。

**step 01** 畫面左上角選按 ⓠFelo 回到首頁。

**step 02** 於對話框選按 ⚪ 鈕呈 🟢 狀，切換為專業版搜尋，並依需求設定合適的語言模型 (目前免費版有四個模型可選擇)。各模型皆具不同特點與優勢，可參考下方說明，選擇最符合當前需求的模型。

| 模型 | 特點優勢 | 適用情境 |
|---|---|---|
| GPT-4o | 多模態支援、語言能力強，邏輯清晰，整體平衡度高，適合處理複雜問題或生成結構化內容。 | 市場分析、策略整理、簡報大綱產出。 |
| o4-mini (medium) | 輕量快速、效率高，適用於日常查詢與中小任務。 | 簡短分析、日常搜尋、初步資料彙整。 |
| Claude 3.7 Sonnet | 擅長長文理解與摘要，語境掌握力佳，適合對話與比對分析。 | 長篇文件摘要、品牌比較、意見統整。 |
| DeepSeek R1 | 中文語言表現優異、邏輯性不錯，推理能力中上。 | 中文搜尋與技術問題、資料查證。 |

**step 03** 設定搜尋模式：專業版搜尋提供 **快速** 與 **研究** 二種模式，可參考下方說明，選擇最符合當前需求的模式。(若選按 **研究** 模式則會套用相對的模型)

| 模式 | 功能特色 | 適用情境 |
|---|---|---|
| 快速 | 強調速度與即時回應，適合日常查詢與快速資訊整合。會給出直接且清楚的答案，適合日常與需要快速得到結論時使用。 | ・查詢新聞摘要<br>・整理一則報導重點<br>・初步了解某議題 |
| 研究 | 適合複雜的問題，著重深入理解、資料比對與策略生成。會進行多來源整合、長文本處理與結構化輸出。 | ・跨品牌/案例比對<br>・產業趨勢整理<br>・簡報內容產出或提案 |

### ✦ 探索深度研究：從多元資料到深度解析

Felo PRO Search 的 **研究** 模式專為提升研究效率而設計，不只是找出答案，更揭示問題背後的脈絡與趨勢。

**step 01** 畫面左上角選按 ○Felo 回到首頁，於對話框選按 ⬜ 鈕呈 ⬛ 狀，切換為專業版搜尋，並依需求設定合適的語言模型。

**step 02** 設定搜尋模式：**研究** (模型會自動切換為專屬的 **Research Agent**)，再於對話框輸入提問。建議在提問中加入時間範圍、指定類型 (例如：品牌、平台、產業)、行動目的及相關延伸提問...等要素，讓問題更具體明確，才能充分發揮專業版搜尋的優勢。

選按 → 鈕送出，會開啟新討論串並開始理解問題、完成回答。

> **提問** 💬
> 請整理近一年內短影音（如 Reels、Shorts、TikTok）互動趨勢，並分析其對品牌行銷策略的三項具體影響，舉出三個品牌為例。再延伸說明這些品牌如何透過短影音提升用戶參與與品牌忠誠度。

**概覽**

過去一年，短影音（如 Instagram Reels、YouTube Shorts、TikTok）在全球社群媒體平台上持續爆發性成

*以下省略*

2-26

**step 03** Felo PRO Search 的 **研究** 模式能將複雜的數據和信息轉化為結構化的報告，並自動生成相關的圖片和視覺圖表，輔助解析。

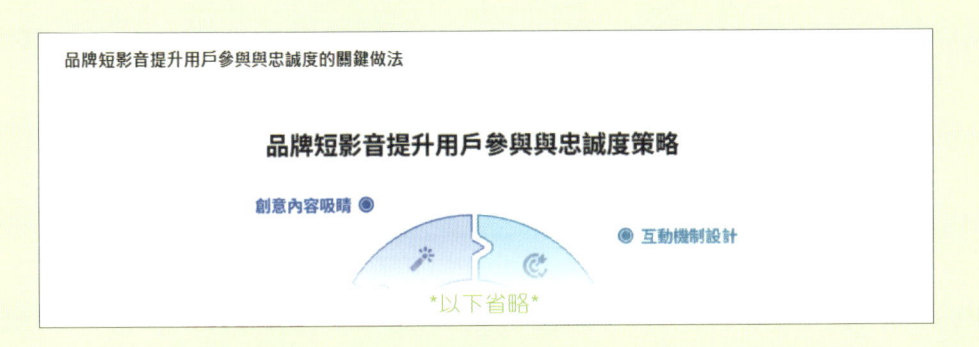

**step 04** 選按 **來源 & 思考**，右側 **資料來源** 面板會列項此則回答的搜尋結果引用來源，**研究** 模式的資料來源更專注於結構化與多角度的學術或專業內容，適合深入研究需求。

右側 **思考** 面板會列項此則回答的思考步驟：**理解問題、深度搜尋、反思、回答完成**，相較於一般搜尋，整合更多元的資料來源，並加入 "反思"，延伸思考、產出更具洞察力與脈絡性的完整回答。

## Tip 7　回答與資料來源管理　　Do it！

Felo 的回答不只是提供結果，更同步標示資料來源，協助你快速查核與延伸探索，打造有依據、可追溯的知識管理與內容應用體驗。

### ✦ 瀏覽資料來源

Felo 回答完成後，選按 **來源 & 思考**，於右側 **資料來源** 面板可查看分解問題時查找的資料項目。將滑鼠指標移至任一資料項目上方，即可預覽其內容；選按連結，會於新標籤頁中開啟原始網頁，方便進一步查閱與核對。

2-28

## ✦ 瀏覽相關圖片與影片

Felo 回答完成後，**答案** 標籤右側還可切換至 **圖片** 與 **視頻** 標籤，瀏覽與答案相關的多媒體資料。這些圖像與影片來自原始文件或網頁，選按即可預覽或播放，輔助你從視覺與影音角度更深入理解主題。

## ✦ 刪除不合適的資料來源

Felo 回答完成後，若發現其中引用的資料來源不合適，可依需求刪除並要求重新回答。

**step 01** 選按 **來源 & 思考**，於右側 **資料來源** 面板可查看所有資料來源，再選按 🖉 可進入編輯模式。

> **step 02** 核選想要刪除的資料來源項目，再於下方選按 **刪除並重寫回答**，Felo 便會根據更新後的來源，重新生成更精準的回答。

### ✦ 翻譯資料來源

Felo 回答完成後，**資料來源** 面板中若有外文資料項目，可按 🗛 **翻譯資料來源** 鈕，一鍵將所有外文內容於預覽模式下翻譯為中文 (將滑鼠指標移至資料項目上即可預覽中文內容)，可協助你快速理解來源資料；再按一次 🗛 鈕即可關閉翻譯模式。

## ✦ 檢視與翻譯引用的資料來源

Felo 回答完成後，每段落後方有灰色方塊的數字，又稱數字註腳，用來標示該段內容所引用的資料來源項目。

**step 01** 將滑鼠指標移到回答段落後方灰色方塊的數字上，即可看到該段落引用的資料來源文章。於該彈出視窗拖曳垂直卷軸，可以瀏覽更多內容；或選按文章標題，會於新標籤頁中開啟原始網頁。

**step 02** 顯示的資料來源引用文章會以原始語言的版本呈現，可以選按右上角的 🈂 鈕翻譯為中文。(若文章原本是中文，就不會有這個鈕。)

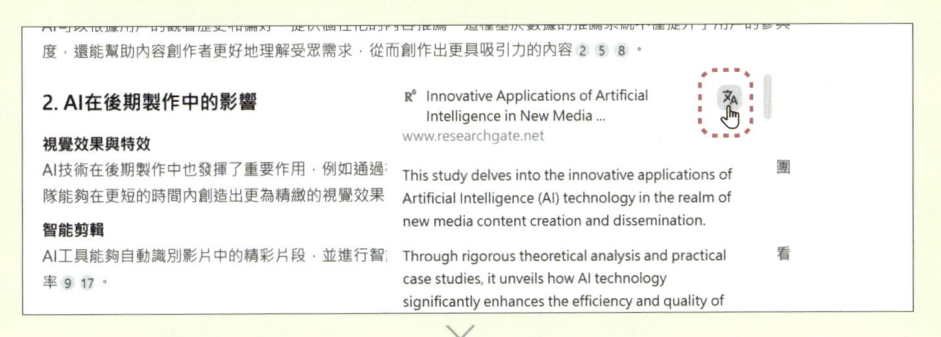

### ✦ 編輯問題以取得新的答案

Felo 回答完成後，可藉由 **編輯問題以取得新的答案** 功能，微調問題並重新獲得 AI 分析結果。將滑鼠移至問題右側，選按 **編輯問題以取得新的答案** 按鈕，修改原始問題，按下 **發送** 鈕，即可重新生成符合新提問的回答。

### ✦ 重寫答案

Felo 回答完成後，若希望優化內容、更自然流暢或獲得更深度的答覆，可使用 **重寫** 功能。此功能可讓你重新編輯提問問題，或依用途重新選擇不同 AI 模型進行回答。

2-32

### ✦ 顯示提問的 "相關問題"

當 "不知道該問什麼" 時，可善用 **相關問題**，持續探索主題。但每當提出新的提問，前一個提問但每當提出新對應的相關問題會被隱藏。此時可在該則提問的回答下方選按 顯示相關問題 鈕，即可重新展開並查看。

### ✦ 複製某一段回答內容

若想將 Felo 某一段回答內容複製到其他文件中使用，可於該回答下方選按 **複製答案** 鈕，Felo 會複製該段回答完整內容，但不包含樣式與標註資料來源的數字註腳。

接著只需開啟目標文件工具，如：Word、Notion 筆記頁面...等，按 Ctrl + V 鍵貼上即可。

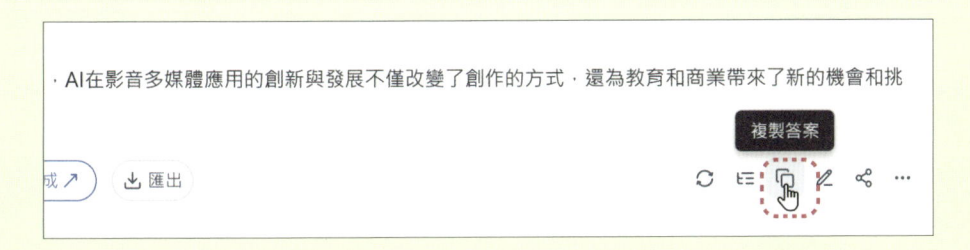

## ✦ 分享討論串

若想將 Felo 中某一個討論串完整的提問與回答脈絡與朋友分享，可於任一回答下方選按 **分享連結** 鈕，設定權限為 **可分享** 狀態並複製連結，再將連結貼至分享對象的訊息欄或指定平台。

此連結包含該討論串的所有提問與回答，有助於接收者完整了解對話脈絡。(若僅想分享特定提問或回答，建議使用前頁說明的複製方式進行分享。)

有無登入 Felo 帳號均可直接開啟該連結，瀏覽完整討論內容與資料來源，並可於討論串下方繼續提出後續問題。

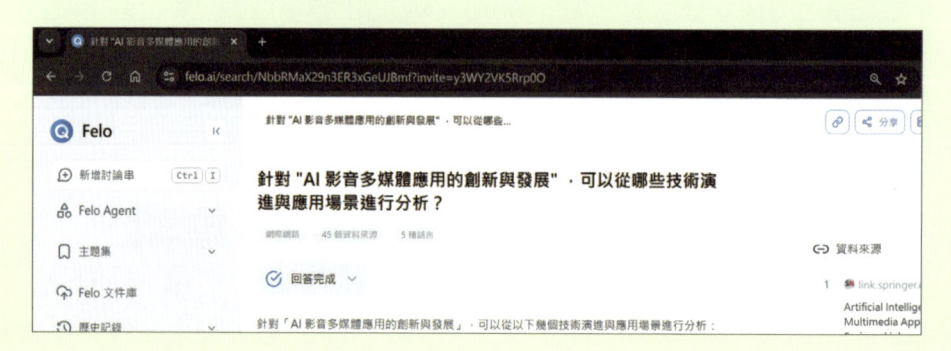

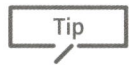

# Tip 8 歷史記錄：討論串的搜尋與管理

**Do it！**

Felo 每次提問與回答都會以討論串形式整理，並自動保存於 **歷史記錄** 清單，透過搜尋與管理，可優化後續知識應用。

## ✦ 查看與延續歷史討論串

想查看所有過往的討論串與回答，於側邊欄選按 **歷史記錄**，右側將依時間順序列出所有記錄。選按任一記錄即可開啟查看完整對話內容，並可直接在該討論串中提出後續問題，延續討論脈絡。

✦ 用關鍵字快速搜尋歷史記錄

若想透過關鍵字搜尋歷史記錄，於側邊欄選按 **歷史記錄**，並在上方 🔍 搜尋欄位輸入關鍵字。Felo 會依時間順序，整理出標題中包含該關鍵字的討論串。

✦ 刪除歷史記錄

若想刪除歷史記錄，於側邊欄選按 **歷史記錄**，核選欲刪除的記錄，選按 **刪除** 鈕，再於訊息視窗選按 **確認** 鈕即可刪除該記錄。

PART

# 03

## 主題集與文件庫
### 個人專屬知識庫主題式探討

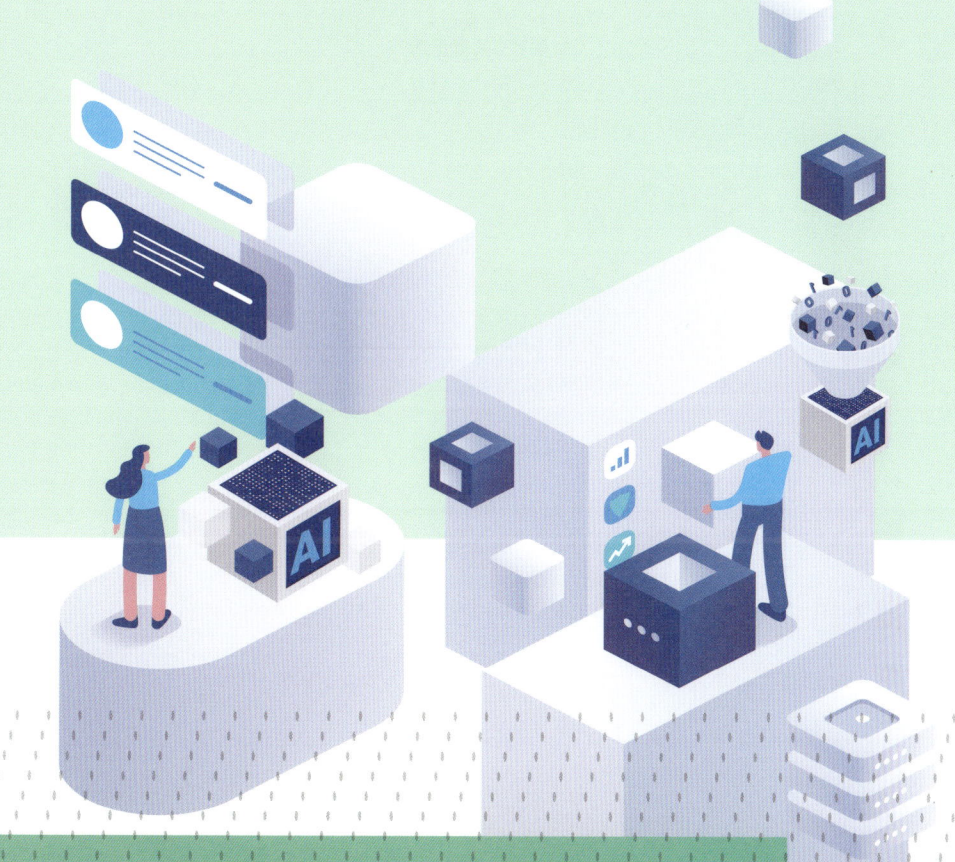

## 單元重點

透過 **主題集** 建立研究主題,將相關文件與檔案一併分析與提問,並搭配 Felo 文件庫使用,大幅提升資料整理與應用的效率。

- ☑ "主題" 的建立與管理
- ☑ 上傳、添加與管理知識源
- ☑ 僅用知識源進行精準搜尋並回答
- ☑ 網路與知識源整合搜尋並回答
- ☑ 用多個討論串強化你的 Felo 主題
- ☑ 主題分享與團隊協作
- ☑ 掌握 Felo 文件庫,高效資料管理
- ☑ 文件庫檔案跨主題研究

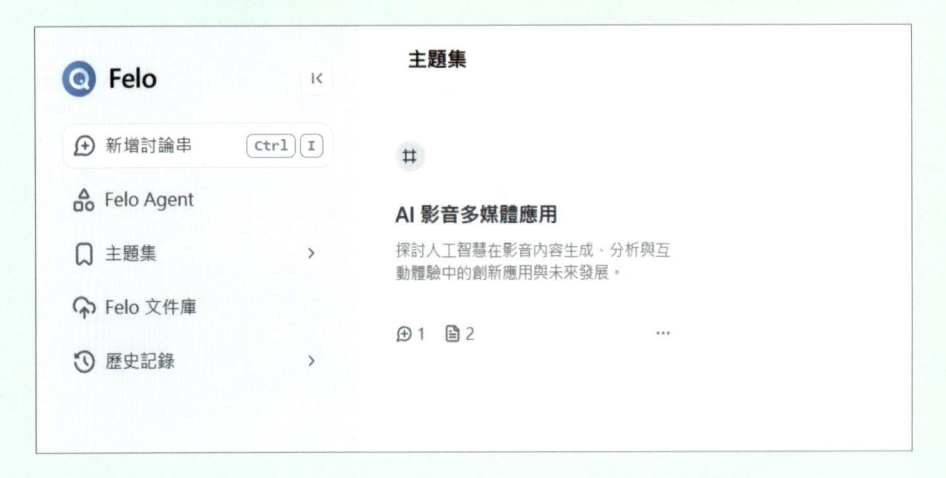

### Felo

- ⊕ 新增討論串　`Ctrl` `I`
- ♟ Felo Agent
- 🔖 主題集　　＞
- ☁ Felo 文件庫
- 🕒 歷史記錄　　＞

### 主題集

\#

**AI 影音多媒體應用**
探討人工智慧在影音內容生成、分析與互動體驗中的創新應用與未來發展。

⊕ 1　📄 2　　　　…

### 文件庫

| 名稱 | 更新時間 |
| --- | --- |
| 📄 影音內容創作面臨之挑戰與限制:多面向探討 | 2025-04-10 10:32:04 |
| 📕 數位時代媒體素養教育白皮書1120330公告版.docx.pdf | 2025-04-08 10:07:48 |
| 📘 AI視覺創意與社群影音行銷的未來發展.docx | 2025-04-07 17:39:21 |

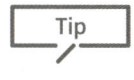

## Tip 1　"主題" 的建立與管理　　Do it !

當需要針對特定主題進行長期追蹤、資料蒐集與知識深化學習時，就適合使用 **主題** 進行資訊組織與分析。

### ✦ 建立主題與自定義提示詞

**step 01**　於側邊欄選按 **主題集**，進入主題集，初次進入於畫面中選按 **+ 建立主題** 鈕。

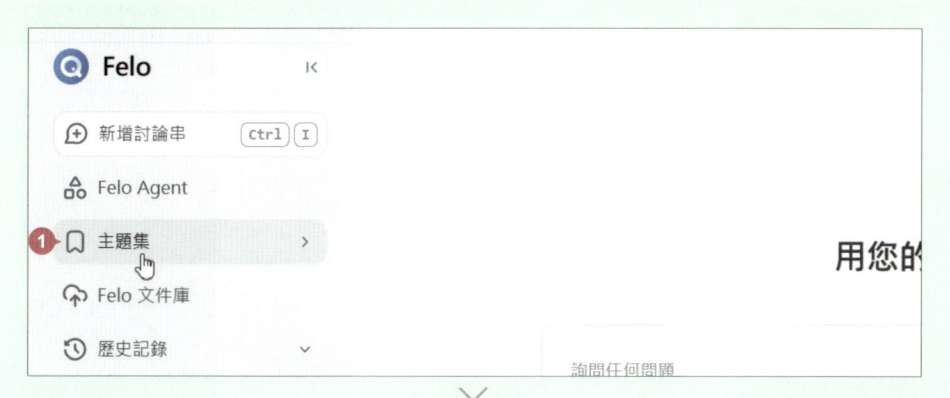

```
Felo
  ⊕ 新增討論串          Ctrl  I
  ⊕ Felo Agent
① 📖 主題集              >
  ⊕ Felo 文件庫
  ⊕ 歷史記錄            ⌄
```

**主題集**

一個會思考與對話的知識庫，讓搜、讀、寫更便捷高效！

| 一鍵收藏信息 | 文檔智能解讀 | 精選引文管理 | 定制個性問答 |
|---|---|---|---|
| 信息瞬間收藏，隨時查閱與對話。 | 上傳文檔，即刻提問，快速掌握重點。 | 匯集可靠信息源，將優質內容匯入專屬知識庫。 | 按需生成專屬答案，滿場景需求。 |

②　**+ 建立主題**

3-3

在此示範建立 "AI 影音多媒體應用" 主題，新主題需要填寫以下相關資訊：

- **標題**：這個主題的標題，建議簡短、具體明確、方便辨識。
- **描述**：輸入對主題的簡短說明 (1~2 句話)，說明主題的範圍或用途。
- **自定義示詞**：用來設定此主題下，AI 回答時的語氣、風格或用詞要求，讓每次提問時都能自動套用，不必重複輸入相同指令。例如：需要繁體中文回答、請用正式書面語氣回答...等。

**step 02** 如下圖輸入合適的 **標題**、**描述 (選填)** 與 **自定義提示詞 (選填項)** 的資料後，選按 **建立** 鈕完成新主題的建立，進入主題畫面。

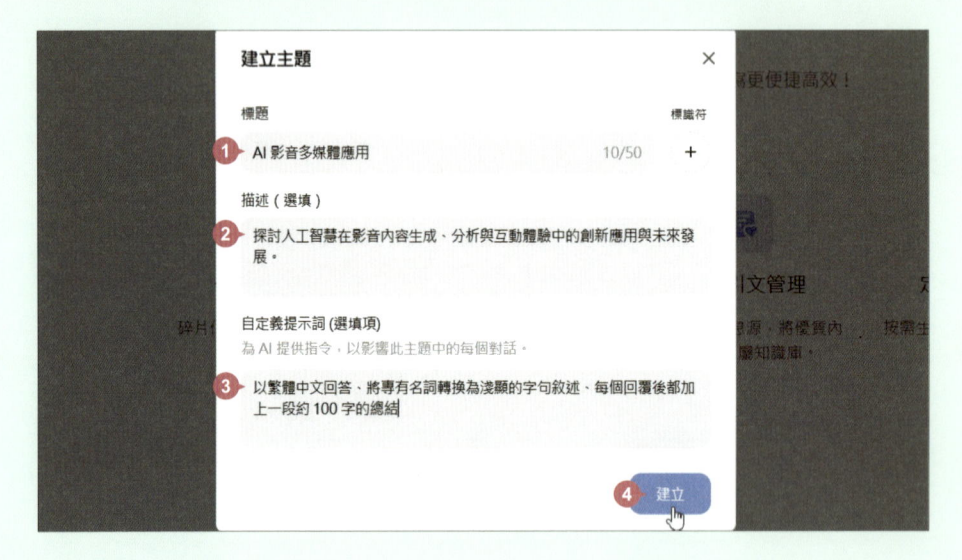

建立主題

標題　　　　　　　　　　　　　　　　　標識符
① AI 影音多媒體應用　　　　　　　　　10/50　＋

描述 ( 選填 )
② 探討人工智慧在影音內容生成、分析與互動體驗中的創新應用與未來發展。

自定義提示詞 (選填項)
為 AI 提供指令，以影響此主題中的每個對話。
③ 以繁體中文回答、將專有名詞轉換為淺顯的字句敘述、每個回覆後都加上一段約 100 字的總結

④ 建立

---

**小提示**

**變更主題的標題名稱、描述與自定義提示詞**

於主題畫面右上角選按 ⋯ \ **編輯主題**，輸入欲替換的 **標題**、**描述 (選填)** 與 **自定義提示詞 (選填項)** 後，選按 **確認** 鈕完成變更。

分享　⋯ ①
② 編輯主題
　 刪除主題
知識源

3-4

## ✦ 管理主題項目

主題能有效提升資料的組織方式，在 **主題集** 畫面可以分享、編輯、刪除與建立主題，讓資料整理與找尋更快速方便。

**分享、編輯與刪除主題**：於側邊欄選按 **主題集**，所有建立的主題項目會列項於此處，於主題區塊右下角選按 ⋯ 可 **分享主題**、**編輯主題** 與 **刪除主題**。

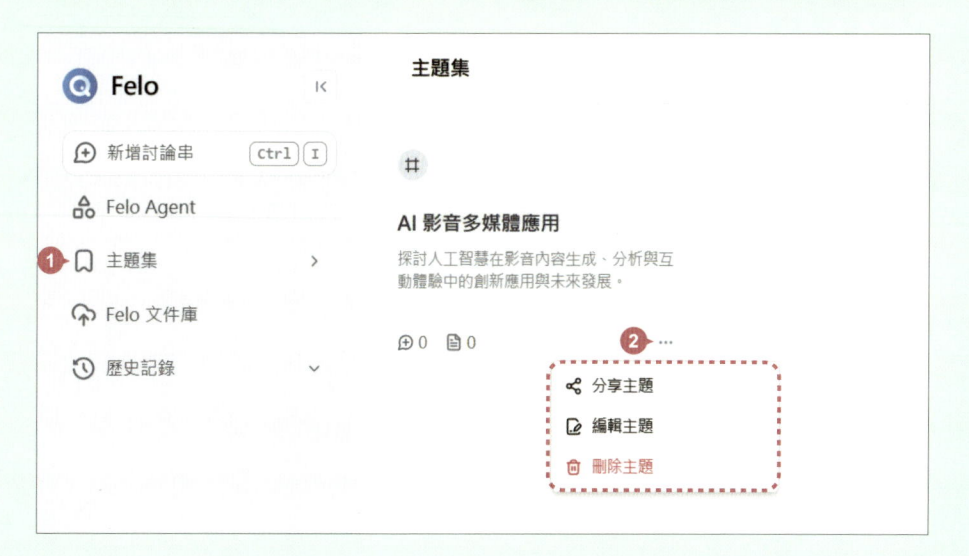

**新增主題**：若要再新增主題，可於 **主題集** 畫面右上角選按 **建立** 鈕，**建立主題** 對話框中輸入合適的 **標題**、**描述** 與 **自定義提問** 後，選按 **建立** 鈕建立新主題。

3-5

# Tip 2　上傳、添加與管理知識源　(Do it!)

每個主題可上傳 PDF、Word、TXT 文件、網頁、YouTube 連結...等，協助 Felo 執行資料整合與深入分析。

Felo 免費版在一個主題中最多可上傳 5 個文件與 10 個連結，每個文件檔案大小不超過 25 MB 或 500 頁，若需進行更大量的資料分析，請參考官方付費方案說明：https://felo.ai/zh-Hant/enterprise。

## ✦ 上傳 PDF 資料

於主題集，選按前面建立的 "AI 影音多媒體應用" 主題項目。**知識源 \ 文件** 選按 **選擇文件** 鈕開啟 **來源** 對話方塊，選按 **上傳文件** 鈕開啟對話方塊，指定存放路徑並選按欲添加的檔案，此章 **資料來源 1** 教育部全球資網 <數位時代媒體素養教育白皮書1120330公告版.pdf>，再選按 **開啟** 鈕。

### ✦ 上傳 Word 資料

**step 01** 接續前面操作，於 **來源** 對話方塊選按 **上傳文件** 鈕開啟對話方塊，指定存放路徑並選按欲添加的檔案，此章 **資料來源 2** Word 檔 <AI 視覺創意與社群影音行銷的未來發展.docx>，再選按 **開啟** 鈕。

**step 02** 於 **來源** 對話方塊右上角選按 ⊠ 回到主題畫面，上傳的文件檔案會顯示於 **知識源 \ 文件** 下方。

✦ 添加網頁連結

於主題畫面 **知識源 \ 連結** 選按 **添加連結** 鈕開啟 **來源** 對話方塊，選按 **新增連結** 鈕開啟對話方塊，複製此章 **資料來源 3** (國家教育研究院 / 國際脈動) 的網址，於輸入欄貼上，再選按 **新增連結** 鈕。

### ✦ 添加 YouTube 影片連結

Felo 目前無法辨識無字幕的 YouTube 影片，需選擇有字幕的影片，才可於後續進行分析與提問。

**step 01** 接續前面操作，於 **來源** 對話方塊，選按 **新增連結** 鈕開啟對話方塊，複製此章 **資料來源 4** (BBC News / How AI video generation impacts Hollywood) 的網址，於輸入欄貼上，再選按 **新增連結** 鈕。

**step 02** 於 **來源** 對話方塊右上角選按 ⊠ 回到主題畫面，添加的連結會顯示於 **知識源\連結** 下方。

3-9

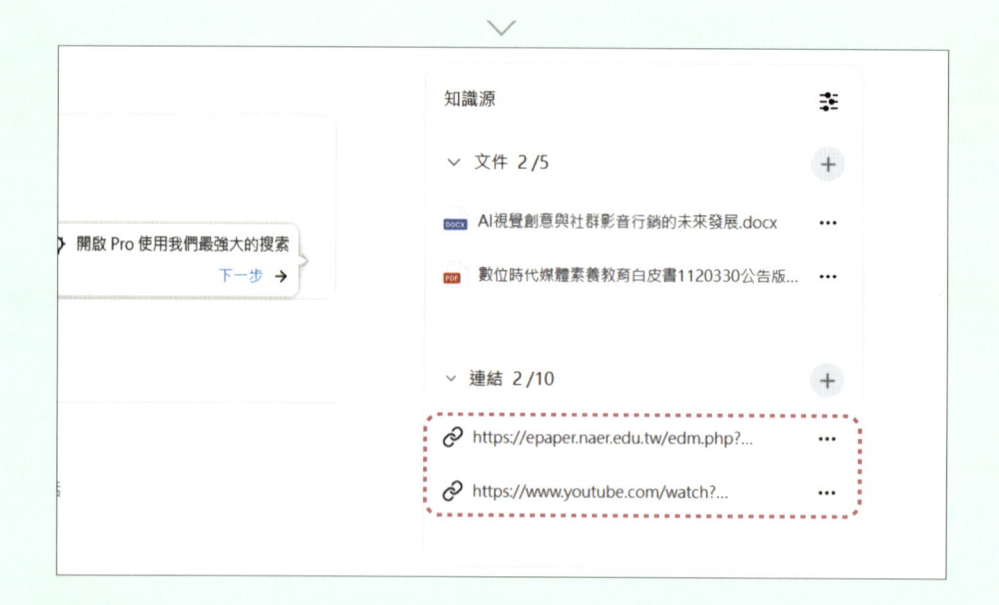

✦ 新增與移除、刪除知識源

新增知識源：於主題畫面 **知識源** 選按 ➕，依前面說明的方式新增更多知識源，也可指定 **從 library 匯入檔案**。

移除知識源：於主題畫面 **知識源** 要移除的文件右側選按 ⋯ \ **移出主題**，即可將文件於 **知識源** 中移除。若要再次使用，可選按 ➕ \ **從 library 匯入檔案**，無須重新上傳檔案。

3-10

刪除知識源文件：文件右側選按 **⋯ \ 永久刪除**，則會將文件從 **知識源** 與 **Felo 文件庫** 中刪除。

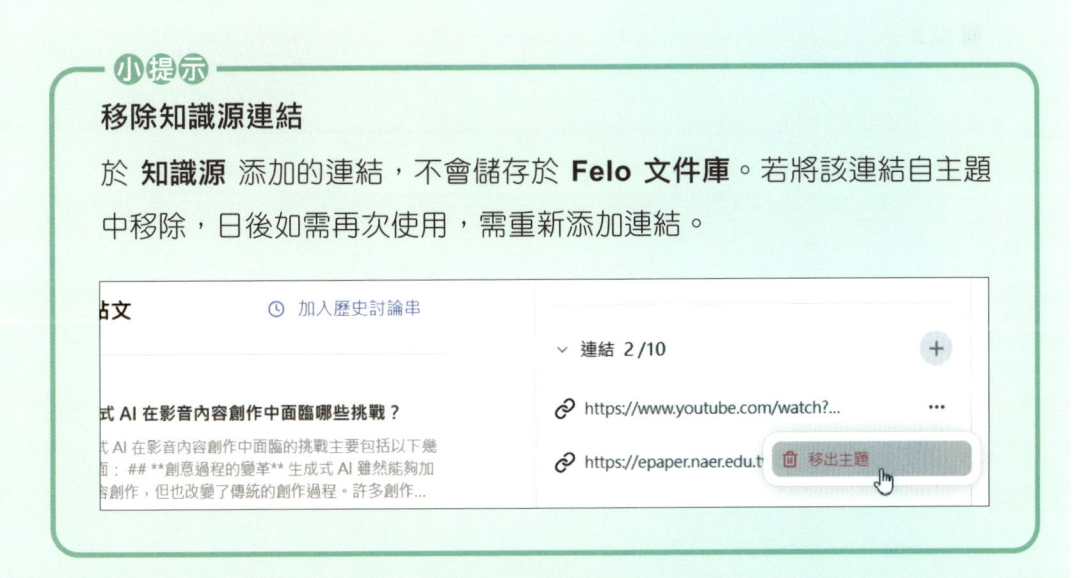

---

> **小提示**
>
> **移除知識源連結**
>
> 於 **知識源** 添加的連結，不會儲存於 **Felo 文件庫**。若將該連結自主題中移除，日後如需再次使用，需重新添加連結。

## Tip 3 僅用知識源進行精準搜尋並回答　　Do it！

讓 Felo 只依已上傳或添加的文件與連結搜尋，不額外查詢網路資訊，以提供更專注、精準的回答結果。

### ✦ 關閉網路模式並開始提問

**step 01** 於 **主題集**，選按前面建立的 **AI 影音多媒體應用** 主題項目。對話框選按 🌐 呈 🚫 狀，即關閉網路搜尋功能，僅以知識源作為 Felo 回答的資料來源。

---

**AI 影音多媒體應用** ✏️

詢問任何問題...

🌐 網絡　　　　　　　　　　　　　　　　　　　　　Pro →

📎 貼文　　　　　　　　　　　　　　　　　🕐 加入歷史討論串

---

**step 02** 針對知識源中的資料，分析 AI 所面臨的現況與挑戰。於對話框輸入提問，選按 ➡ 鈕送出，Felo 會開始理解問題並完成回答。

> 提問 💬
> 生成式 AI 在影音創作的應用挑戰與人才發展現況，請依這二大面向　➡
> 說明。

### 生成式 AI 在影音創作的應用挑戰與人才發展現況，請依這二大面向說明。

⊙ 答案　🖼 圖片　▶ 視頻　　　　　　　　　　2 來源 & 思考 →

**生成式 AI 在影音創作的應用挑戰**

生成式 AI（人工智慧）在影音創作中的應用正在迅速發展，但同時也面臨著多重挑戰。以下是一些主要挑戰：

- **內容品質與創意限制**：雖然 AI 能夠自動生成影片和音頻，但生成的內容有時缺乏人類創意的深度和情感，可能導致觀眾的共鳴不足。品牌需要在自動化與創意之間找到平衡，以確保內容的吸引力和有效性。

- **技術依賴與技能缺口**：隨著 AI 技術的普及，對於具備相關技能的人才需求增加。然而，許多創意工作者可能缺乏必要的技術知識，這使得他們在使用 AI 工具時面臨困難。這種技能缺口可能會限制 AI 在影音創

*以下省略*

---

**step 03** 接續提問，針對知識源中的資料，分析潛在影響。於對話框輸入提問，選按 → 鈕送出，Felo 會開始理解問題並完成回答。

**提問** 💬

AI 影片生成對電影行業的就業有哪些潛在影響？　　　　→

⌄

### AI 影片生成對電影行業的就業有哪些潛在影響？

⊙ 答案　🖼 圖片　▶ 視頻　　　　　　　　　　2 來源 & 思考 →

隨著人工智慧（AI）技術的迅速發展，特別是在影片生成方面，對電影行業的就業市場產生了深遠的影響。以下是幾個主要的潛在影響：

**成本降低與創作門檻降低**

AI 技術使得影片製作的成本大幅降低，傳統上需要數十萬美元的製作費用，現在可能只需幾百美元即可完成。這不僅降低了創作的門檻，還使得更多的創作者能夠進入這一行業，從而增加了市場的競爭性[1]。這種變化可能會導致對傳統電影製作人員的需求減少，因為許多工作可以由AI自動化完成。

**新職位的出現**

儘管某些傳統職位可能會受到威脅，但AI的興起也會創造出新的職位。例如，AI內容生成的專家、數據分析師和AI倫理顧問等新興職位將變得越來越重要。這些職位需要具備技術背景和創意能力，以便有效地利用AI工具來提升影片的質量和吸引力[2]。

*以下省略*

## ✦ 確認回答的引用資料

於回答內容檢視：選按 **來源&思考** 開啟右側 **資料來源** 面板；滑鼠指標移至回答段落後的數字註腳上，可檢視引用的資料內容，數字為對應右側 **資料來源** 中該文件或連結的編號。

於 **資料來源** 檢視：將滑鼠指標移至右側 **資料來源** 清單中欲檢視的項目上，可看到 Felo 回答時所引用的內容。

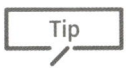

## Tip 4　網路與知識源整合搜尋並回答　Do it！

透過整合網路與知識源查詢模式，結合內部資料與最新網路資訊，讓 Felo 擁有更廣的知識基礎，提供更全面的回答與洞察。

### ✦ 開啟網路模式並開始提問

**step 01** 於主題集，選按前面建立的 **AI 影音多媒體應用** 主題項目。對話框選按 🌐 呈 🌐 狀，開啟網路搜尋功能，以 **知識源** 及網路搜尋作為 Felo 回答的資料來源。

> 詢問任何問題...
>
> 🌐 網絡　　　　　　　　　　　　　　　　　　　　　　　　　Pro →

**step 02** 針對最新技術應用分析，於對話框輸入提問，選按 → 鈕送出，Felo 會開始理解問題並完成回答。(Felo 會先分析 **知識源** 中的資料並回答，再透過搜尋網路即時資訊後，整理出下方 **從搜尋結果中補充回答** 的回答內容)

> 提問 💬
> AI 如何幫助品牌設計具備高度互動性的影音內容？請舉出三個近期成功策略並簡述其應用效果。　→

> **AI 如何幫助品牌設計具備高度互動性的影音內容？請舉出三個近期成功策略並簡述其應用效果。**
>
> ⓒ 答案　🖼 圖片　▷ 視頻　　　　　　　　　　　　　　31 來源 & 思考 →
>
> AI技術在品牌設計具備高度互動性的影音內容方面發揮了重要作用，以下是三個近期成功的策略及其應用效果：

3-15

**從搜索結果中補充回答**

以下是三個近期成功的 AI 策略，幫助品牌設計具備高度互動性的影音內容及其應用效果：

**1. AI 驅動的短影音生成**

AI 技術已被廣泛應用於短影音的生成與剪輯，透過自動化工具快速產出高品質內容，例如，品牌利用生成式 AI 工具（如 Amper Music 和 AIVA）創造背景音樂，並與影音內容整合，提升影片的吸引力與完播率 8、13。

*以下省略*

**step 03** 接續提問，結合最新趨勢與案例分析，於對話框輸入提問，選按 ➡ 鈕送出，Felo 會開始理解問題並完成回答。

**提問** 💬

AI 如何幫助新聞媒體製作互動性的影音報導？請根據最新新聞趨勢與業界案例提出見解。

⬇

## AI 如何幫助新聞媒體製作互動性的影音報導？請根據最新新聞趨勢與業界案例提出見解。

✓ 答案　🖼 圖片　▶ 視頻　　　　　　　　　　30 來源 & 思考 →

AI 技術在新聞媒體製作互動性影音報導方面的應用越來越廣泛，以下是幾個最新的趨勢與業界案例，展示了 AI 如何提升新聞報導的互動性和吸引力。

**1. AI生成內容（AIGC）**

**應用效果**：AI生成內容技術使新聞媒體能夠快速創作高質量的影音報導。透過AI，媒體可以自動生成報導的腳本、影片和配音，這不僅提高了內容產出的效率，還能根據即時新聞事件快速調整報導內容。例如，某新聞機構利用AI生成即時報導，能夠在重大事件發生後幾分鐘內推出相關的影音內容，吸引了大量觀眾的關注 1。

**從搜索結果中補充回答**

AI技術在新聞媒體製作互動性影音報導方面的應用日益成熟，以下是基於最新趨勢與業界案例的幾個重要見解：

*以下省略*

3-16

## ✦ 確認回答的引用資料

於回答上方選按 **來源 & 思考**，**資料來源** 面板可檢視所有資料來源，滑鼠指標移至欲檢視的資料上，可看到引用的內容；該資料若為連結，選按可開啟參考的網頁。

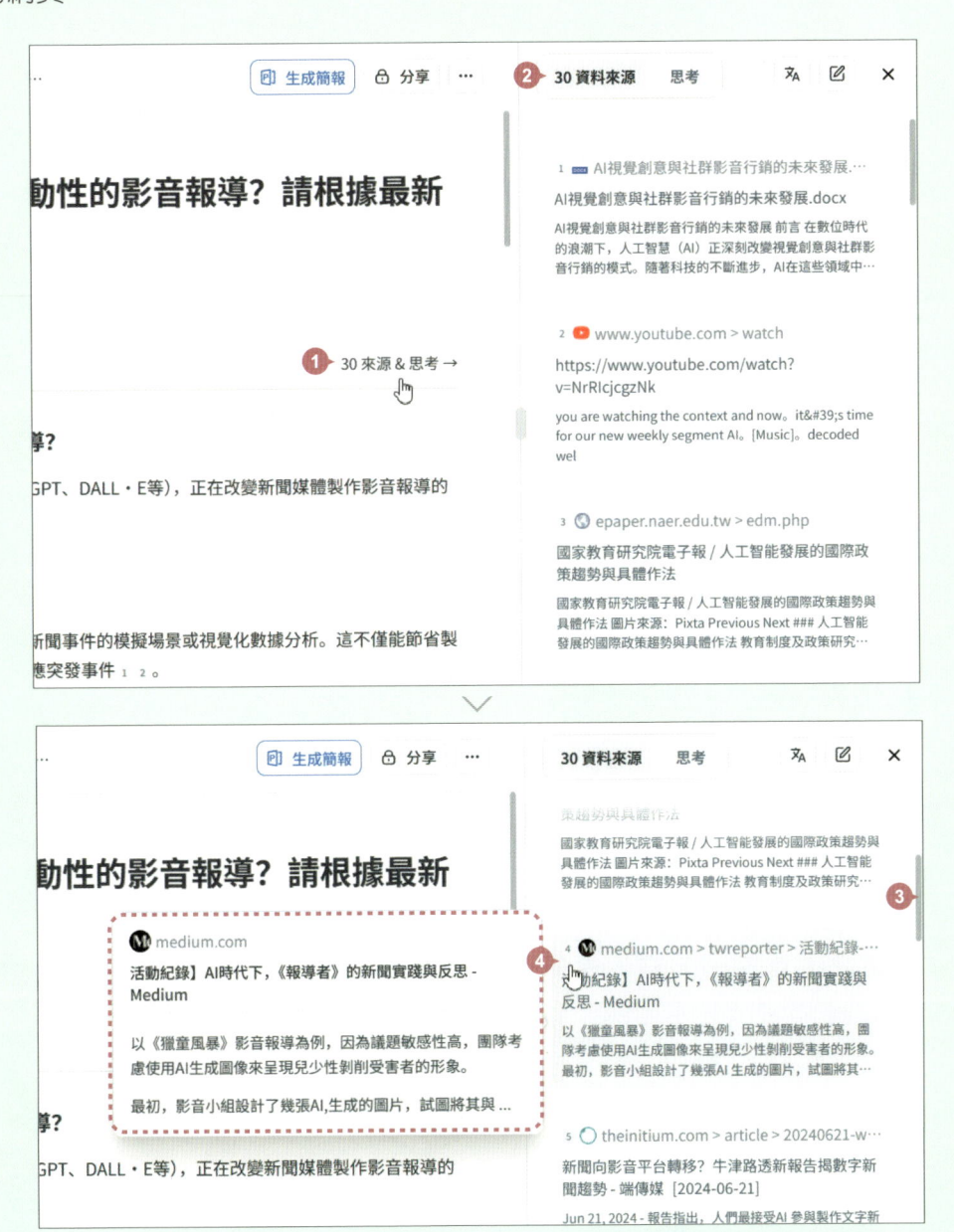

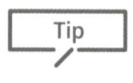

## Tip 5　用多個討論串強化你的 Felo 主題　（Do it！）

Felo 主題項目中建立多個討論串，能讓問題分類更清楚、內容更完整、回答更聚焦，也方便後續補充與協作。

主題項目開立多個討論串的優勢包含以下幾點：

- **分類清楚，避免混亂**：每個討論串針對一個子題或特定角度，有助於將主題集的內容結構化、分類管理，方便日後查找與追蹤。

- **深入不同面向，避免遺漏**：同一個主題可能包含多個觀點或層面，透過不同討論串分別提出問題，可以讓 AI 針對不同面向給出更完整的答案，避免資訊片面。

- **利於持續延伸與更新**：討論串可以隨時補充新問題、延伸新的提問路徑，而不影響原本的資料紀錄，讓 "主題" 項目隨時間自然擴充。

- **提升回答品質與專注度**：每個討論串的問題更聚焦時，AI 更能針對性地回答，避免一個討論串中混雜太多不同議題而影響答案精準度。

- **便於分享與協作**：當 "主題" 需要與他人協作或分享時，可直接分享主題與知識源，或分享主題中的各個討論串，依夥伴負責與關心的子主題，分工協作。

了解多討論串的好處後，我們來實際看看該怎麼操作與應用。

### ✦ 規劃子主題建立討論串

先提出精準提問，再依問題內容調整討論串名稱，能讓每個討論串更聚焦明確，有助於後續追蹤、管理與延伸提問，打造條理清晰的主題架構。

**step 01** 回到 "主題" 畫面：若仍於前面練習的任一主題討論串中，先於討論串畫面左上角選按主題名稱，此處為 **AI 影音多媒體應用**，回到主題畫面。

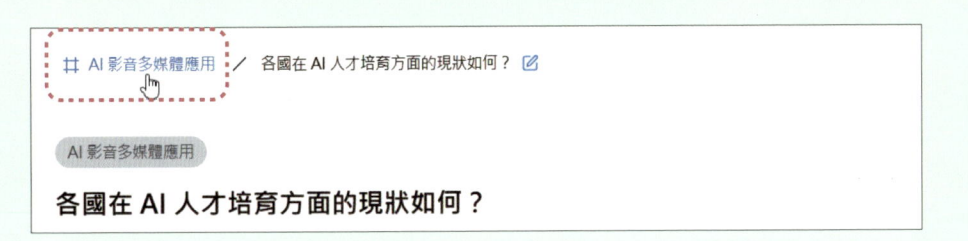

**step 02** 子主題提問：於對話框，依子主題需求決定是否開啟網路模式 (在此示範開啟)，並輸入提問，選按 ➔ 鈕送出，Felo 會開始理解問題並完成回答。

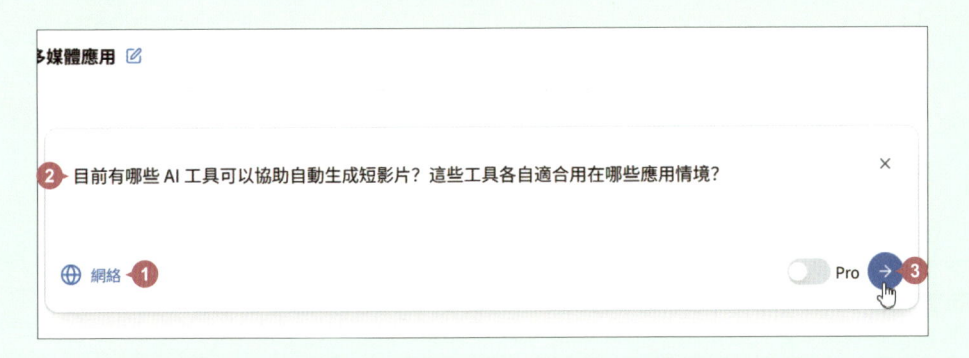

**step 03** 為討論串重新命名：於畫面最上方，選按討論串名稱右側 ✎，輸入新的名稱，選按 ✓ 完成命名。

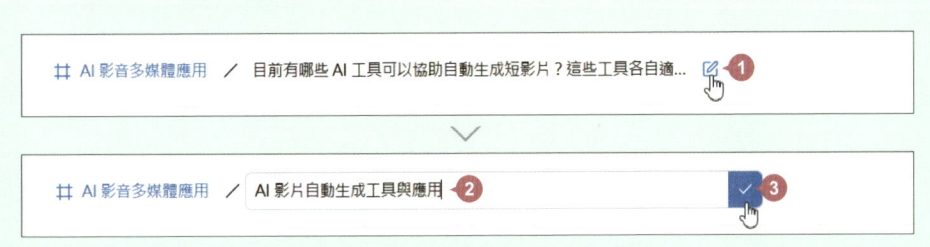

3-19

✦ 將不合適的討論串移出主題

當討論串內容與主題無關或重複時，適時移出有助於維持資料架構清晰、便於管理。

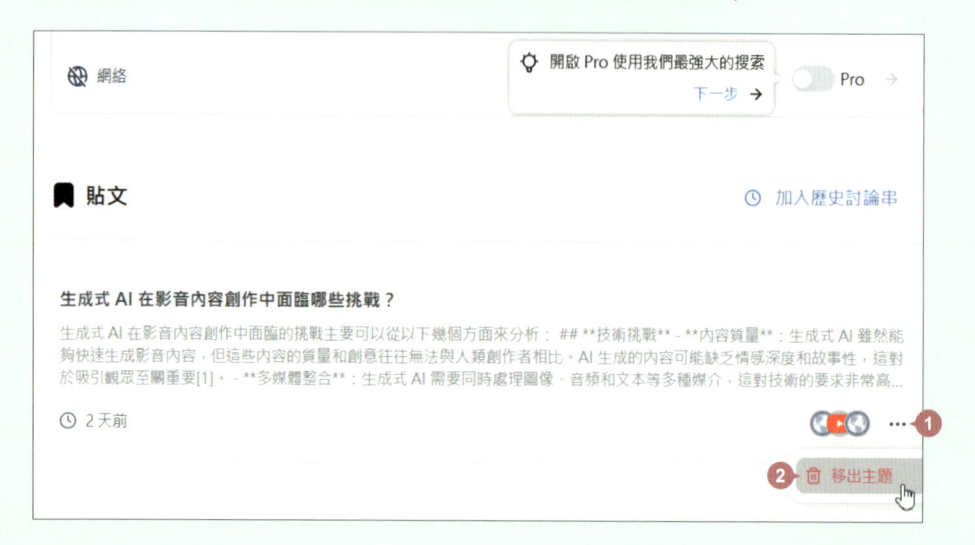

討論串會儲存於 **貼文** 下方清單中，選按即可開啟，接續問答。若選按右下角 **⋯ \ 移出主題**，即可從主題中移除 (但仍會保存在 **歷史記錄**)。

✦ 將歷史討論串加入主題

若先前提問的討論串內容與主題相關，可將其加入主題集，整合零散資訊，建構完整的知識脈絡。

於 "主題" 的 **貼文** 右側選按 **加入歷史討論串**，核選要加入主題的討論串，選按 **加入主題** 鈕，這樣即可在 **貼文** 中加入該討論串。

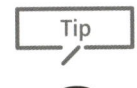

# Tip 6 主題分享與團隊協作　Do it！

分享 Felo 的主題項目與相關討論串,團隊能共用知識源,加速知識交流與專案進度。

## ✦ 分享主題項目

將主題分享給夥伴,讓大家能依已建立好的知識源各自提問,可應用於企業員工訓練與產品使用教學...等實務情境,有助於連結擁有者針對自身遇到的問題進行提問與探索。

於主題畫面右上角選按 **分享** 鈕 \ **可分享**,選按 **複製連結** 鈕,再將連結貼至分享對象的訊息欄或指定平台。

(分享對象需登入帳號才能開啟此分享的主題畫面)

> **小提示**
> **知識源更新與同步**
> 主題建立者若新增、移出或刪除該主題知識源中的資料,會同步更新至其他連結擁有者,無須重新分享連結。

> **小提示**
>
> **被分享者無法將該主題加入自己的主題集清單**
> 分享的主題無法儲存於被分享者的主題集中，因此需將連結保存下來，或至 **歷史記錄** 中找尋對話內容。

### ✦ 分享主題項目予指定對象

Felo 的主題可限定只分享予指定對象，有效避免重要資料外流，如：教學內容或企業內部培訓資料...等，同時，主題擁有者可清楚掌握並管理分享對象名單，視需求新增或移除。

**step 01** 若要指定分享對象，於主題畫面右上角選按 **分享** 鈕 \ **秘密**，選按 **指定人** 新增或刪除帳號。

**step 02** 輸入欲分享的電子郵件帳號，選按 **新增** 鈕，完成帳號新增；選按 **移除** 則可移除分享的對象。

**step 03** 選按 **指定人可見**，可回到上一個畫面，接著選按 **複製連結** 鈕，再將連結貼至分享對象的訊息欄或指定平台。

## ✦ 分享主題項目中的討論串

針對討論串進行分享，讓夥伴專注查看單一討論內容，聚焦主題，在依該討論方向進行分析與延伸。

於主題畫面 **貼文** 清單中選按欲分享的討論串，討論串畫面右上角選按 **分享** 鈕 \ **可分享**，選按 **複製連結** 鈕，再將連結貼至分享對象訊息欄或指定平台。

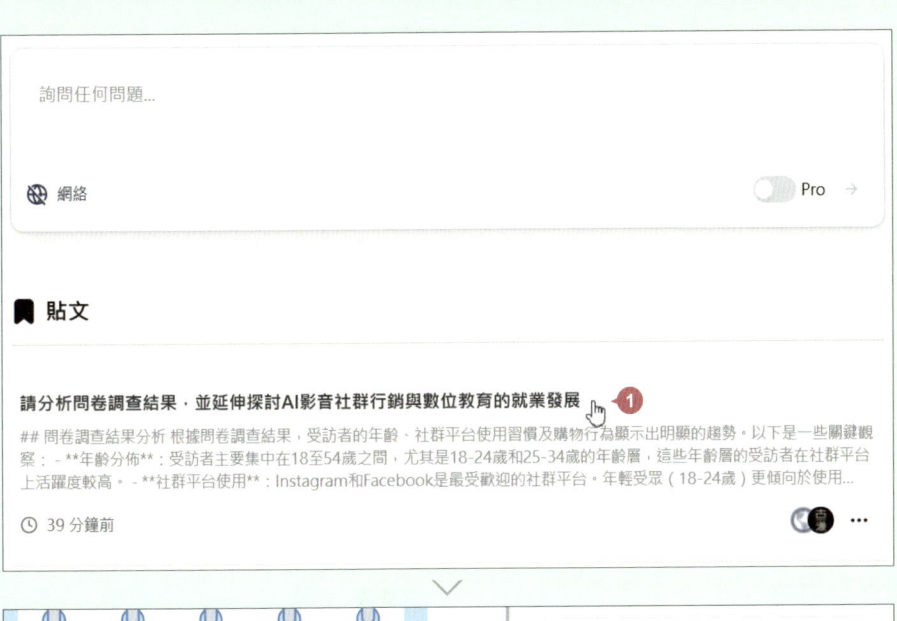

## Tip 7　掌握 Felo 文件庫・高效資料管理　Do it！

**Felo 文件庫** 是集中存放與管理知識源文件、簡報、討論內容的核心工具，讓使用者能高效整理、搜尋、調用資料。

Felo 文件庫 負責承接與管理各項搜尋與應用過程中使用到的檔案與文件資料，並涵蓋從 **主題** 知識源上傳的原始檔案、討論串中生成的對話與結論、AI 生成的簡報…等多種格式的內容。這些資料會集中存放在 **文件庫** 中，成為後續跨主題搜尋、資料調用、知識重用與團隊協作的基礎。

### ✦ 知識源檔案與簡報

- **上傳至知識源的文件檔案** (如：PDF、Word、TXT 文件)：使用者將文件上傳至主題的知識源後，系統會自動將檔案歸檔至文件庫，集中保存各類知識來源。這樣可確保後續的搜尋、分析與問答能直接引用，同時避免資料散落或重複上傳，讓知識管理更高效、有條理。

| 知識源 | 文件庫 |
|---|---|
| 文件 2/5 | 名稱 |
| 📄 數位時代媒體素養教育白皮書1120330公告版… | 📄 數位時代媒體素養教育白皮書1120330公告版.doc |
| 📄 AI視覺創意與社群影音行銷的未來發展.docx | 📄 影音內容創作面臨之挑戰與限制：多面向探討 |

- **Felo 生成的簡報**：當簡報生成完成後，會自動保存至文件庫。這不僅方便用戶隨時調閱、下載或修改，也確保簡報內容能納入知識庫的循環使用，提升資料的整合與重用價值。

### ✦ 將討論串儲存為 Felo 文件

討論串中的問答內容,可轉存為 Felo 文件,同時將內容改寫為其他風格;若討論串中包含心智圖,需指定 **依原文儲存** 才可於文件中保留;若討論串中包含簡報,簡報會獨立列項在 **文件庫** 中,不會儲存在文件內。

轉存為 Felo 文件後,會自動保存至文件庫。能有效保留討論過程中的重要對話或結論,進而支援後續的分析、回顧與知識累積。

**step 01** 於 **Felo 文件庫** 畫面右上角選按 **+ 新建** 鈕,選按 **文件 \ 從搜尋紀錄匯入**,開啟 **歷史記錄** 畫面。

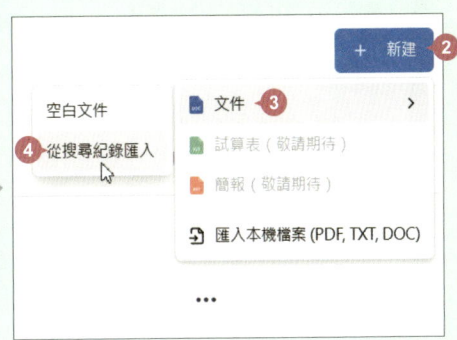

**step 02** 選按欲轉換為 Felo 文件的項目,進入該討論串畫面。

3-25

**step 03** 討論串畫面右上角選按 ⋯ \ **儲存至 Felo 文件**，可選擇 **原文儲存** 或消耗 **Pro Search** 次數選擇改寫風格，在此選按 **學術 \ 下一步** 鈕。

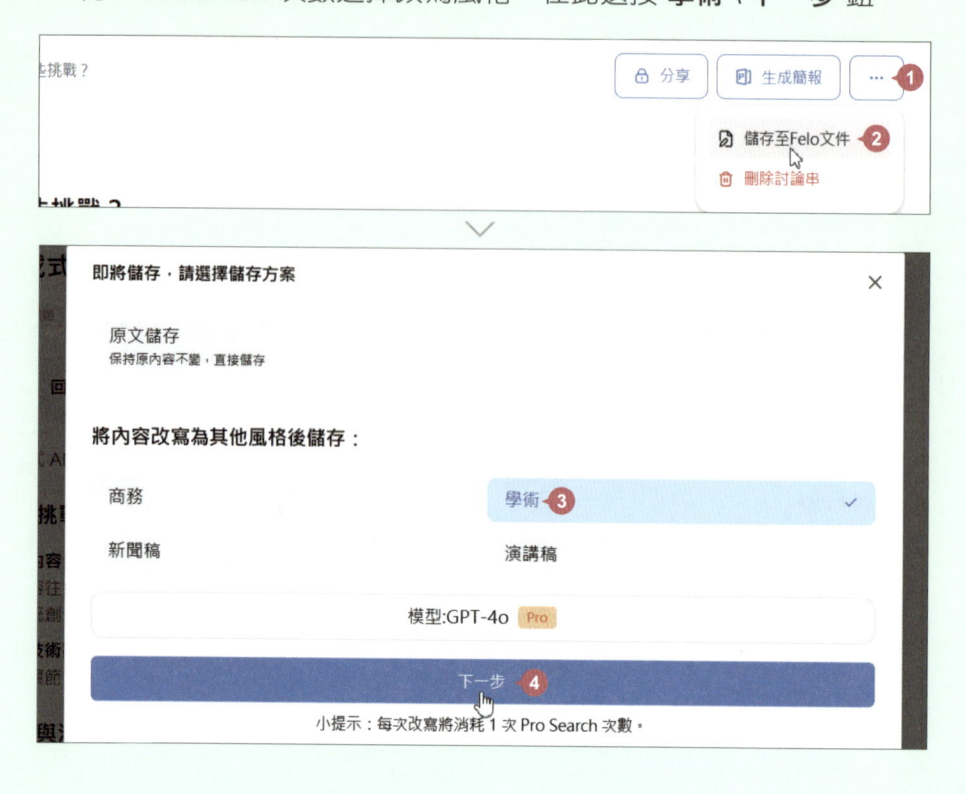

**step 04** 生成完成後會自動儲存並列項於 **Felo 文件庫**。

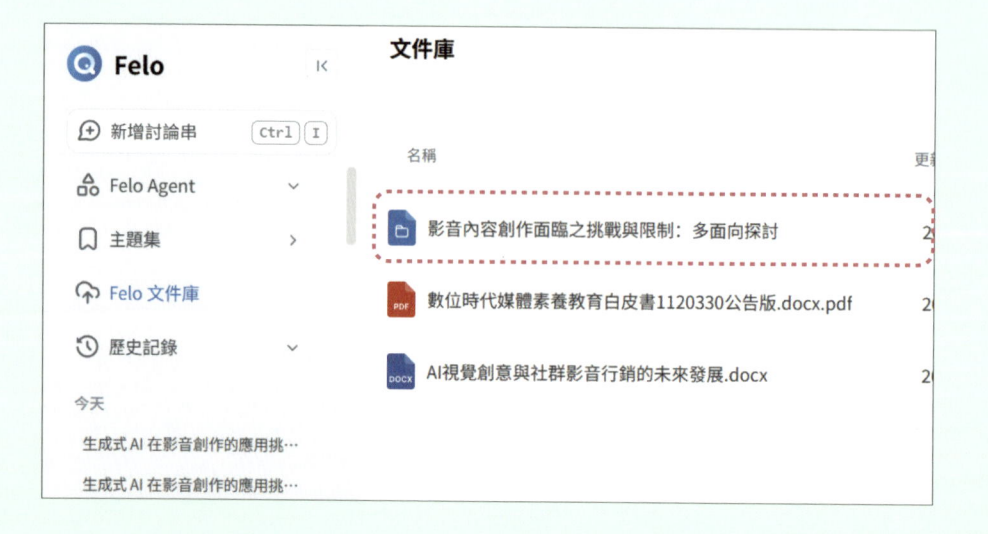

✦ 編輯 Felo 文件

**step 01** 側邊欄選按 **Felo 文件庫**，選按剛才儲存的文件項目開啟文件編輯畫面。

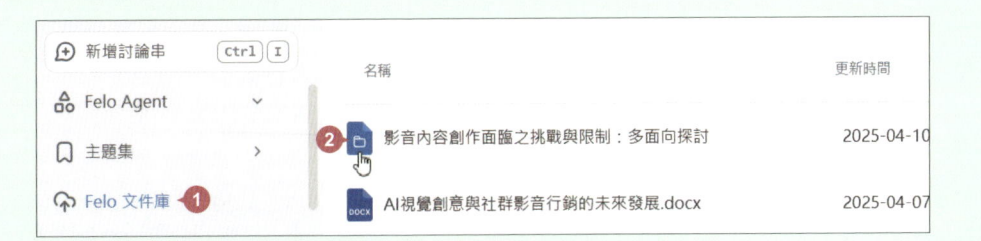

**step 02** 畫面左上角選取預設的名稱，調整為合適的文件名稱，在此輸入：「影音內容創作面臨之挑戰與限制：多面向探討」。

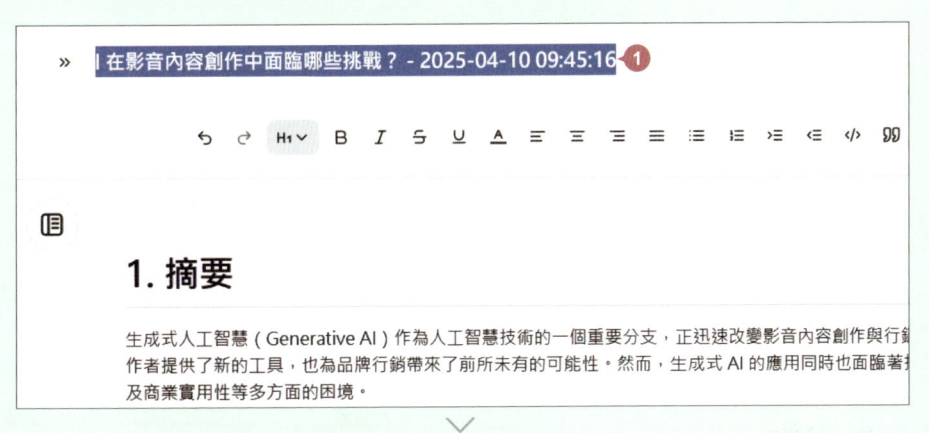

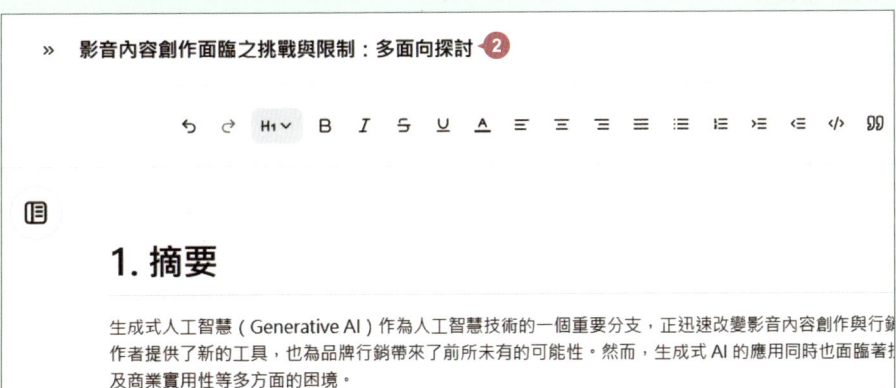

» 在影音內容創作中面臨哪些挑戰？ - 2025-04-10 09:45:16

### 1. 摘要

生成式人工智慧（Generative AI）作為人工智慧技術的一個重要分支，正迅速改變影音內容創作與行銷，作者提供了新的工具，也為品牌行銷帶來了前所未有的可能性。然而，生成式 AI 的應用同時也面臨著挑及商業實用性等多方面的困境。

» 影音內容創作面臨之挑戰與限制：多面向探討

### 1. 摘要

生成式人工智慧（Generative AI）作為人工智慧技術的一個重要分支，正迅速改變影音內容創作與行銷，作者提供了新的工具，也為品牌行銷帶來了前所未有的可能性。然而，生成式 AI 的應用同時也面臨著挑及商業實用性等多方面的困境。

**step 03** 滑鼠指標移至內容上按一下滑鼠左鍵，顯示輸入線後即可編輯文件內容，編輯過的內容會自動更新並儲存。

### ✦ AI 生成圖片並插入至文件

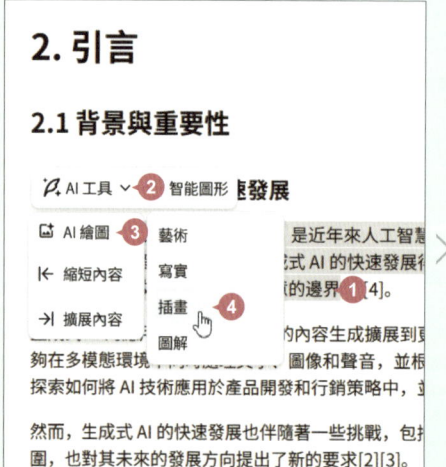

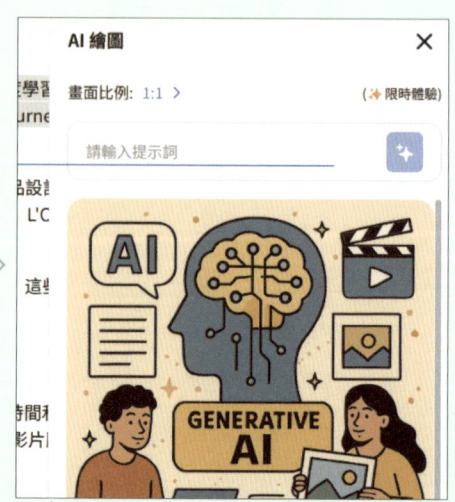

**step 01** 於 Felo 文件中選取欲生成圖片的文字內容後，上方工具列選按 **AI 工具 \ AI 繪圖** 清單中選擇合適的風格，在此選按 **插畫**，右側會開啟 **AI 繪圖** 面板，並以選取的文字內容作為提示詞生成圖片 (預設為 1:1 比例圖像)。

3-28

**step 02** 圖片上方按住滑鼠左鍵不放，拖曳至欲插入的段落中，會顯示藍色指標線，放開滑鼠左鍵即可將圖片插入至該處，再選按面板右上角 ⊠ 關閉。

**step 03** 將滑鼠指標移至插入的圖片右下角 ⤡ 處，呈 ⤡ 狀，拖曳縮放圖片至合適大小。

> **小提示**
>
> **再次插入已生成的 AI 圖像**
>
> 文件編輯畫面右上角選按 🖼 \ **AI 繪圖** 開啟面板，生成過的圖像會顯示於此處，透過選按或拖曳可插入至文件中。

> **小提示**
>
> **直接輸入提示詞生成圖片**
>
> 若以文件內容生成圖片，生成的結果不甚滿意，可自行輸入符合需求的描述生成圖片。
>
> 於 **AI 繪圖** 面板設定畫面比例，提示詞輸入欄位輸入描述，選按 ✦ 鈕送出生成圖片，圖片生成後，透過選按或拖曳可插入至文件中。

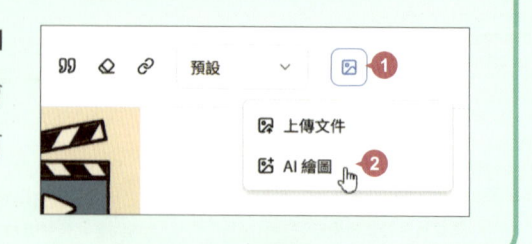

## ✦ 下載 Felo 文件

文件編輯畫面右上角選按 ⋮ \ **下載**，可選擇 Microsoft Word、PDF 或 Markdown 文件格式，在此選按 **PDF 文件 (.pdf)**，即可下載至本機儲存。

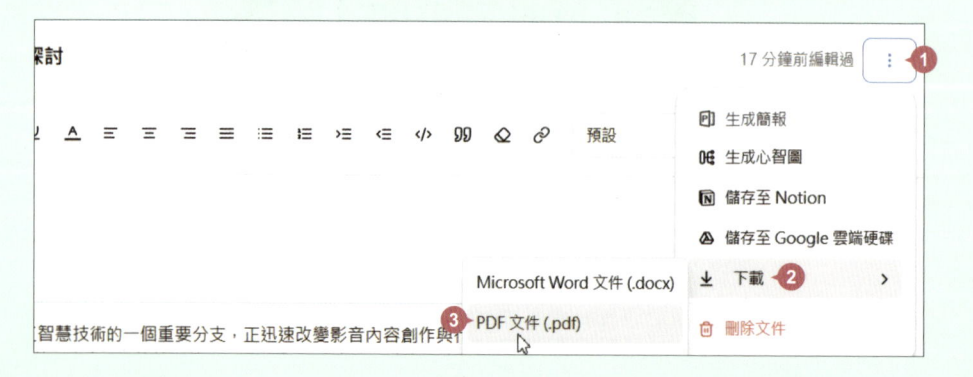

3-30

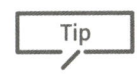

## Tip 8 文件庫檔案跨主題研究　Do it！

Felo 文件庫集中管理各 **主題** 知識源上傳的檔案，使用者可在不同 **主題** 中靈活調用，進行跨主題分析與整合研究。

**step 01** 建立一個新主題或開啟既有的主題後，於主題畫面 **知識源 \ 文件** 選按 **選擇文件** 鈕開啟 **來源** 對話方塊，再選按 **從 library 匯入檔案** 鈕。

**step 02** 於欲匯入的檔案右側選按 ☐ 呈 ✓ 狀，再選按 **匯入** 鈕，即可將檔案由 **Felo 文件庫** 匯入。

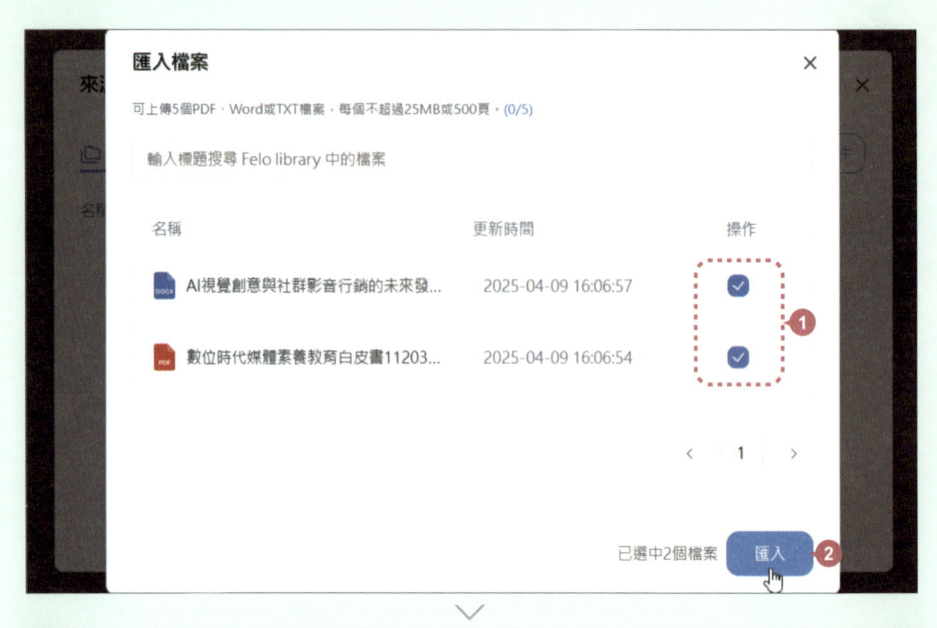

Felo 支援跨主題借調文件庫資料檔，無需一再重複上傳，即可彈性整合與豐富知識源，有效提升研究效率，打造連貫且具深度的知識脈絡。

# PART 04

## 心智圖與視覺圖表
### 視覺化資訊架構強化思考力

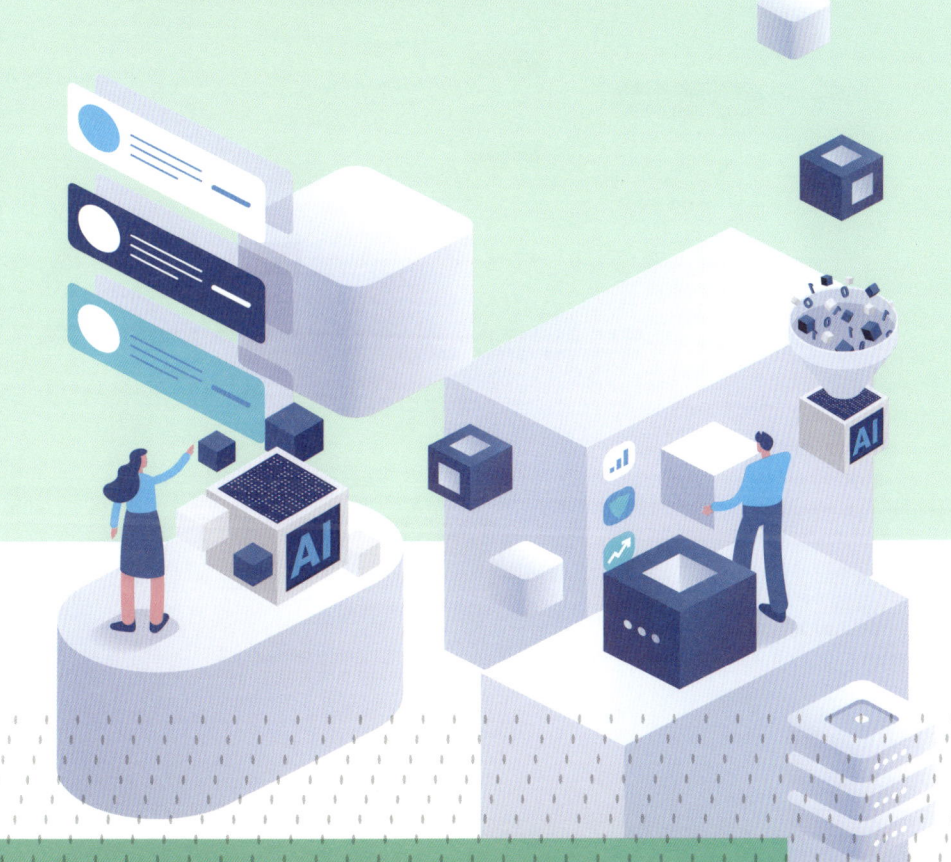

# 單元重點

善用心智圖與視覺圖表，將抽象想法具體化、資訊邏輯結構化，幫助你提升思考效率，打造一套可視化知識架構與表達方式。

- ☑ 掌握視覺化思維五大優勢
- ☑ 用心智圖讓思緒變得看得見！
- ☑ 將 Felo 回答視覺化為心智圖
- ☑ 調整心智圖結構與設計
- ☑ 複製、下載與分享心智圖
- ☑ 將 Felo 文件視覺化為心智圖
- ☑ 用視覺圖表讓複雜資訊一看就懂！
- ☑ 將 Felo 文件視覺化為視覺圖表

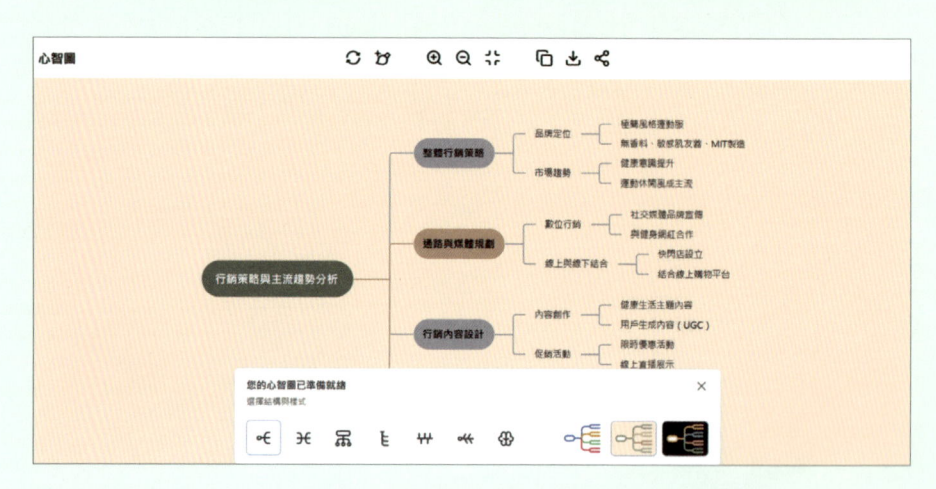

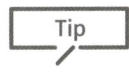

## Tip 1 掌握視覺化思維五大優勢

Do it！

想法太多無從整理？心智圖與智能圖形幫你高效釐清重點、視覺化邏輯關係、整合資訊，從學習、工作到簡報規劃都派得上用場！

Felo 結合 AI 與視覺設計，提供放射式思考的心智圖與邏輯導向的智能圖形，幫助使用者快速整理資訊、清晰表達邏輯。以下是不可錯過的五大優勢：

■ **自動生成．快速建構資訊架構**

提問或上傳文件，Felo 即可根據內容快速視覺化呈現，自動生成，幫助你迅速掌握整體脈絡與關聯結構，大幅節省整理時間。

■ **無縫整合與分享．插入 Notion、簡報與其他協作平台**

Felo 心智圖與視覺圖表除了可應用於 Felo 文件中，亦可下載為圖像，添加至 Notion、簡報或其他文件與平台使用，實際融入工作流程。

■ **結構化知識．強化理解與應用力**

無論是學術研究、商業規劃、或個人學習，Felo 透過視覺化結構協助你整理知識點並強化資訊吸收與應用。

■ **多樣化設計．靈活對應不同需求**

Felo 提供多種視覺圖形樣式，無論是進行教學設計、策略規劃、流程分析或問題拆解，都能依據內容特性與目選擇合適的套用。

■ **提升資訊組織效率．化繁為簡、重點明確**

透過節點化拆解與分層結構，複雜資訊可視化呈現，使思考更具邏輯、內容更聚焦，避免遺漏關鍵細節，是決策、簡報與對話的強力輔助工具。

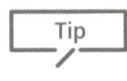

## Tip 2　用心智圖讓思緒變得看得見！　Do it！

心智圖（Mind Map）是一種強大的視覺化思維工具，能將大腦中雜亂的想法、收集到的資訊，整理成結構清晰、邏輯分明的圖像。

心智圖從中心主題出發，像樹枝般延伸出各種概念、想法與細節，搭配圖像與色彩，不僅有助於記憶，更能激發創意，讓抽象思緒一目了然。它模擬大腦的放射式思考模式，讓資訊更有結構、問題更容易拆解。

### 心智圖的核心價值：

- 資訊統整能力：將散亂資訊歸類為結構化知識。
- 強表達效率：簡報、教學、報告時更易說清楚、講明白。
- 提升記憶力：圖像與顏色刺激記憶，重點更容易回憶。
- 強化邏輯與架構：幫助使用者釐清資訊之間的關聯。
- 促進創意思考：在分支之間自由延伸，探索更多可能。

### 心智圖在職場的實務應用：

| 應用場景 | 實務說明 |
| --- | --- |
| 學習與知識整理 | 吸收大量新知時，用心智圖做筆記，有助知識內化與日後檢索。 |
| 專案規劃 | 主題為中心，向外展開工作分工、時程安排、資源需求與風險評估。 |
| 會議記錄 | 實時建立心智圖，記錄討論重點與決策事項，方便後續整理與追蹤。 |
| 提案簡報設計 | 用心智圖構思內容架構，再轉換成簡報頁面邏輯，快速形成主軸與流暢段落。 |
| 行銷企劃 | 規劃行銷活動時，將受眾、通路、素材、預算、目標 KPI …等。 |

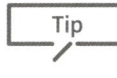

# Tip 3　將 Felo 回答視覺化為心智圖　　Do it !

在 Felo 提問後，即可將回答內容自動轉換為心智圖，快速整理重點、視覺化資訊脈絡，讓思考更有條理。

**step 01**　畫面左上角選按 ◎ Felo 回到首頁。

**step 02**　針對公司產品行銷，於對話框輸入提問，選按 → 鈕送出，會開啟新討論串並開始理解問題、完成回答。

> **提問** 💬
> 我們公司即將推出一項新產品 (資訊如下)，請協助整理目前市場上適用的行銷策略與主流趨勢，並依整體行銷策略、通路與媒體規劃、行銷內容設計，提出具體建議與行動要點。
>
> 產品類型：運動機能服
> 目標族群：25–35 歲上班族、喜歡極簡風格
> 產品特色：無香料、敏感肌友善、MIT製造

---

**行銷策略與主流趨勢分析**

針對即將推出的運動機能服產品，以下是目前市場上適用的行銷策略與主流趨勢的整理，並依據整體行銷策略、通路與媒體規劃、行銷內容設計提出具體建議與行動要點。

**整體行銷策略**

1. **品牌定位**：
   - 將產品定位為「極簡風格」的運動機能服，強調無香料、敏感肌友善及MIT製造的特點，以吸引25-35歲的上班族。
   - 強調產品的功能性與舒適性，並結合時尚元素，讓消費者在運動與日常生活中都能穿著。

2. **市場趨勢**：
   - 隨著健康意識的提升，消費者對運動服的需求不斷增加，特別是對於功能性與時尚感兼具的產品 2 4 。
   - 運動休閒風（Athleisure）已成為主流，消費者希望能在多種場合穿著運動服，這為產品的市場推廣提供了良機 11 13 。

**通路與媒體規劃**

1. 數位行銷：

*以下省略*

應用篇 04　心智圖與視覺圖表，視覺化資訊架構強化思考力

**step 03** 於 Felo 回答下方選按 **轉換回答到 \ 心智圖**。

透過以上策略與建議，您的運動機能服產品將能在競爭激烈的市場中脫穎而出，吸引目標客群的注銷售。

轉換回答到 🫆 🫆　匯出

🫆 心智圖 👆

🫆 互動網頁 New　25-35歲上班族中的市場需求？

**step 04** 稍等一下，即會依據剛剛回答的內容，自動產出心智圖，選按右上角的 ✕ 可回到討論串畫面。

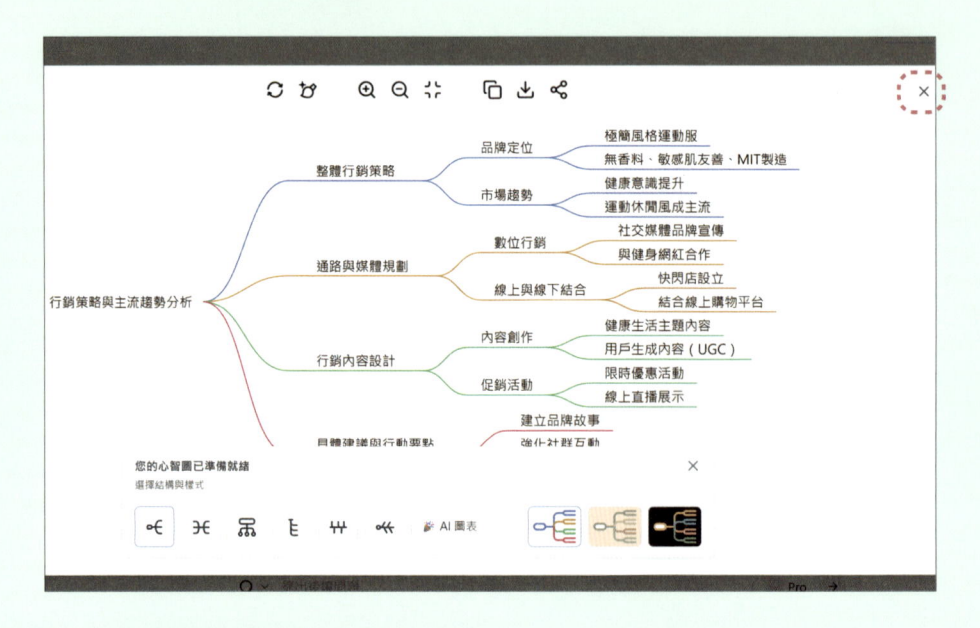

心智圖會整理於回答內容的上方。

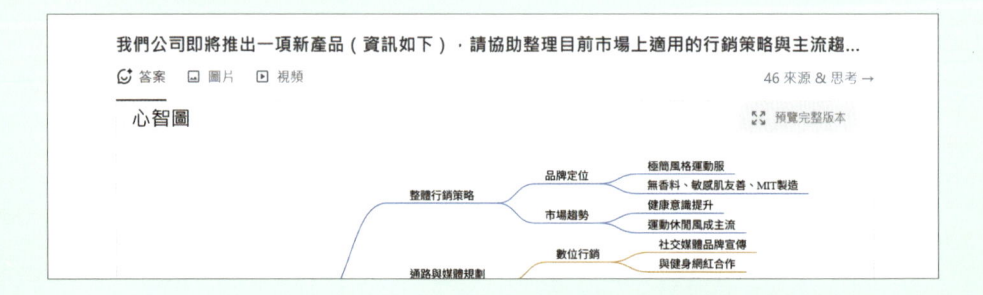

4-6

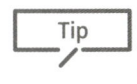

## Tip 4 調整心智圖結講與設計

**Do it！**

Felo 心智圖還能調整層級、變更結構與樣式，讓心智圖更貼近你的思維邏輯與應用需求。

於回答內容的上方，選按心智圖右上角 **預覽完整版本**，可開啟編輯畫面。

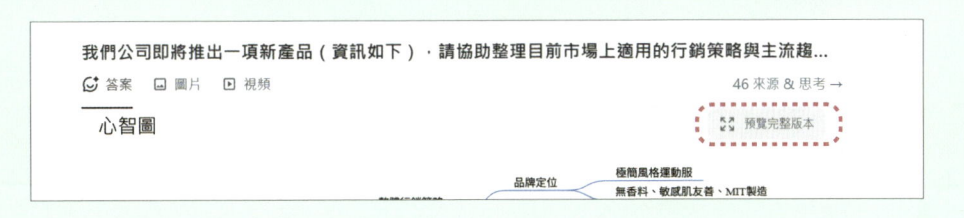

### ✦ 重新產生

心智圖編輯畫面上方，選按 ⟳，會依原回答內容重新生成一份心智圖。

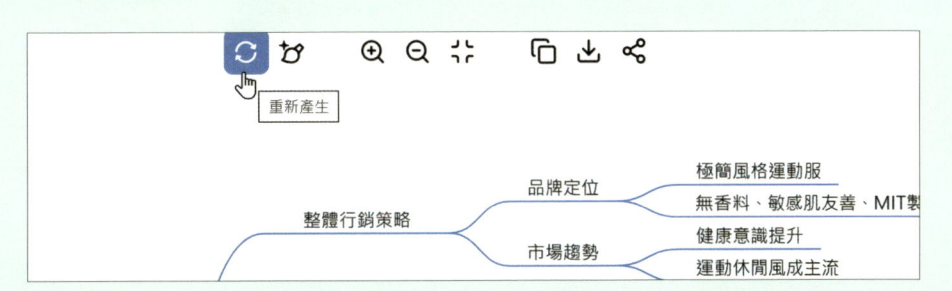

### ✦ 套用合適的結構與樣式

心智圖編輯畫面上方，選按 ⌬，會展開或收合下方的結構與樣式面板；心智圖支援多種結構樣式與視覺風格，可依內容特性與應用情境選擇。

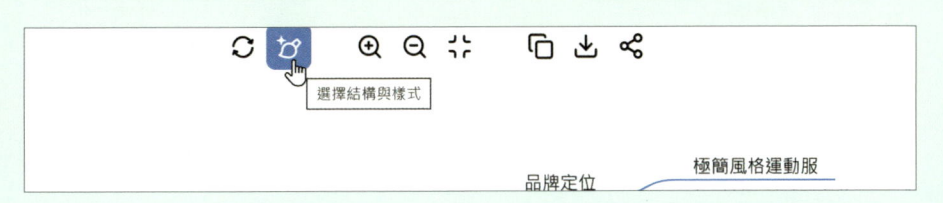

4-7

預設為邏輯圖結構，於下方結構與樣式面板可選擇套用心智圖、組織圖、樹狀圖、時間軸與魚骨圖…等結構，依不同目的選擇合適的視覺展現方式，適用於邏輯拆解、流程規劃或問題分析等情境。

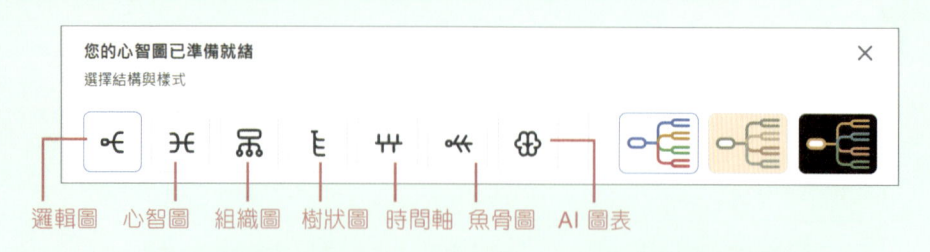

**您的心智圖已準備就緒**
選擇結構與樣式

邏輯圖　心智圖　組織圖　樹狀圖　時間軸　魚骨圖　AI 圖表

- **邏輯圖**：適用於展示邏輯關係和推理過程，有助釐清複雜概念，強化分析與說明的邏輯架構。

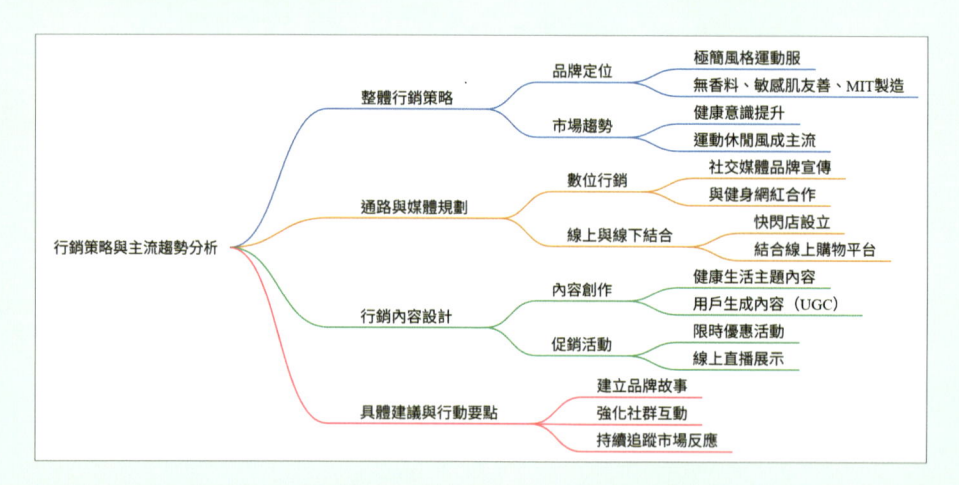

（行銷策略與主流趨勢分析圖示）

- 整體行銷策略
  - 品牌定位
    - 極簡風格運動服
    - 無香料、敏感肌友善、MIT製造
  - 市場趨勢
    - 健康意識提升
    - 運動休閒風成主流
- 通路與媒體規劃
  - 數位行銷
    - 社交媒體品牌宣傳
    - 與健身網紅合作
  - 線上與線下結合
    - 快閃店設立
    - 結合線上購物平台
- 行銷內容設計
  - 內容創作
    - 健康生活主題內容
    - 用戶生成內容（UGC）
  - 促銷活動
    - 限時優惠活動
    - 線上直播展示
- 具體建議與行動要點
  - 建立品牌故事
  - 強化社群互動
  - 持續追蹤市場反應

- **心智圖**：採用傳統放射狀結構，從中心主題出發，向外延伸出多個分支，每個分支代表一個關鍵概念或想法，適用於思考和創意發想。

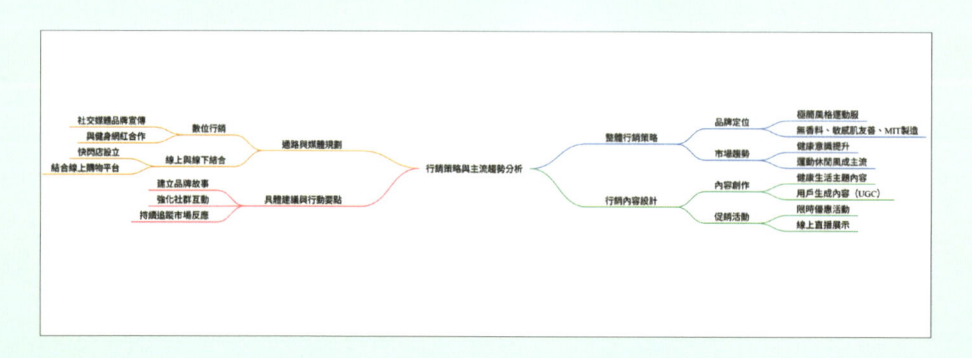

- **組織圖**：以上下階層方式呈現資訊，清楚展現出主從關係與層級結構，常用於企業、部門或團隊架構的視覺化呈現。

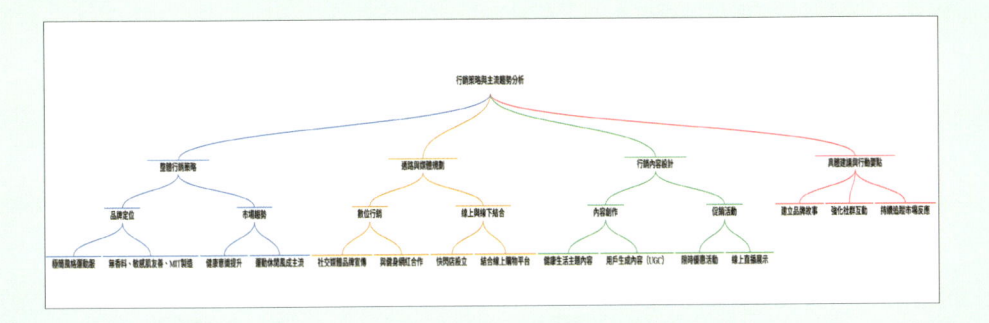

- **樹狀圖**：強調資訊的層級與分類邏輯。從主節點依序向下展開，節點間具明確的父子關係，適合用於展示分層結構、分類系統或知識架構。常見應用包括教材大綱、產品分類、網站架構規劃...等。

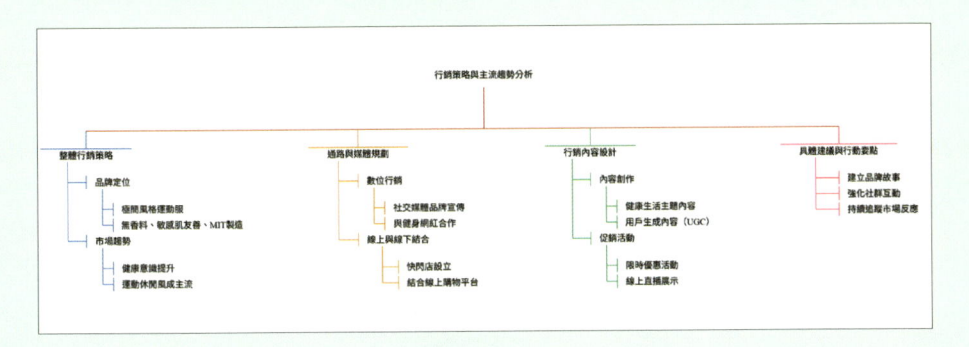

- **時間軸**：以時間順序呈現事件或階段，適合展示歷史脈絡、項目進度、活動規劃等時序相關內容；可幫助掌握事件發展過程、階段安排與時間節點...等。

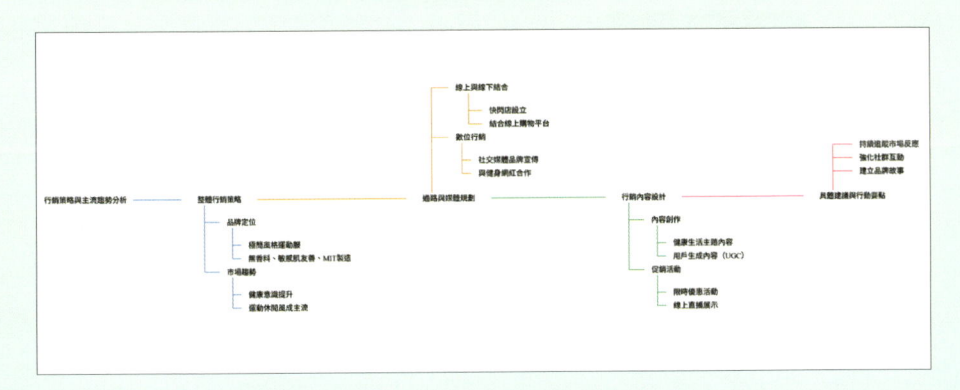

- **魚骨圖**：適用於分析問題的根本原因。圖形結構如魚骨，主幹為問題本身，分支代表各類可能原因 (例如：人員、設備、方法、環境…等)。廣泛應用於品質管理、流程改善與問題解決。

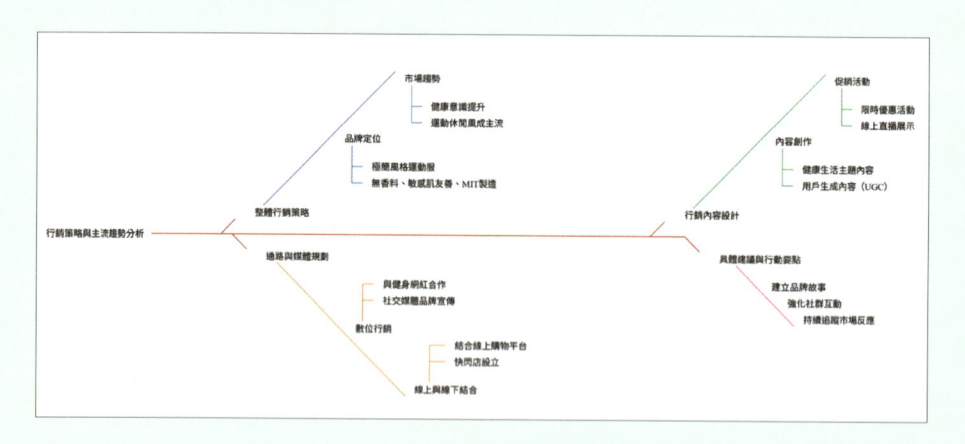

- **AI 圖表**：會根據回答的內容，生成一張視覺圖像，協助使用者將複雜資訊以視覺化方式結構化呈現，但目前無法針對該圖像進行編輯與調整。

視覺樣式則提供多彩、柔和與深色風格，可依簡報、閱讀或品牌調性做出更一致的搭配，讓心智圖不只是工具，更是視覺化溝通的延伸。

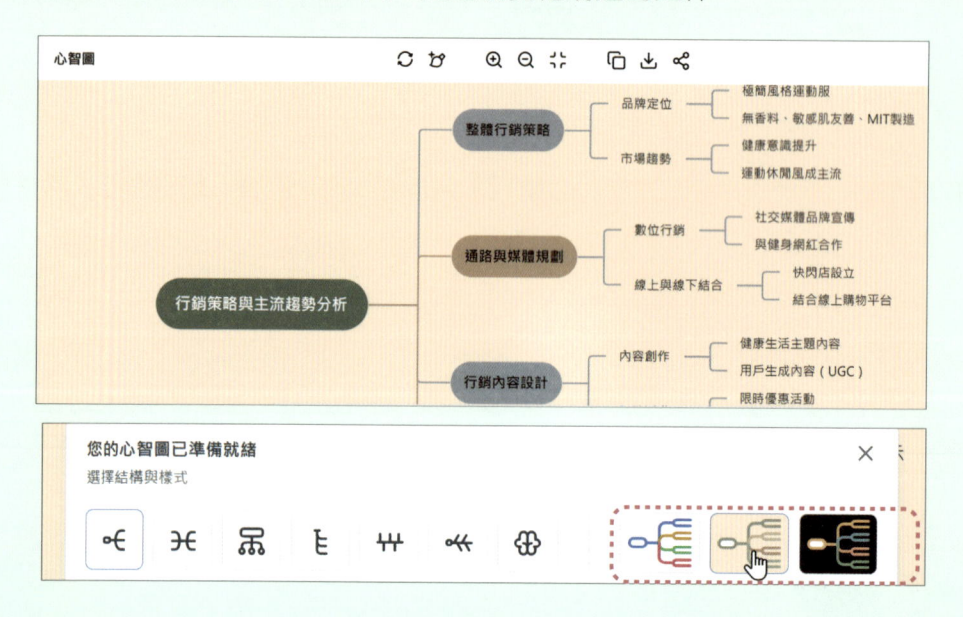

### ✦ 縮、放顯示大小

編輯心智圖時，畫面操作的流暢性同樣關鍵。Felo 提供 🔍 **放大**、🔍 **縮小**、✥ **置中顯示** 三個實用縮放控制工具，幫助你聚焦某個分支、總覽整體架構，或在畫面散亂時快速回到預設中心位置。

- 🔍 **放大**：放大整張心智圖畫面，方便查看細節。

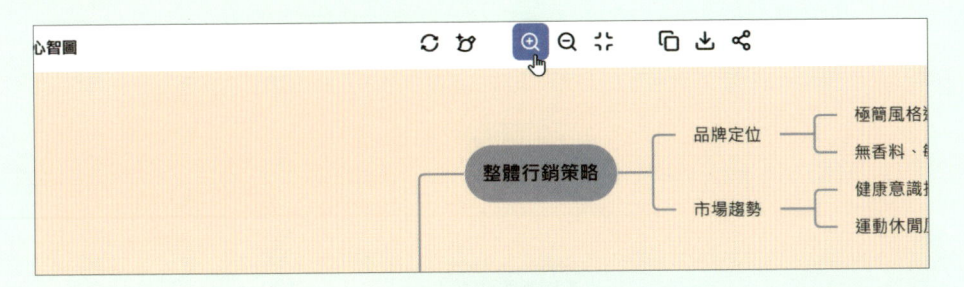

- 🔍 **縮小**：縮小整張心智圖，適合快速瀏覽整體結構。

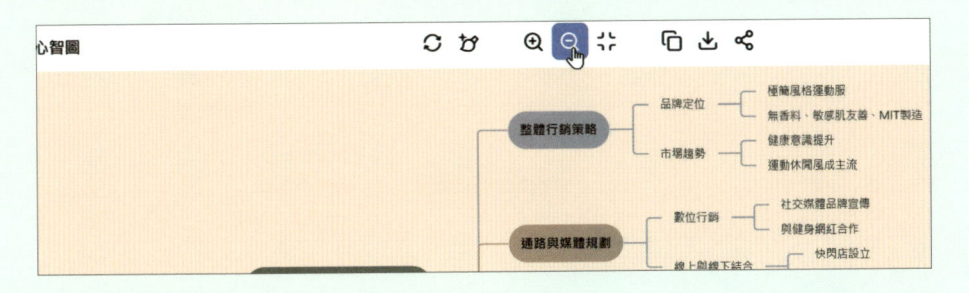

- ✥ **置中並縮放至合適大小**：將心智圖自動置中，適合畫面混亂後快速歸位。

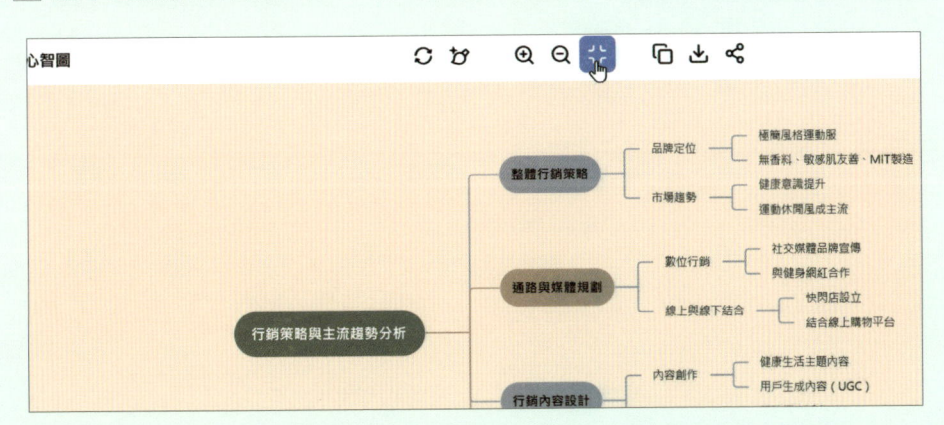

4-11

## ✦ 展開與收合層級

"層級" 是指心智圖中從主題向外延伸的資訊階層，Felo 透過放射式結構，協助使用者逐層拆解與組織思考內容。

在主題為 "行銷策略與主流趨勢分析" 的心智圖中，內容呈現出四個層級，每一層都有明確的資訊層次與功能定位，透過這四層結構，可以從抽象的核心主題，逐步展開到具體可執行的策略與活動，讓資訊條理清晰、邏輯分明。

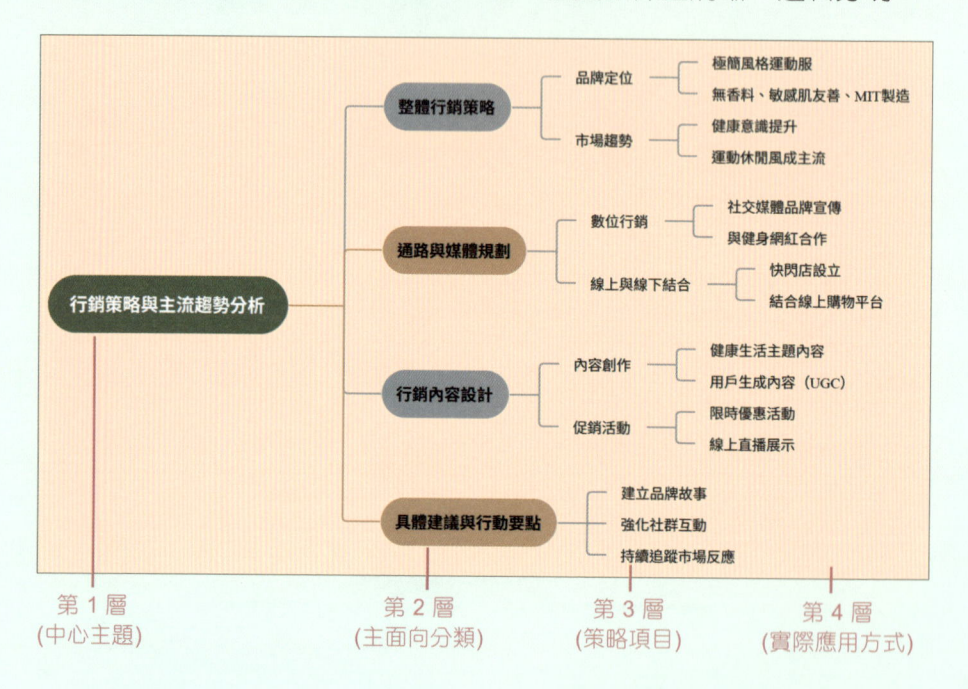

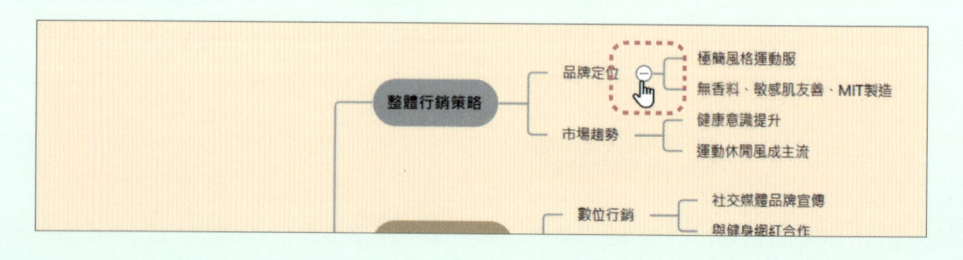

第 1 層 (中心主題)
第 2 層 (主面向分類)
第 3 層 (策略項目)
第 4 層 (實際應用方式)

Felo 心智圖可依需求展開與收合各層級，將滑鼠指標移至各層級的節點上呈 ⊖ 時，選按該節點，可收合向右(向下) 延伸的層級；若要展開只需再選按該節點即可。

4-12

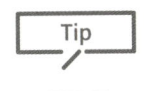

## Tip 5 複製、下載與分享心智圖  (Do it！)

完成後的心智圖可複製、下載或產生分享連結，快速應用於簡報、文件、Notion 或團隊協作中。

心智圖編輯畫面上方，選按 📋，可複製心智圖圖像，待後續於簡報、文件、Notion 或團隊討論平台中貼上使用；選按 ⬇️，則可將心智圖以 PNG 圖檔格式儲存至本機。

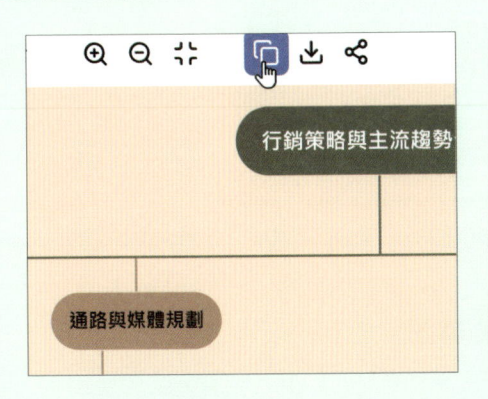

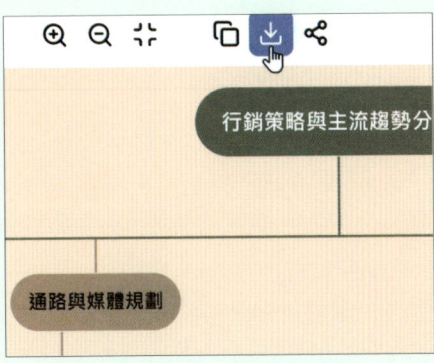

選按 🔗，會產生專屬連結；分享該連結，對方可查看完整心智圖，以及原始討論串中的提問與回答內容，有助於理解脈絡與掌握思考邏輯。

4-13

# Tip 6　將 Felo 文件視覺化為心智圖　　Do it !

Felo 不只能從提問產出心智圖，也能將已 Felo 文件一鍵轉換為結構化的心智圖。

**step 01**　側邊欄選按 **Felo 文件庫**，再選按要生成心智圖的 Felo 文件項目。

**step 02**　Felo 文件右上角選按 **⋮ \ 生成心智圖**。

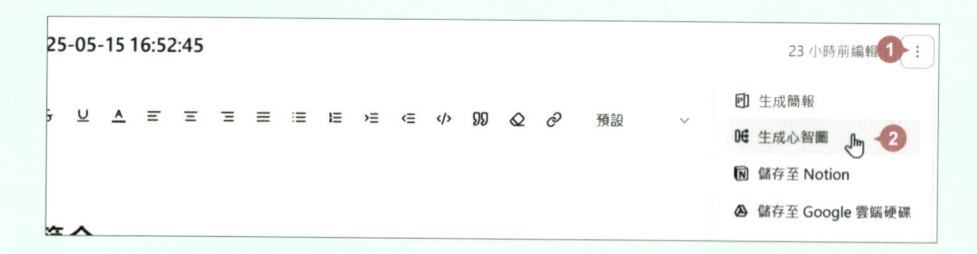

**step 03**　生成的心智圖同樣可調整結構與設計，以及展開收合層級，最後選按下方面板 **插入腦圖**，即可將此心智圖插入 Felo 文件最上方。

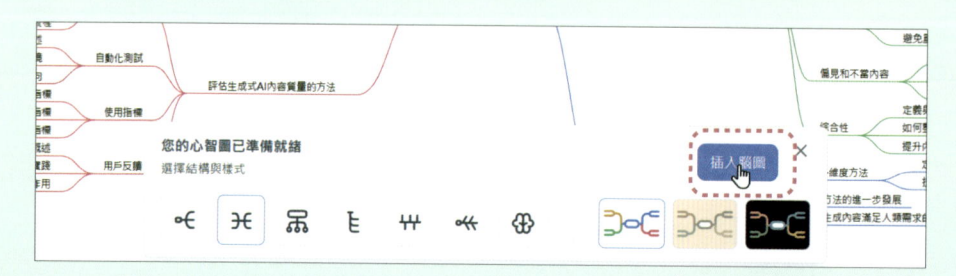

4-14

## Tip 7 用視覺圖表讓複雜資訊一看就懂！ ( Do it! )

視覺圖表 (又稱資訊圖表) 是將抽象或複雜資訊轉為圖像化的工具，透過圖示、色彩與文字搭配，幫助快速理解內容脈絡與重點。

能將複雜資訊轉化為清晰圖像，搭配圖示與文字，有效強化理解力與溝通效率。不論是簡報、提案或教學，都是幫助觀者快速掌握重點的好幫手，讓內容更直觀、更好懂。

**視覺圖表的核心價值：**

- **強化資訊理解力**：用圖像輔助說明概念，讓複雜資訊更易吸收。
- **提升溝通效率**：圖表勝過長文，更快傳遞關鍵訊息與結論。
- **資料關聯可視化**：顯示數據間的關係，幫助發現趨勢與脈絡。
- **提高內容吸引力**：透過視覺設計吸引注意，提升閱讀參與度。
- **支援決策溝通**：圖像式報告與簡報，讓提案更具說服力。

**視覺圖表在職場的實務應用：**

| 應用場景 | 實務說明 |
| --- | --- |
| 專案簡報 | 將複雜專案流程與進度視覺化，提升簡報清晰度與溝通效率。 |
| 市場報告 | 將數據趨勢、消費者行為…等資料整理為圖表，強化決策依據。 |
| 數據儀表板 | 利用圖像呈現即時指標，方便團隊掌握營運狀況。 |
| 提案設計 | 將提案架構、核心價值與成效以圖解方式呈現，提高說服力。 |
| 內部教學教材 | 將制度、流程與 SOP 圖像化，方便新手快速理解。 |

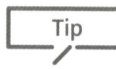

## Tip 8 將 Felo 文件視覺化為視覺圖表　　Do it！

視覺圖表目前是安排在 Felo 文件中，可透過一鍵生成功能，將每段內容視覺化呈現。

**step 01** 側邊欄選按 **Felo 文件庫**，選按要生成智能圖形的 Felo 文件項目。

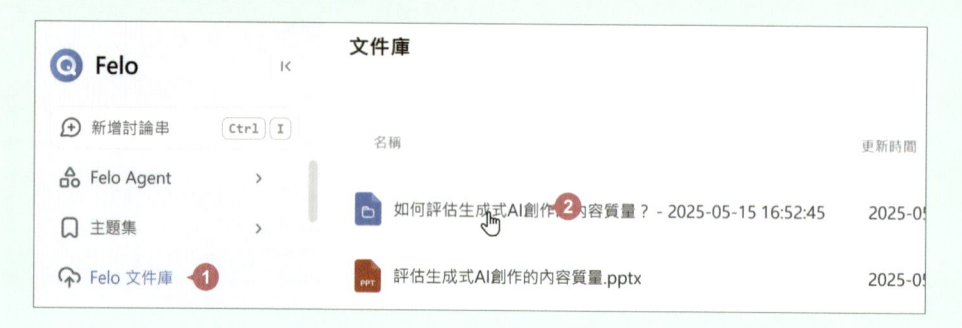

**step 02** 於 Felo 文件選取要轉換為智能圖形的內容，再選按 **智能圖形**。

**step 03** 智能圖形編輯畫面上方的工具列功能與心智圖相似：重新生成、放大、縮小、複製、下載。

4-16

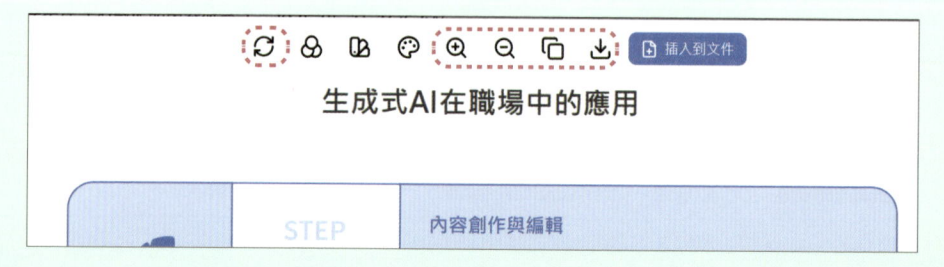

**step 04** 智能圖形畫面上方，選按 🔗，會展開或收合下方的圖表類型面板，可依內容特性與應用情境選擇。

**step 05** 智能圖形畫面上方，選按 📋，會展開或收合下方的樣式面板，可選擇喜歡的樣式；選按 🎨，可設定圖形背景色。

**step 06** 相較於心智圖，智能圖形可以編修圖像上的文字。於要編修的標題名稱或各項目文字上連按二下滑鼠左鍵，即可直接變更，完成後於圖像空白處按一下滑鼠左鍵即可。

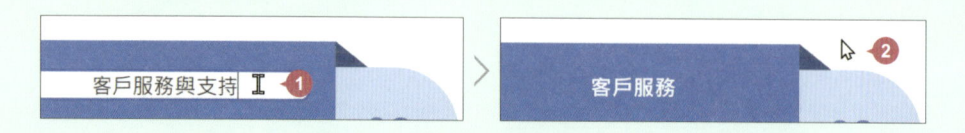

**step 07** 選按智能圖型上的 ⊕、⊖ 圖示，可增加或減少一個項目。

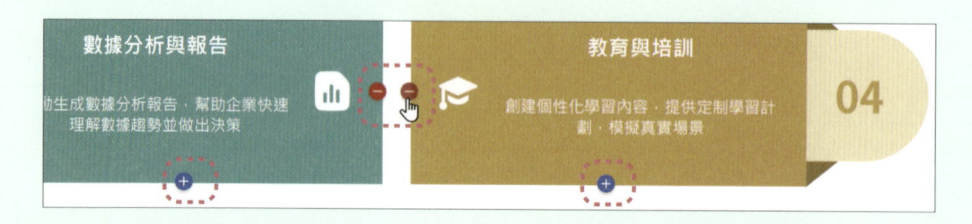

**step 08** 最後選按 **插入到文件**，即可將此智能圖形插入 Felo 文件中。

---

**小提示**

**再次進入智能圖形編畫面或下載**

於 Felo 文件畫面，若想再次編輯智能圖形或是下載，可於該物件右上角選按 ✏、⬇ 圖示。

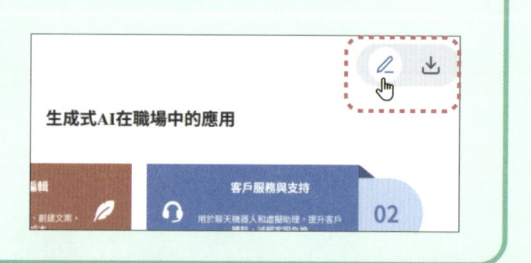

PART

# 05

## Felo 與 Notion 高效整合
### 跨平台內容同步管理

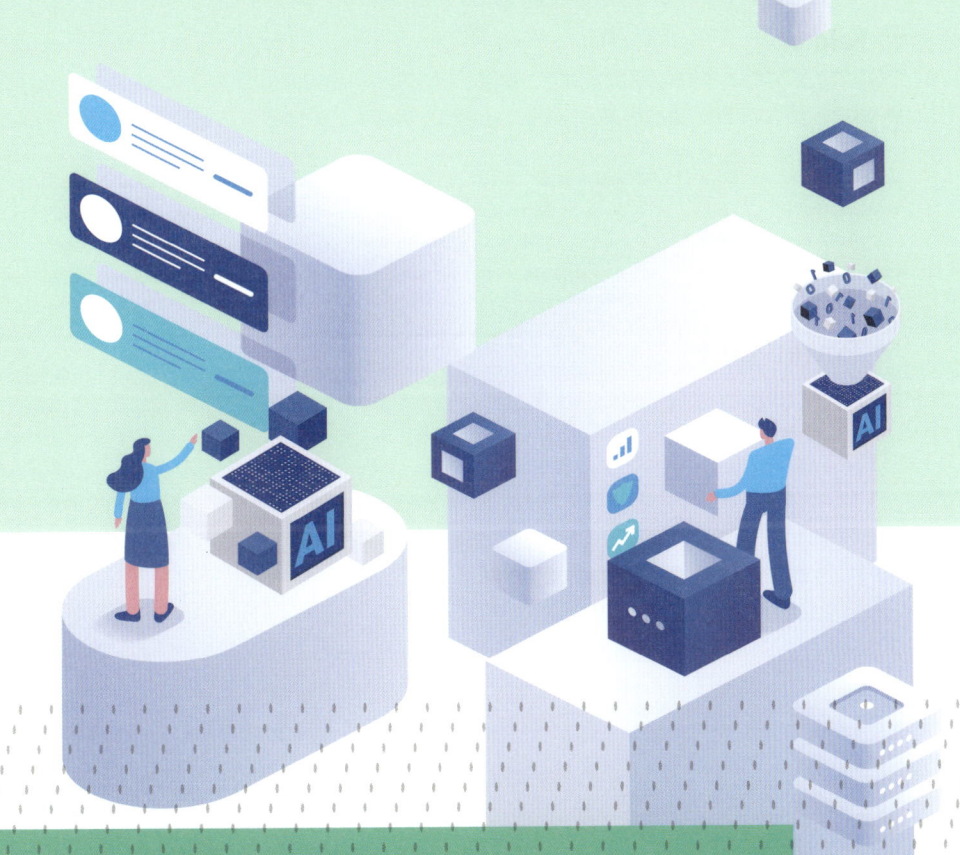

## 單元重點

透過 Felo 詢問的回答，可以一鍵儲存至 Notion，並自動建立為 Notion 資料庫，以清單形式整理。結合 Notion 資料庫的分類與標籤功能，讓資料保存更有條理、管理更高效。

- ☑ 打造 AI 協作工作流
- ☑ 將 Felo 提問與回答儲存到 Notion
- ☑ 認識 Notion 介面與資料庫
- ☑ 瀏覽每筆提問的 Notion 主頁面
- ☑ Notion 資料庫屬性設定與最佳化
- ☑ Notion 資料庫以看板模式分組管理
- ☑ Notion 資料庫篩選與排序
- ☑ 將 Felo 心智圖整併至 Notion

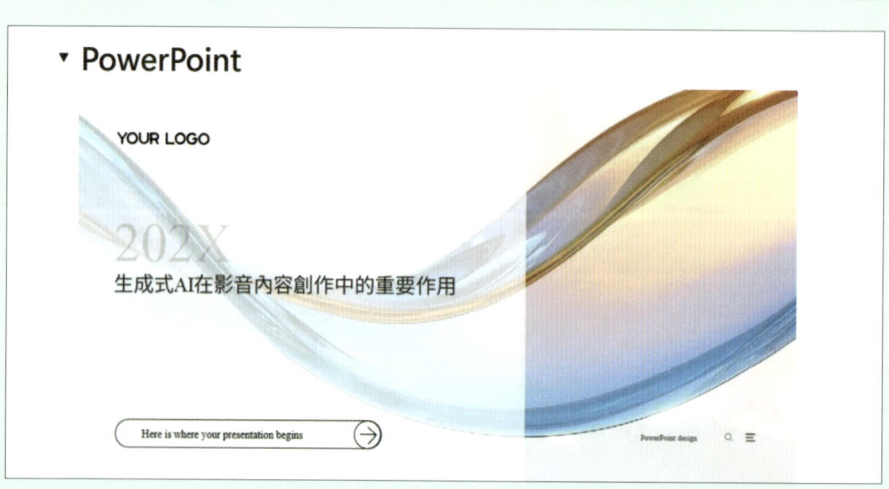

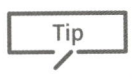

## Tip 1 打造 AI 協作工作流

Do it！

結合 Felo 與 Notion，打造智慧資料庫，實現跨平台知識整合與分類，全面優化資料管理。

將 Felo 資料整合至 Notion，能大幅提升資料管理的效率。Felo 提供快速搜尋、回答和自動生成簡報的功能，使用者可以一鍵將這些內容與結果儲存至 Notion，實現資料的自動分類與系統化整理。不僅減少了手動處理的時間，也讓資訊呈現更具結構性，便於後續查閱與共享，特別適合應用於學術研究和團隊協作。其主要優點如下：

- **自動化資料整理**：Felo 能快速搜尋所需資訊，並將結果一鍵儲存至 Notion，自動分類、自訂標籤和整理，免除繁瑣的手動複製與歸檔作業，大幅提升工作效率。

- **高效的學術研究工具**：Felo 支援學術搜尋與整理，搭配 Notion 自動歸檔提問與資料，讓研究人員輕鬆管理知識、加速引用整合。

- **整合性強**：Felo 串接 Notion，集中管理搜尋結果與知識內容，所有資訊可在 Notion 統一編排，有效避免資料分散的問題，並大幅提升後續的檢索與追蹤效率。

- **強化團隊協作**：Felo 資料同步至 Notion 資料庫，團隊成員能即時查看與共享資訊，促進溝通與協作，有效提升整體工作流程效率。

Felo 與 Notion 的搭配不僅優化了資料搜尋和整理流程，更增強了資訊的可視化和管理能力。

# Tip 2　將 Felo 提問與回答儲存到 Notion ( Do it！)

連結並指定 Notion 工作區後，就可將 Felo 回答整理至 Notion 資料庫，並為每筆資料記錄建立時間、內容...等資訊。

## ✦ 輸入問題提問

**step 01**　於 Felo 畫面左上角選按 ⊙Felo 回到首頁。

**step 02**　首先提問關於生成式 AI 在各方面的應用，於對話框輸入提問，選按 → 鈕送出，會開啟新討論串並開始理解問題、完成回答。

> **提問** 💬
>
> 生成式AI如何在影音內容的創作過程中發揮作用？請舉例說明其在文件、圖像、音樂和影片生成方面的具體應用案例，以及這些應用如何提升創作效率和內容質量。

⌄

生成式AI在影音內容創作過程中發揮了重要作用，通過自動化生成文本、圖像、音樂和影片，顯著提升了創作效率和內容質量。以下是一些具體的應用案例及其對創作過程的影響。

### 文本生成

生成式AI能夠自動創建故事、對話和其他文本內容，這對於劇本創作和內容編寫尤為重要。例如，生成式AI可以根據簡單的提示生成完整的劇本或故事情節，這樣創作者可以專注於更高層次的創意工作，而不是耗費時間在初步草稿上。這種自動化的文本生成不僅提高了效率，還能激發創作者的靈感，幫助他們克服創作瓶頸 2 9 。

### 圖像生成

在圖像創作方面，生成式AI工具如Adobe Firefly和DALL·E等，能夠根據用戶的描述生成高質量的圖像。這些工具可以快速創建插圖、廣告素材或社交媒體內容，並且支持多種風格和主題。這樣的技術使得設計師能夠在短時間內產出多樣化的視覺內容，從而提升了整體的創作效率和質量 1 12 19 。

*以下省略*

**step 03** 針對生成式 AI 影響影音產業的發展，於對話框輸入提問，選按 → 鈕送出，Felo 會開始理解問並完成回答。

> **提問** 💬
> 根據目前的技術進展，生成式AI在未來幾年內將如何影響影音產業的發展？請探討可能出現的新技術、新商業模式，以及這些變化將會如何改變內容創作和消費者體驗。

生成式AI的快速發展正在深刻影響影音產業，未來幾年內可能出現多種新技術和商業模式，這些變化將顯著改變內容創作和消費者體驗。

**新技術的出現**

1. **虛擬角色和AI演員：**
   隨著生成式AI技術的進步，虛擬角色已經開始取代真人演員，成為影視作品中的主要角色。這些AI生成的角色能夠在短時間內完成創作和調整，並且不需要薪水或休息，這使得製作成本大幅降低，效率顯著提升。例如，2024年上映的科幻電影《未來之境》中的主要角色完全由AI生成，並取得了超過10億美元的票房

*以下省略*

## ✦ 首次儲存至 Notion 先設定平台連結

首次將 Felo 的回答儲存至 Notion，需要先連結帳號與平台。

**step 01** 於 Felo 回答下方選按 **匯出 \ 儲存至 Notion**。

成本和時間創作出專業水準的視頻，從而打破了傳統視頻製作的門檻，讓更多人能夠參與到內容創作中 1 3 10。

**總結**

總的來說，生成式AI在影音內容創作中通過自動化生成文本、圖像、音樂和視頻，顯著提升了創作效率容質量。這些技術不僅減少了創作過程中的人力需求，還使得創作者能夠專注於更具創意的工作，從而了整個行業的發展。隨著技術的進一步成熟，未來生成式AI將在內容創作中扮演更加重要的角色。

- AI生成 ↗ New  ↓ 匯出 **①**
  - 保存
    - 📄 儲存至 Notion 🖱 **②**
    - 📄 儲存至Felo文件

**step 02** 若尚未於該瀏覽器登入 Notion 帳號，或尚未註冊帳號，可以直接於視窗中申請及登入。選按 **Get Notion free** 鈕，使用 Google、Apple、Microsoft...等帳號或其他方式申請，在此以 Google 帳號示範，選按 **使用 Google 帳號登入** 鈕。

**step 03** 於 **選擇帳戶** 畫面選按要使用的 Google 帳戶，於 **登入「Notion」** 畫面中確認登入的帳號後，選按 **繼續** 鈕。

5-6

**step 04** 首次使用 Notion，需於 **你想如何使用 Notion？** 畫面選按要使用的目的，在此選按 **適用於個人生活**，再選按 **繼續** 鈕，接著選按 **獨立工作**，再選按 **繼續** 鈕。

**有什麼靈感和想法？** 畫面選按有興趣的項目 (可多選)，再選按 **繼續** 鈕完成帳號建立。

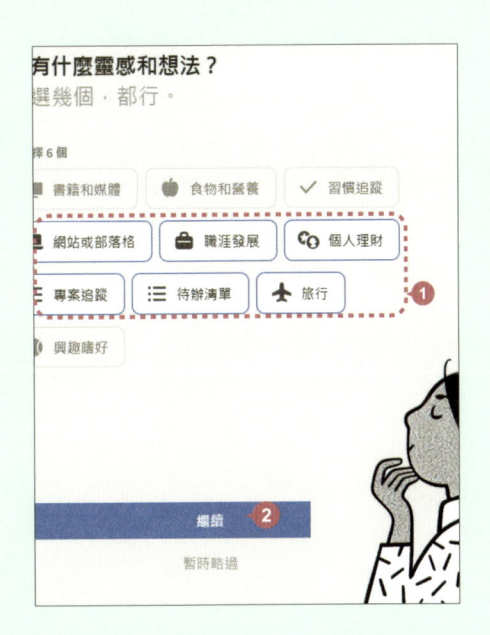

**step 05** 於 Felo 的要求存取畫面選按 **下一步** 鈕，再選按 **使用開發人員提供的範本**，接著選按 **允許存取** 鈕。

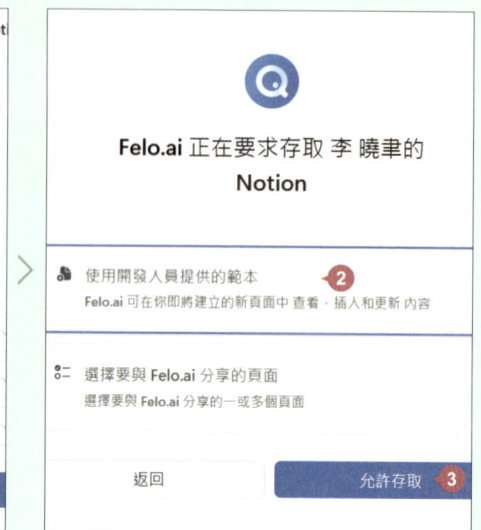

---

**小提示**

**注意！若 Notion 已有多個工作區，需先指定連結的工作區**

若 Notion 帳號中已有多個工作區，需先於 **Felo.ai 正在要求存取** 畫面右上角選按 ⌵，再於清單中指定合適工作區，再選按 **允許存取** 鈕。

**step 06** 接著出現並會自動關閉 **您已成功連接 Notion 與 Felo Search** 的視窗，同時將回答儲存至 Notion。

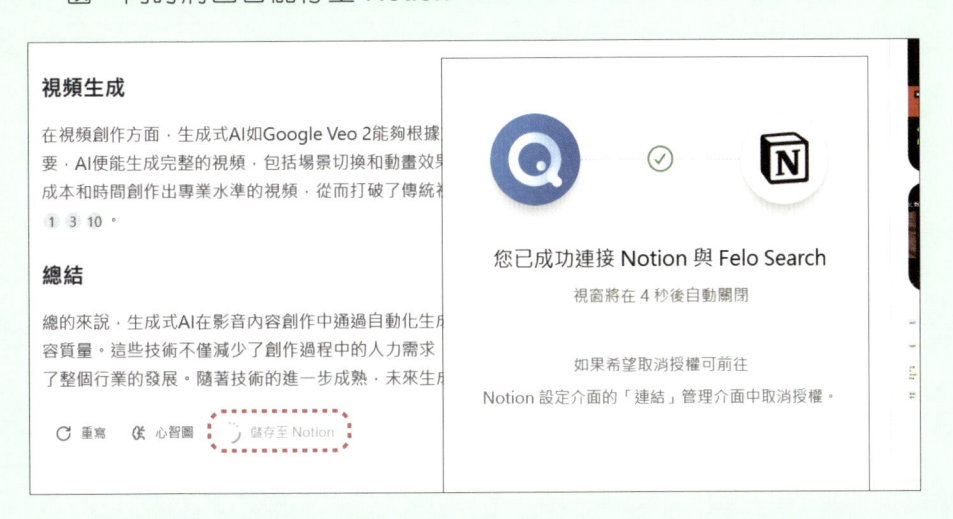

## ✦ 儲存更多 Felo 回答至 Notion

Felo 與 Notion 帳號連結完成後，若要再將其他筆 Felo 回答內容儲存到 Notion，只要於該回答的下方選按 **匯出 \ 儲存到 Notion** 就會自動於已連結的 Notion 資料庫中新增一筆資料，不需要每次都重新連結。

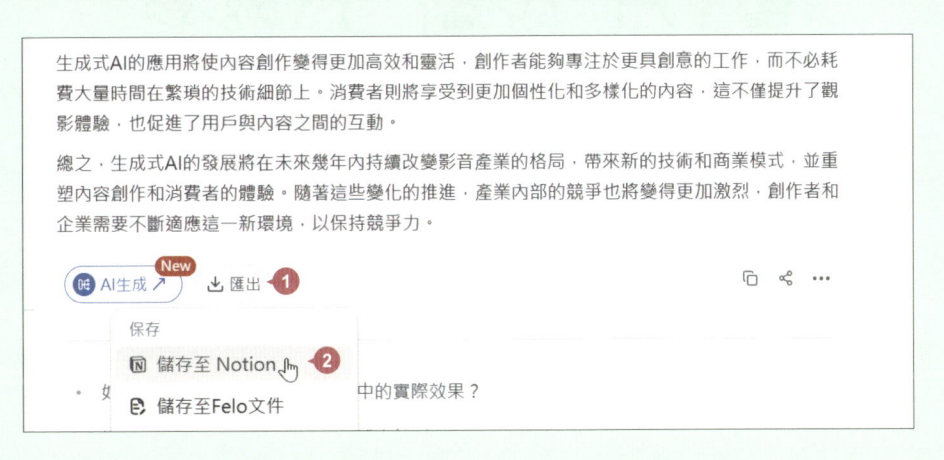

5-9

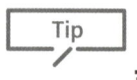

# Tip 3 認識 Notion 介面與資料庫

Do it！

開始使用 Notion 前，先熟悉登入方法與操作介面，有助於後續資料整合與管理更加有條理。

## ✦ 登入 Notion 帳號

**step 01** 開啟瀏覽器，於網址列輸入「https://www.notion.com/zh-tw」進入 Notion 官方首頁，畫面右上角選按 **Log in** (或 **登入**)，

**step 02** 選按欲登入的帳號類型，並確保使用與上一個 Tip 平台連結時相同的帳號。

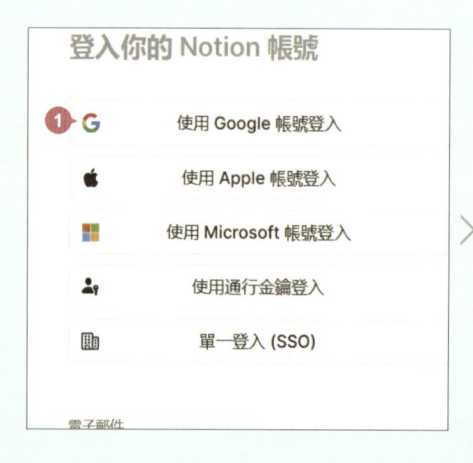

5-10

## ✦ 認識 Notion 操作介面

透過下圖標示，熟悉 Notion 介面各項功能位置，能讓你接下來的操作與學習過程更加得心應手。

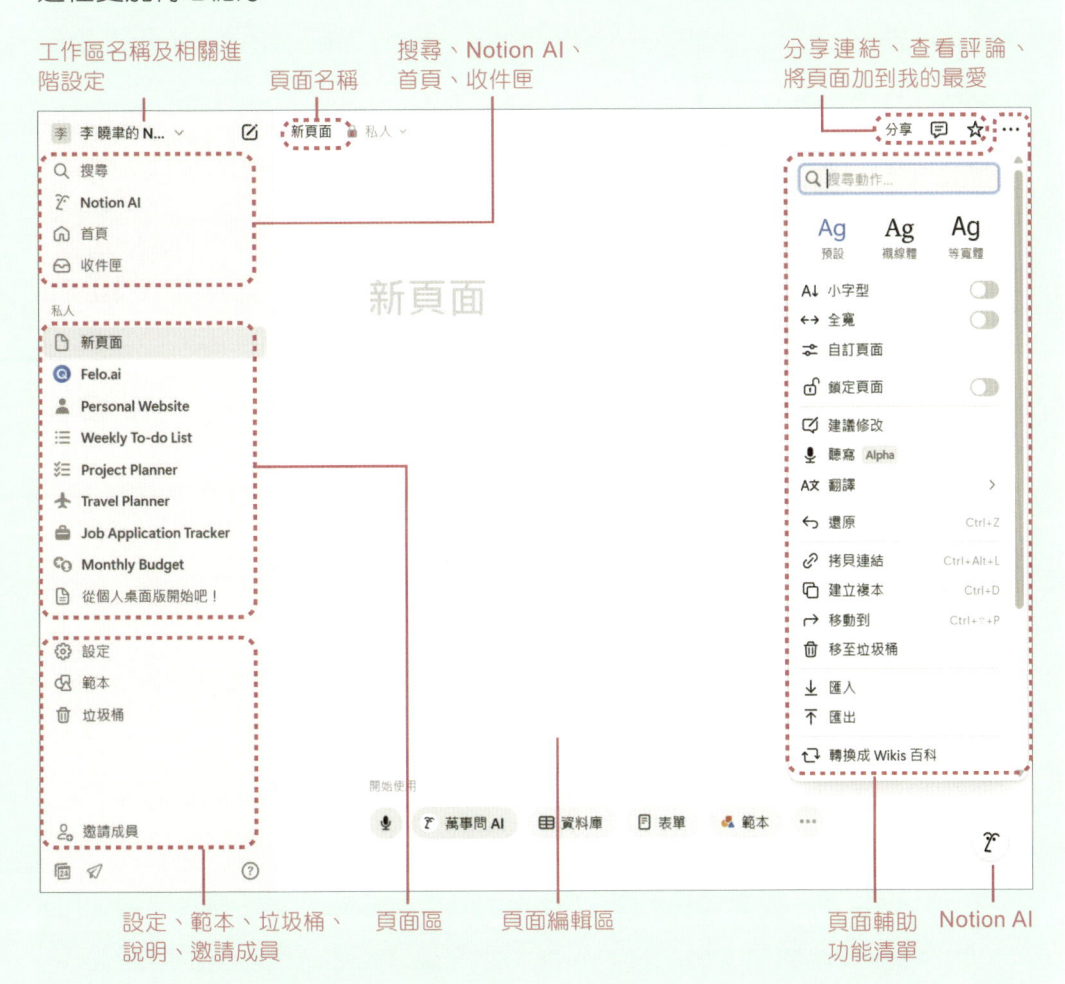

工作區名稱及相關進階設定　　頁面名稱　　搜尋、Notion AI、首頁、收件匣　　分享連結、查看評論、將頁面加到我的最愛

設定、範本、垃圾桶、說明、邀請成員　　頁面區　　頁面編輯區　　頁面輔助功能清單　　Notion AI

- 介面左側灰色區塊統稱為側邊欄，包含：帳號、工作區及進階設定、頁面區、日曆、範本、垃圾桶、新增頁面...等功能。

- 頁面右上角選按 ⋯，清單中提供調整頁面字體大小、版面寬度、自訂頁面或鎖定頁面...等功能。

5-11

## ✦ 認識 Notion 資料庫操作介面

以下為與 Felo 連結後,自動生成的整頁式資料庫頁面,透過下圖標示,熟悉各項功能位置:

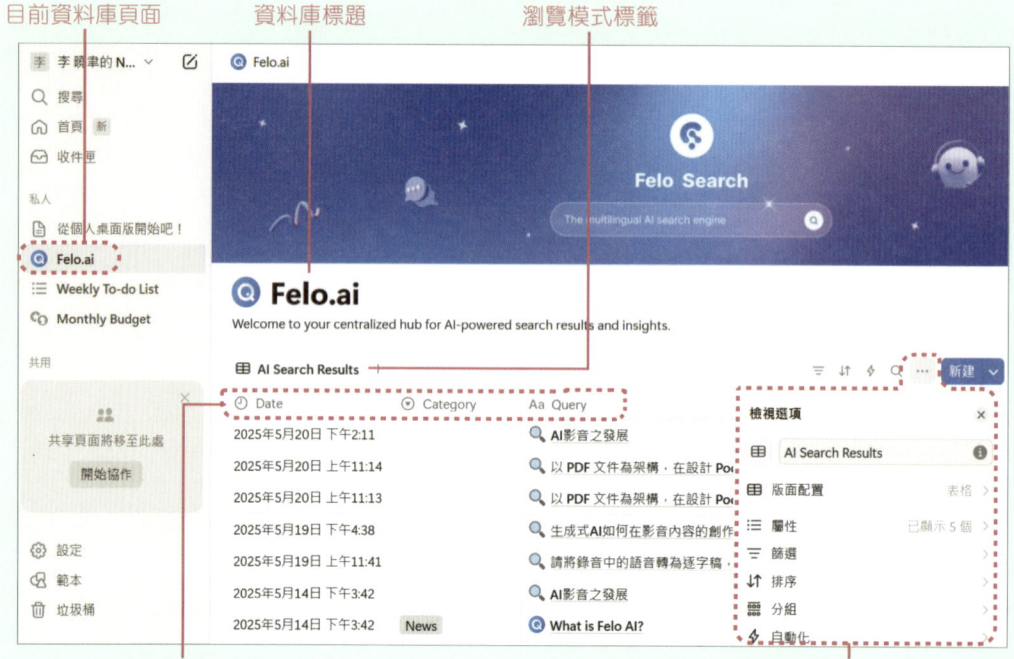

目前資料庫頁面　　　資料庫標題　　　　瀏覽模式標籤

欄屬性標題　　　　　　　　　　　　資料庫瀏覽模式版面配置、分組…等設定

── 小提示 ──

**"整頁式資料庫" 與 "內嵌式資料庫" 的不同**

在 Notion 中,**整頁式資料庫**(Full page database)是一個獨立的頁面,無法在此頁面中添加其他元素,這種資料庫適合用於需要專注管理的項目或任務,因為它提供了完整的資料庫視圖,並在側邊欄中作為獨立頁面存在,便於快速訪問。

而**內嵌式資料庫**(Inline database)則是嵌入在頁面中,可以與內文、圖片等內容共存,讓使用者能夠在同一頁面中整合多種內容。內嵌式資料庫不會單獨在側邊欄顯示,而是作為頁面的一部分存在。

> **小提示**

## 解除 Felo 與 Notion 工作區連結

Felo 一次只能與一個 Notion 工作區連結，即使開新討論串，資料也會新增於同一個 Notion 資料庫。如果想更換連結的資料庫或頁面，必需從 Notion 解除連結才能再次指定，但解除連結之後就無法再儲存回答內容至原頁面，即使再連結到相同的工作區也會儲存於另一個新增的頁面資料庫中。

於 Notion 已指與 Felo 連結的工作區左下角選按 ⚙ **設定**，再選按 **連接**，接著選按 **Felo.ai** 右側 ⋯ \ **解除連結帳戶** 即可。

# Tip 4 瀏覽每筆提問的 Notion 主頁面　　Do it！

開啟資料庫各提問主頁面，瀏覽 Felo 回答匯出至 Notion 資料庫的內容及整理方式，全面優化資料管理。

## ✦ 進入各提問主頁面

**step 01** 於 Notion 頁面側邊欄選按 **Felo.ai** 頁面，滑鼠指標移至 Aa (標題) 任一項目上方，選按右側的 **打開**。

**step 02** 會於右側開啟頁面，選按左上角 ⤢ 以完整頁面開啟，方便後續編輯。

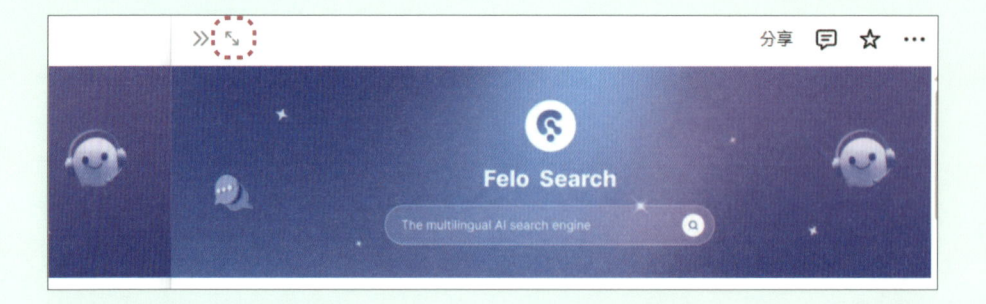

---

**小提示**

**於 Chrome 瀏覽器新分頁開啟頁面**

按著 Ctrl 鍵不放，滑鼠指標移至 "Query" 欄位任一項目上方，選按右側的 **打開**，會於瀏覽器新分頁中開啟頁面。

5-14

✦ 展開 / 收合摺疊列表

**step 01** 每個提問頁面，會以提問問題為頁面標題，如果想修改標題，可將滑鼠指標移至標題上按一下顯示輸入線，即可修改。

> **生成式AI如何在影音內容的創作過程中發揮作用？請舉例說明其在文件、圖像、音樂和影片生成方面的具體應用案例，以及這些應用如何提升創作效率和內容質量。**
>
> 🕒 Date　　2025年4月24日 下午6:04

**step 02** 於頁面中屬性欄位下方有 Felo 的詳細回答內容，以及其他相關資料，若區塊左側有 ▶，表示該區塊為 **摺疊列表**，選按即可展開列表，再選按 ▼ 即可收合列表。

▶ PowerPoint

▶ Summary

▼ PowerPoint

YOUR LOGO

202X

生成式AI在影音內容創作中的重要作用

(在 Felo 提問有使用 **生成簡報** 功能才會有 PowerPoint 區塊)

- step 03

    如果想修改區塊文字,可將滑鼠指標移至文字上按一下顯示輸入線,即可修改。

    ▸ PowerPoint  →  ▸ 投影片

- step 04

    頁面中的 Content 下方包含所有回答內容,將滑鼠指標移到頁面右側的 **目錄**,就會展開目錄連結清單,於清單中直接選按區塊名稱即可跳到該區塊。

---

**小提示**

**關閉 "目錄" 功能**

**目錄** 功能在找資料時很方便,但編輯時滑鼠移動到上方就會自動展開,有時會有點困擾,如果想關閉此功能,可選按頁面右上方的 ⋯ ,再於清單中 **目錄** 右側選按 🔵 呈 ⚪ 狀即可關閉。

**step 05** Sources 區塊是 Felo 回答的資料來源，選按區塊左側 ▶ 展開折疊列表，選按列表中的連結會以新視窗開啟該網頁。

**step 06** Related 區塊是 Felo 回答下方的相關建議提問，選按區塊左側 ▶ 展開折疊列表，選按列表中的連結會以新視窗開啟 Felo 頁面，並自動新增討論串以該問題進行提問。

## Tip 5　Notion 資料庫屬性設定與最佳化　　Do it！

依據用途調整 Felo.ai 資料庫結構，以便於後續的資料建立和管理，但不可以更動原有的屬性名稱，否則後續無法再繼續儲存。

### ✦ 調整屬性欄寬

滑鼠指標移至屬性與屬性之間呈 ↔ (出現藍色線條)，往左或往右拖曳至合適位置放開即完成欄寬調整。

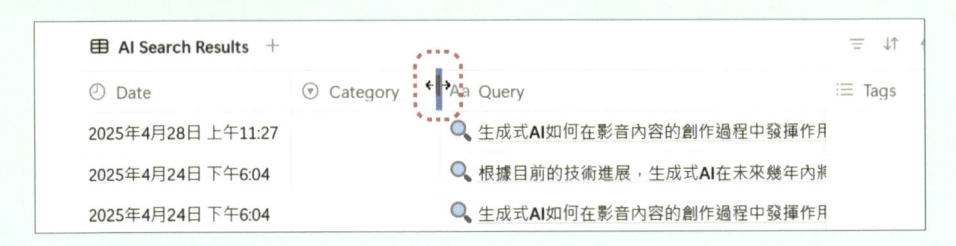

### ✦ 修改資料庫瀏覽模式標籤名稱

可為同一資料庫建立多個瀏覽模式，並根據用途調整名稱，避免日後新增更多瀏覽模式時混淆或誤用。

**step 01**　選按資料庫瀏覽模式標籤 AI Search Results \ 重新命名。

5-18

step 02　於右側 **檢視選項** 窗格輸入名稱：「總搜尋清單」，再選按窗格右上角的 ✕ 關閉窗格。

### ✦ 調整屬性格式

資料庫有多種不同的屬性，依屬性類型也有不同的選項，設定合適的名稱與格式，才能正確建立資料與管理。

step 01　"Date" 上按一下滑鼠左鍵，選按 **編輯屬性**。

step 02　於右側 **編輯屬性** 窗格選按 **日期格式 \ 年/月/日** 就可以修改為合適的日期格式，完成後選按窗格右上角的 ✕ 關閉即可。

5-19

> **小提示**
>
> **變更資料庫屬性名稱**
>
> 一般資料庫可依需求修改屬性名稱 (例如：資料庫的 Date、Query、Tags...。)，但由於此資料庫是由 Felo 指定連結並匯出，修改屬性名稱會導致連結失敗，如果發生連結失敗的情況，可參考 P5-13 先解除連結再至 Felo 重新連結，Felo 就會重新建立 Notion 資料庫頁面連結。

✦ **建立分類標籤**

Felo.ai 資料庫的 "Category" 欄位是單選題類型，可為每筆儲存的回答進行分類，當資料累積較多時，也能透過分類與排序功能快速找到所需內容。

**step 01** "Category" 上按一下滑鼠左鍵，選按 **編輯屬性**。

**step 02** 於右側 **編輯屬性** 窗格 **選項** 選按 ＋，再輸入要新增的選項名稱，在此輸入：「AI創作」，再按 Enter 鍵完成選項新增。

5-20

**step 03** 選按選項可以指定代表色彩或編輯選項名稱、刪除選項,接著再以相同的步驟新增並編輯 "AI發展" 選項。

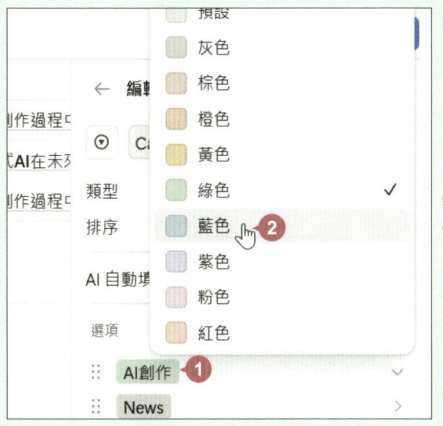

**step 04** 回到資料庫,選按該筆記錄 "Category" 下方空格,即可於清單中選按合適選項填入。

**step 05** 依相同方法,為其他筆資料填入合適的選項。

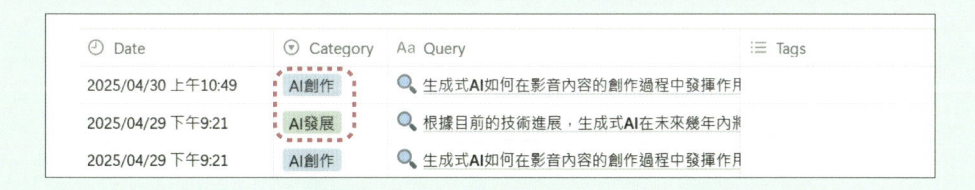

✦ 建立關鍵字標籤

Felo.ai 資料庫的 "Tags" 欄位是多選題類型，可為每筆儲存的回答加上多個自訂關鍵詞，當資料數量增加時，能透過篩選功能快速找到所需內容。

**step 01** "Tags" 上按一下滑鼠左鍵，選按 **編輯屬性**，於右側 **編輯屬性** 窗格 **選項** 選按 +。

**step 02** 輸入要新增的選項名稱，在此輸入：「生成式AI」，再按 Enter 鍵完成選項新增，選按選項可以指定代表色彩或編輯選項名稱、刪除選項。

**step 03** 接著再以相同的步驟新增其他選項。

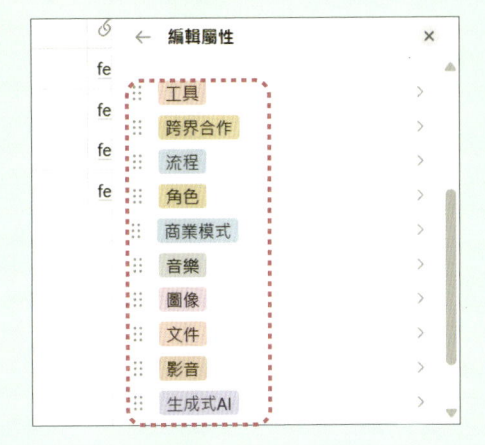

**step 04** 回到資料庫，選按該筆記錄 **"Tags"** 下方空格，即可於清單中選按多個合適選項填入。

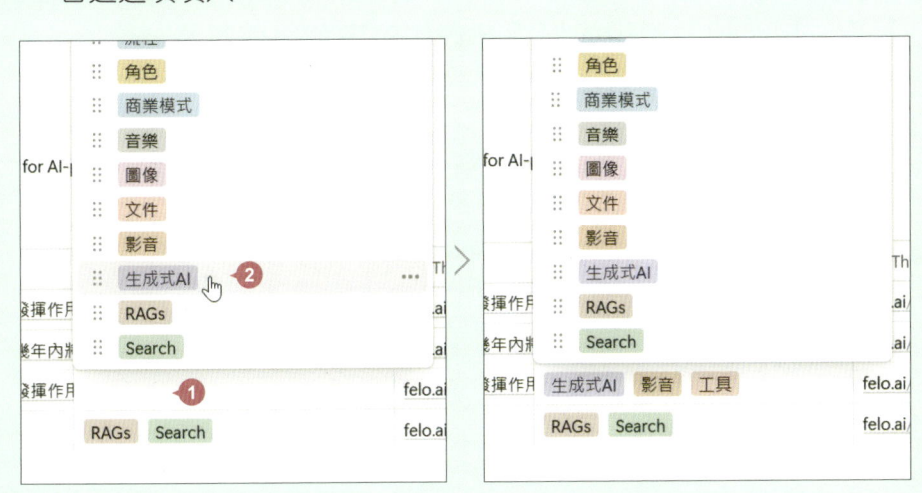

**step 05** 依相同方法，為其他筆資料填入合適的選項。

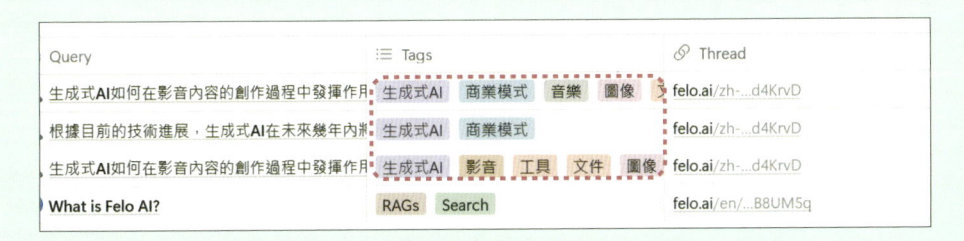

## ✦ 開啟對應的 Felo 討論串畫面

Felo.ai 資料庫的 "Thread" 欄位用於存放該筆回答的討論串網址，選按即可開啟 Felo 並顯示該討論串畫面。

## ✦ 新增屬性 (欄位)

除了預設屬性，也可以依需求新增，在此新增 **文字** 類型的 "備註" 屬性欄位。

**step 01** 選按屬性最右側的 ⊞，新增一個屬性。

**step 02** 輸入新屬性的名稱，在此輸入：「備註」，選按下方 **備註** 項目，設定 **類型** 為 **文字**，選按 **瀏覽模式裡換行** 右側 ⚪ 呈 🔵 狀，在輸入文字字數超過欄位寬度時，就會自動換行方便瀏覽，完成後選按窗格右上角的 ✕ 關閉即可。

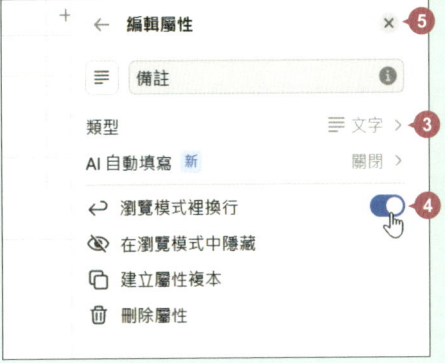

**step 03** 選按 "備註" 下方空格，輸入想加入的文字後，再按 `Enter` 鍵，就可以為該筆回答加上註解文字。

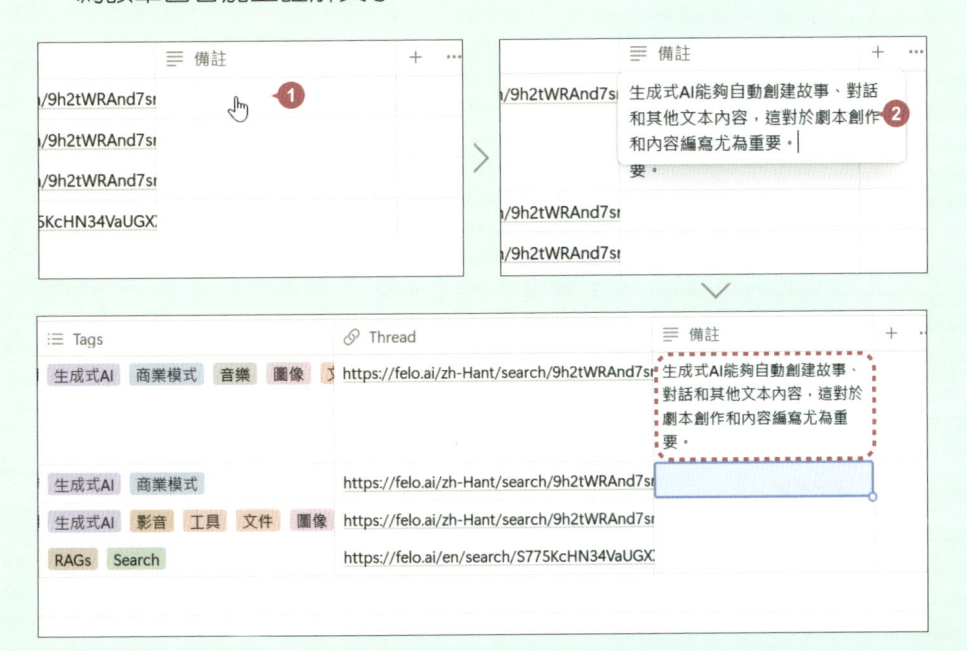

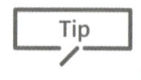

## Tip 6　Notion 資料庫以看板模式分組管理　( Do it！)

當儲存較多 Felo 回答至 Notion 資料庫後，可透過不同的瀏覽模式進行分類與整理，提升資料管理的效率。

### ✦ 新增看板瀏覽模式

Notion 的看板瀏覽模式讓使用者以卡片方式管理項目，每張卡片代表一筆資料，常用於專案管理與任務追蹤。

選按 "總搜尋清單" 瀏覽模式右側的 ➕ \ **看板**，於右側 **新增瀏覽模式** 窗格輸入新增的瀏覽模式名稱，在此輸入：「依分類」。

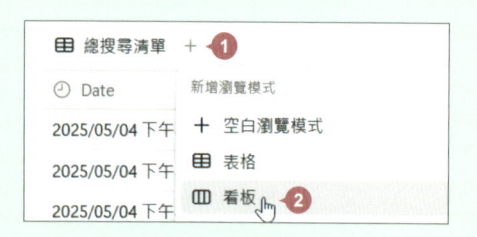

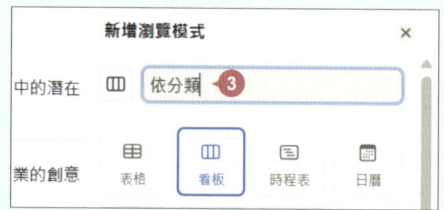

### ✦ 看板資料分組管理

**step 01**　資料庫右上角選按 ⋯ \ **分組**；**分組方式** 中選擇分組依據，此範例選按 "Category"。

5-26

**step 02** 分組後，若要調整各組看板順序，可以按住看板名稱往左或往右拖曳，調整順序。

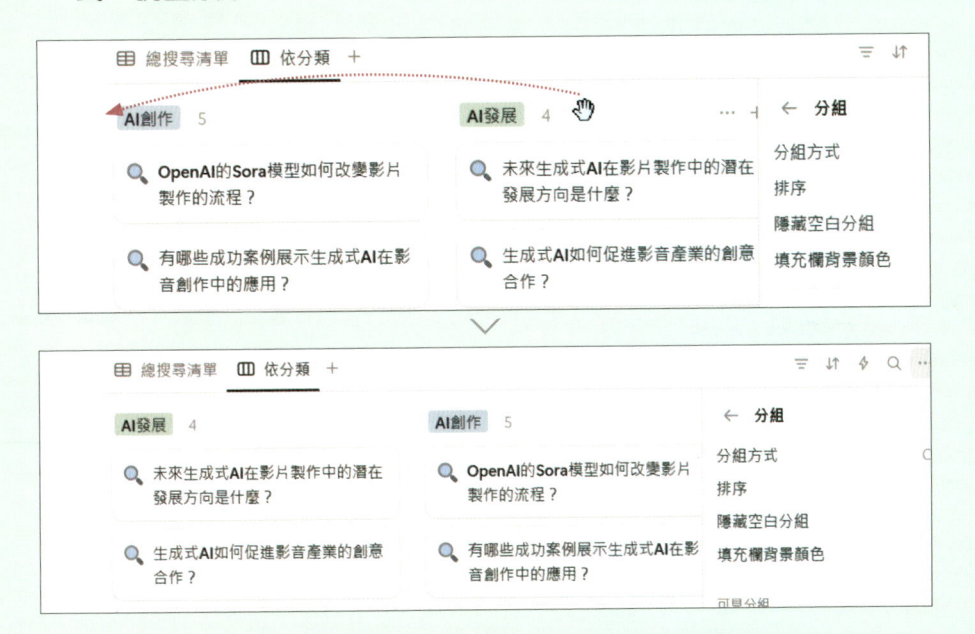

**step 03** 分組後，若要調整項目至其他看板，可以按住項目名稱拖曳至其他看板下方擺放。(此變更會連動改變資料庫中其他瀏覽模式內的資料所屬分類。)

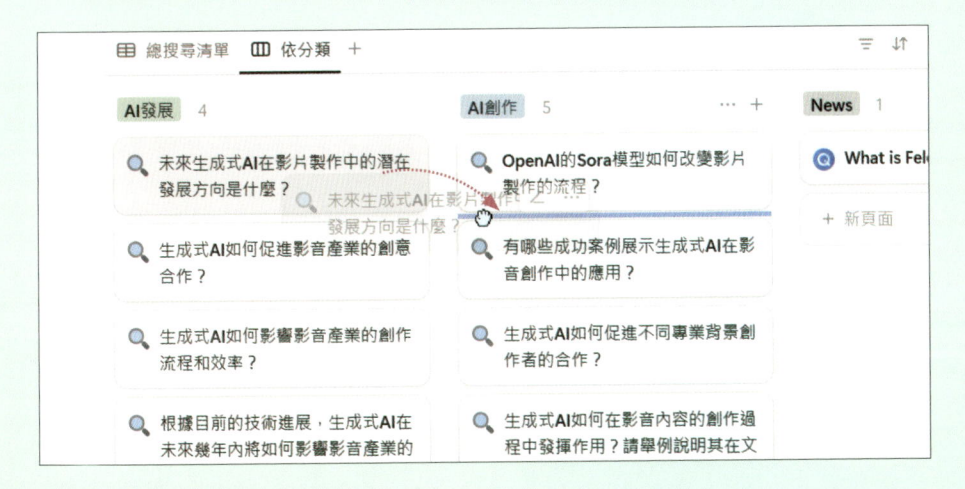

**step 04** 看板預設背景是白色,可指定以標籤色彩呈現。資料庫右上角選按 ... \ **版面配置**,選按 **填充欄背景顏色** 右側 ○ 呈 ● 狀。

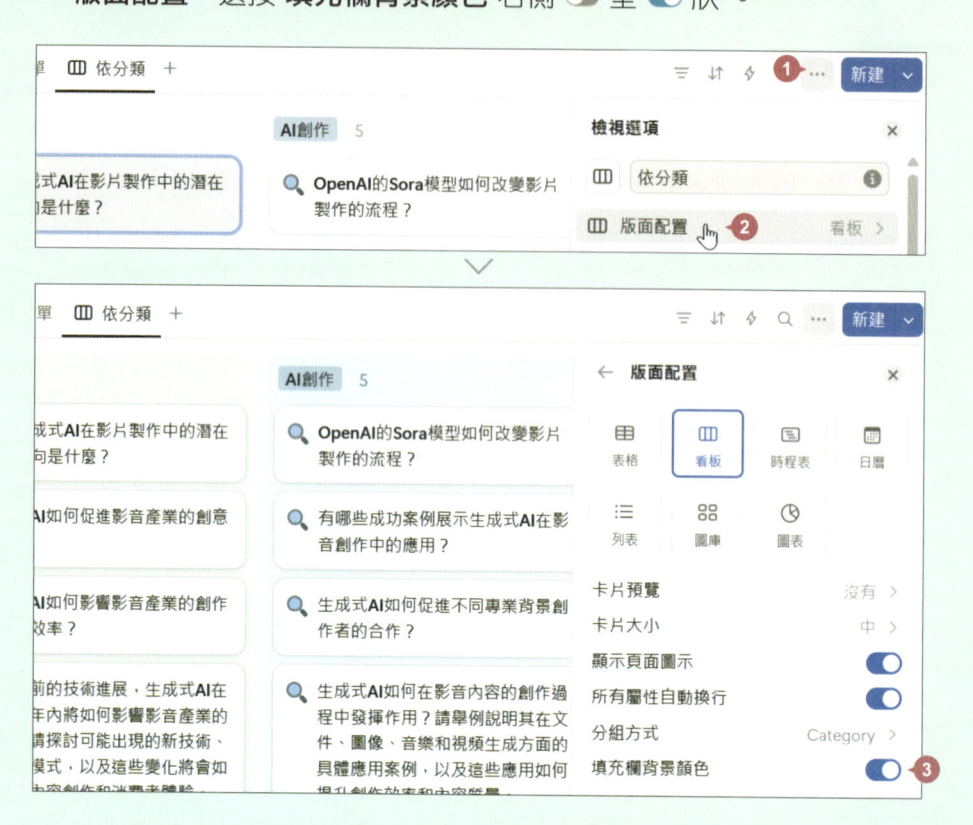

---

**小提示**

**看板資料子分組**

**看板** 建立了第一層的分組後,資料庫右上角選按 ... \ **子分組**,可以針對目前分組資料,指定子分組項目。

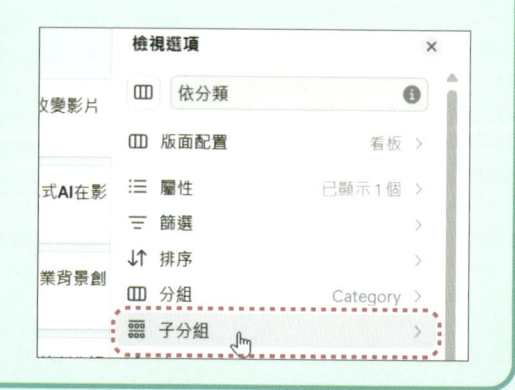

✦ 指定看板上出現的項目

**step 01** 資料庫右上角選按 ⋯ \ **屬性**。

**step 02** 屬性名稱右側選按 👁 可切換隱藏、顯示模式，👁 顯示模式會移至 **已在看板中顯示** 清單，看板中即會顯示該屬性。按住屬性名稱左側 ⋮⋮，上下拖曳可調整先後順序。

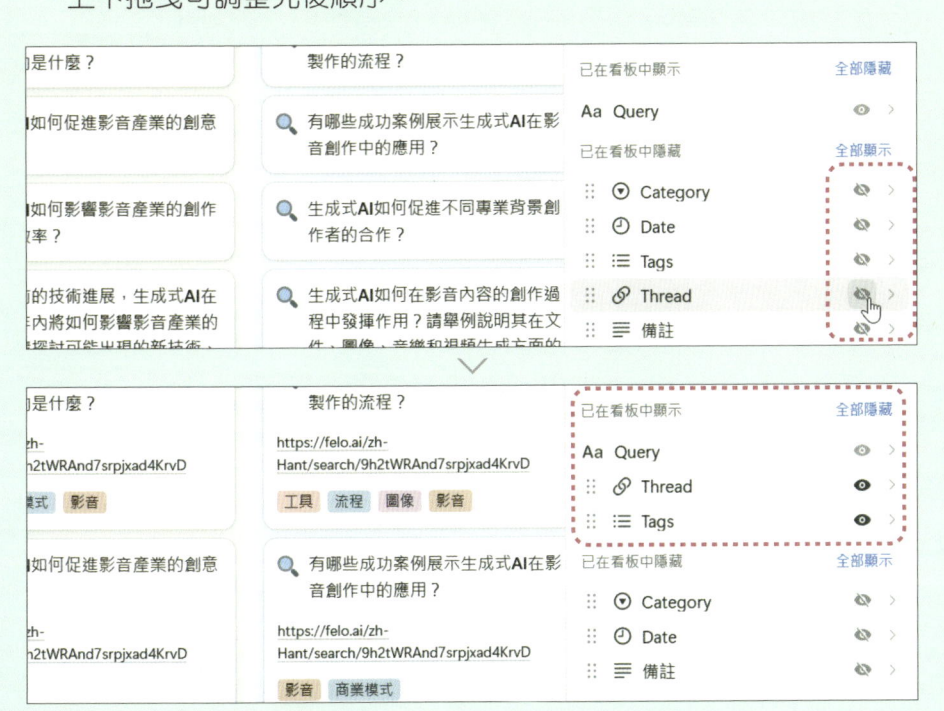

## Tip 7 Notion 資料庫篩選與排序

**篩選** 與 **排序** 可讓資料庫更具靈活性與多樣化呈現,透過各項屬性設置條件,精確管理與組織資料。

### ✦ 依指定項目排序

切換至 "總搜尋清單" 瀏覽模式,資料庫右上角選按 ⇅ ,選按排序項目 **Category**,第一筆資料上方會出現排序項目,可指定為 **升序** 或 **降序**,設定完成再選按排序項目即可關閉清單。

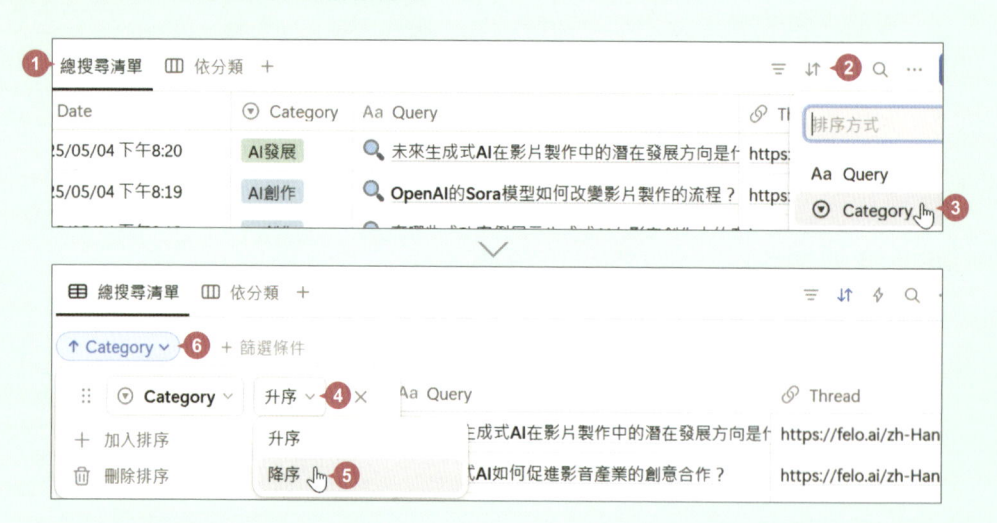

---

**小提示**

**增、刪排序項目**

- 新增排序項目:選按排序項目 \ **加入排序**。
- 刪除目前的排序項目:選按排序項目 \ **刪除排序**。

5-30

## ✦ 依指定項目篩選

切換至 "總搜尋清單" 瀏覽模式，資料庫右上角選按 ≡ \ **Date**，再於日期中選按指定日期，資料庫中就會僅出現指定篩選的日期資料。

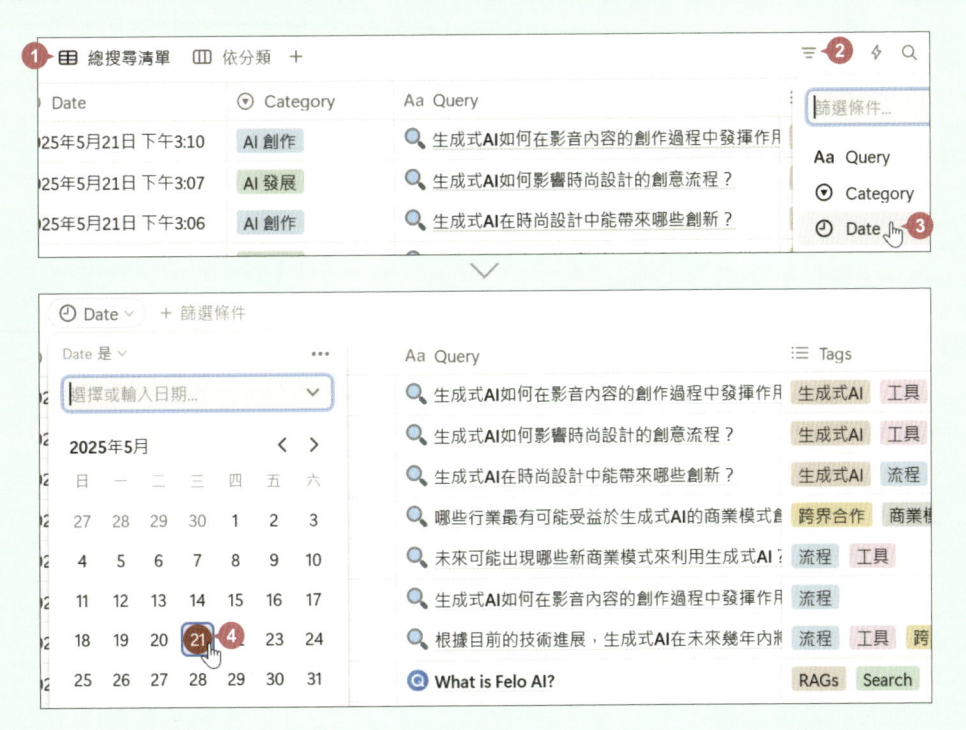

---

- **小提示**

**增、刪篩選項目**

- 新增篩選項目：於篩選項目右側，選按 **+ 篩選條件**。
- 刪除目前篩選項目：選按既有的篩選項目 \ ⋯ \ **刪除篩選**。

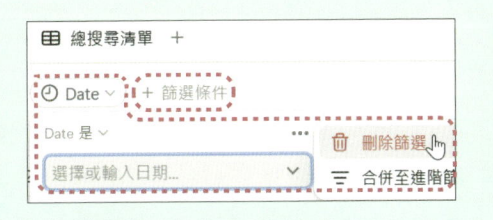

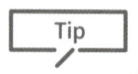

## Tip 8 將 Felo 心智圖整併至 Notion　　Do it！

目前僅能以複製、貼上的方式將 Felo 的心智圖加入 Notion 頁面，以圖片格式呈現靜態畫面，不具備與 Felo 自動同步功能。

**step 01** 回到 Felo，任一於回答下方選按 **轉換回答到 \ 心智圖**，依此回答生成一張心智圖，再於編輯畫面上方選按 複製到剪貼簿。

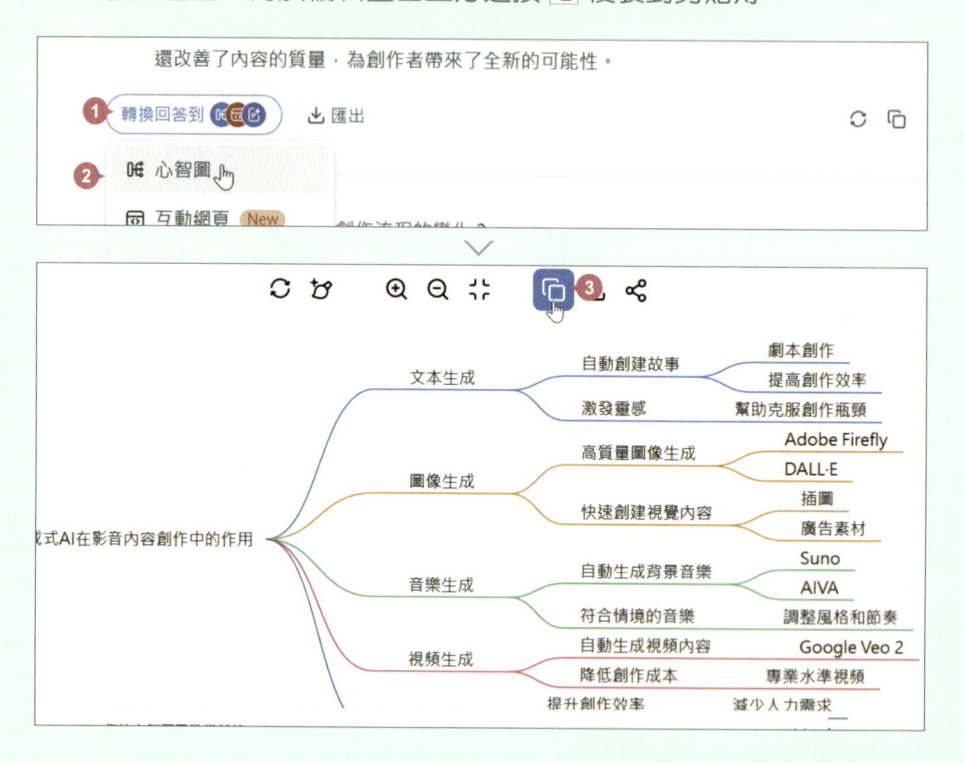

**step 02** 切換到 Notion 的 Felo.ai 資料庫，於 "總搜尋清單" 瀏覽模式，滑鼠指標移至相關提問項目上方，選按右側的 **打開**。

**step 03** 會於右側開啟頁面，選按左上角 ⬚ 以完整頁面開啟，方便後續編輯。

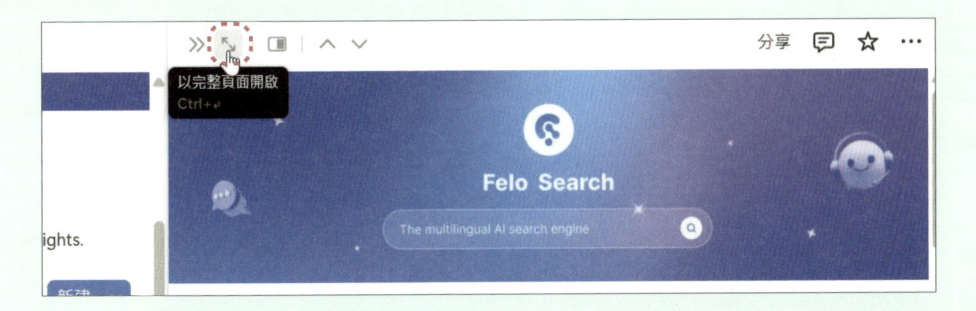

**step 04** 於頁面最下方空白處按一下新增空白區塊，再按 `Ctrl` + `V` 鍵貼上剛才複製的心智圖。

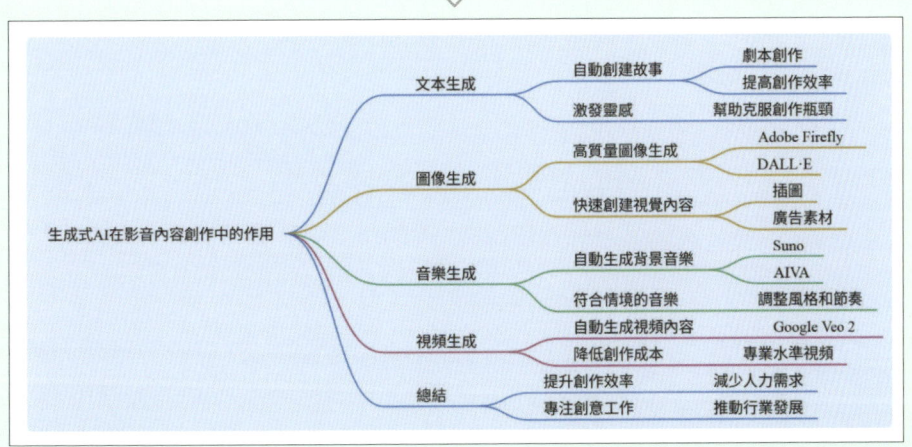

此方式僅為當下畫面的快照，不具備與 Felo 心智圖即時同步的功能。若後續於 Felo 對心智圖進行編輯，Notion 中貼上的心智圖圖像不會自動更新，需再次手動複製並貼上最新版本以保持資料一致性。

# NOTE

PART

# 06

## 知識一鍵變簡報
### 套用範本加速設計流程

## 單元重點

Felo 不僅能協助安排規劃旅遊行程，還能以該旅遊行程生成適合簡報呈現的主題及大綱，最終獲得一份完整的旅遊簡報。

- ☑ 與 Felo 探討提案簡報內容
- ☑ 生成簡報：調整與編排大綱
- ☑ 生成簡報：套用版型與風格
- ☑ 瀏覽簡報作品與認識編輯介面
- ☑ 快速編輯簡報文字
- ☑ 調整簡報版型與排版樣式
- ☑ 插入圖片與背景設計
- ☑ 簡報拼圖展示
- ☑ 放映與保存簡報
- ☑ 將簡報下載為 PowerPoint 檔

## Tip 1　與 Felo 探討提案簡報內容

Do it！

開始製作簡報前，透過 Felo 進行主題探索與重點提問，釐清內容方向與架構重點，讓簡報從一開始就更聚焦。

**step 01**　於畫面左上角選按 ◎Felo 回到首頁。

**step 02**　針對特定天數與想法安排具特色、休閒的旅遊行程，於對話框輸入提問，選按 ➔ 鈕送出，Felo 會開始理解問題並完成回答。

> **提問** 💬
> 想安排葡萄牙 14 日的文化探索與美食之旅，預算大約是中價位。我們預計在今年秋季十月前往，行程不要太緊湊，能深度體驗幾個主要城市文化。主要交通方式傾向以火車在城市間移動。對里斯本、波爾圖和辛特拉比較有興趣，但也歡迎你推薦其他值得去的城市。成員有二位成人二位小孩，對葡萄牙傳統美食和葡萄酒很感興趣，住宿方面希望是舒適且有當地特色的小旅館或民宿。請幫我生成一份包含每日行程安排、住宿與用餐建議的完整規劃。

---

**葡萄牙 14 日文化探索與美食之旅行程安排**

**行程概覽**

本行程將涵蓋葡萄牙的主要城市，包括里斯本、波爾圖和辛特拉，並加入一些其他值得一遊的城市。您將有機會深入體驗當地的文化、美食和葡萄酒，並選擇舒適且具有當地特色的住宿。

**行程安排**

**第 1 天：抵達里斯本**

- 住宿：Hotel White Lisboa（舒適的家庭房，靠近市中心）
- 用餐：晚餐於 Cervejaria Ramiro，品嚐當地海鮮

*以下省略*

---

**小提示**

**上傳本機文件協助掌握重點脈絡**

若手邊已有簡報主題或相關規劃 PDF 檔案，可於對話框中選按 📎 鈕，指定存放路徑並選按欲添加的檔案。

**step 03** 針對推薦的當地特色行程，於對話框輸入提問，選按 → 鈕送出，Felo 會開始理解問題並完成回答。

> **提問** 💬
> 能否提供每個城市的推薦行程亮點 (例如：博物館、市集、古城漫遊路線等)？

---

✅ 答案　🖼 圖片　▶ 視頻　　　　　　　　　　　75 來源 & 思考 →

### 葡萄牙主要城市的推薦行程亮點

以下是針對您計劃的葡萄牙之旅中每個主要城市的推薦行程亮點，包括博物館、市集和古城漫遊路線等，幫助您深入體驗當地文化。

**里斯本 (Lisbon)**

- **阿爾法瑪區 (Alfama)**：
  - 漫遊於這個古老的街區，欣賞狹窄的巷弄和傳統的葡萄牙建築。
  - 參觀聖喬治城堡 (Castelo de São Jorge)，俯瞰整個城市的美景。
- **熱羅尼莫斯修道院 (Mosteiro dos Jerónimos)**：
  - 這座聯合國教科文組織世界遺產的修道院展示了葡萄牙的海洋探索歷史。
- **貝倫塔 (Torre de Belém)**：
  - 這座歷史悠久的塔樓是葡萄牙航海歷史的重要象徵。
- **市場**：
  - Mercado da Ribeira (Time Out Market)：這裡聚集了多家當地美食攤位，是品嚐葡萄牙美食的好

🔍 ⌄　　　　　　　　　　　　　　　　　　　　　　　　　　Pro →

*以下省略*

---

> **小提示** 💡
> **更進一步提問**
> 如果對回答內容不甚滿意，可依需求加入更詳細的描述，例如：同一城市中，定點與定點間的移動採用騎自行車的方式，請 Felo 提供可供租車商家的詳細資訊；或是想安排其中一天為戶外冒險旅遊，請 Felo 搜尋當地的戶外體驗活動資訊...等，讓行程的安排更盡完善。

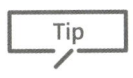

## Tip 2 生成簡報：調整與編排大綱　　Do it !

開始建立簡報，首先會依討論串的問答內容生成大綱，自動編排章節與內頁層級，並可透過編輯畫面手動調整章節與細項。

### ✦ 變更大綱內容

**step 01** 於討論串畫面右上角選按 **生成簡報** 鈕，開啟簡報大綱畫面，會自動開始生成與編排大綱內容。

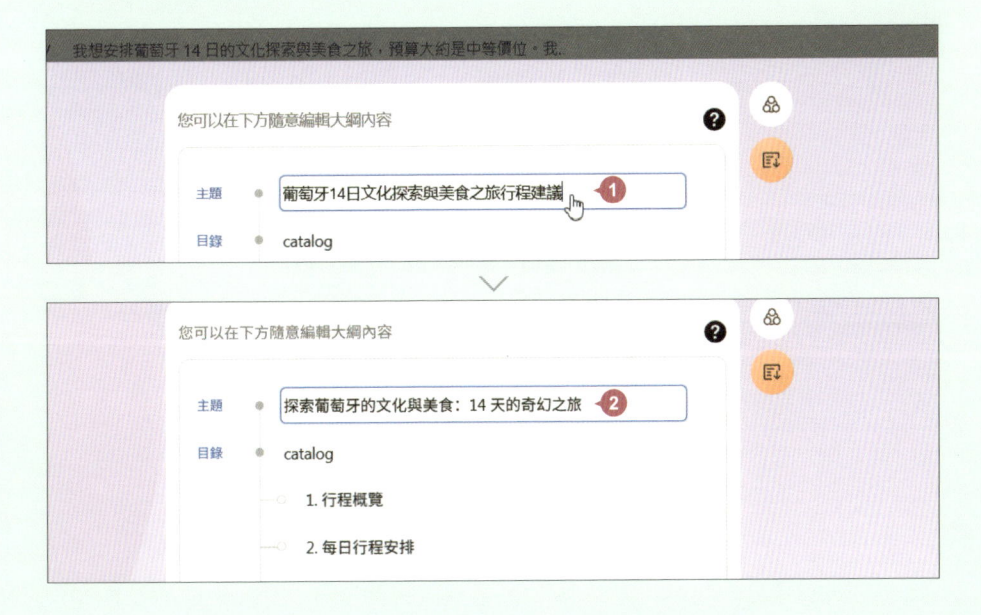

**step 02** 自動生成的大綱將依 "主題"、"目錄"、"章節" 與 "內頁" 進行編排，且所有內容皆可編修與調整；於要修改的欄位上按一下滑鼠左鍵，顯示輸入線即可編輯內容。

## ✦ 透過大綱調整內頁

簡報大綱會依序以："主題"、"目錄"、"章節" 與 "內頁" 編排，逐一作為每頁投影片，因此可於簡報大綱畫面，透過刪除大綱項目的方式調整頁數。

**step 01** 於 "內頁" 的細項欄位上按一下滑鼠左鍵顯示輸入線，按 Backspace 鍵刪除所有文字，再按一次 Backspace 鍵即可刪除該欄位。(欲刪除上層欄位前，請先確保所有下層欄位項目皆已刪除。)

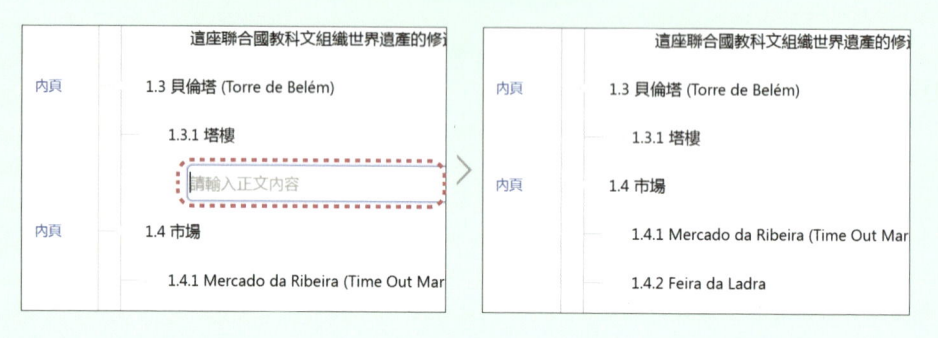

**step 02** 依相同方法，刪除 "內頁" 中所有欄位項目，即可將該 "內頁" 刪除。

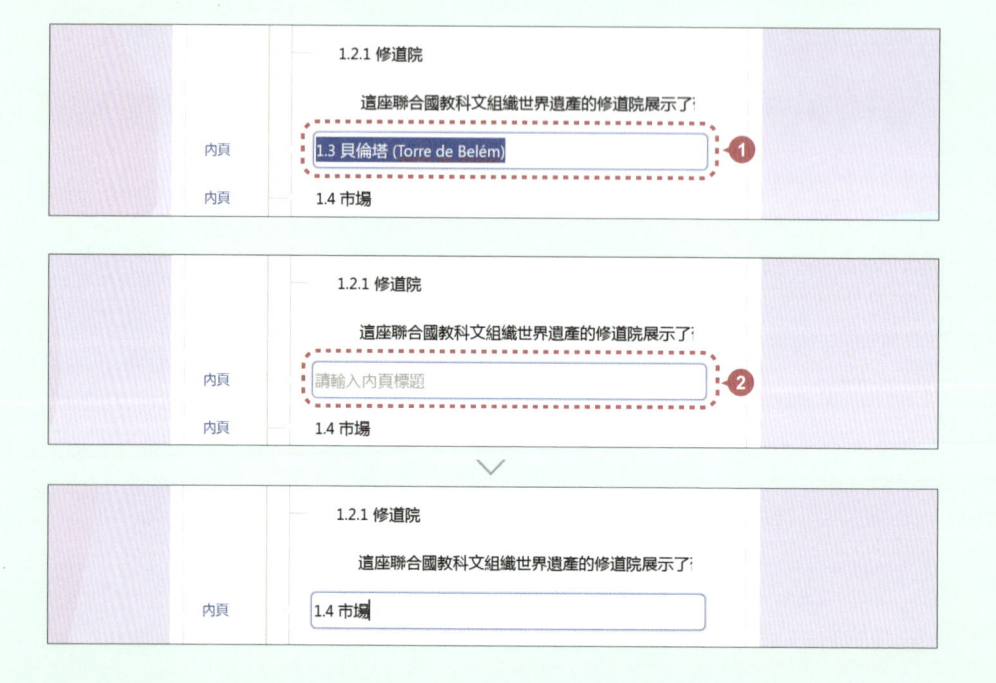

6-6

## ✦ 透過大綱整併頁面

若部分內頁資料編排過於鬆散,可利用以下方法將多頁面合併成為一頁。

**step 01** 首先將 "內頁標題" 變更為合適的內容,再將內頁中的多個 "正文標題" 整合為單一項目。

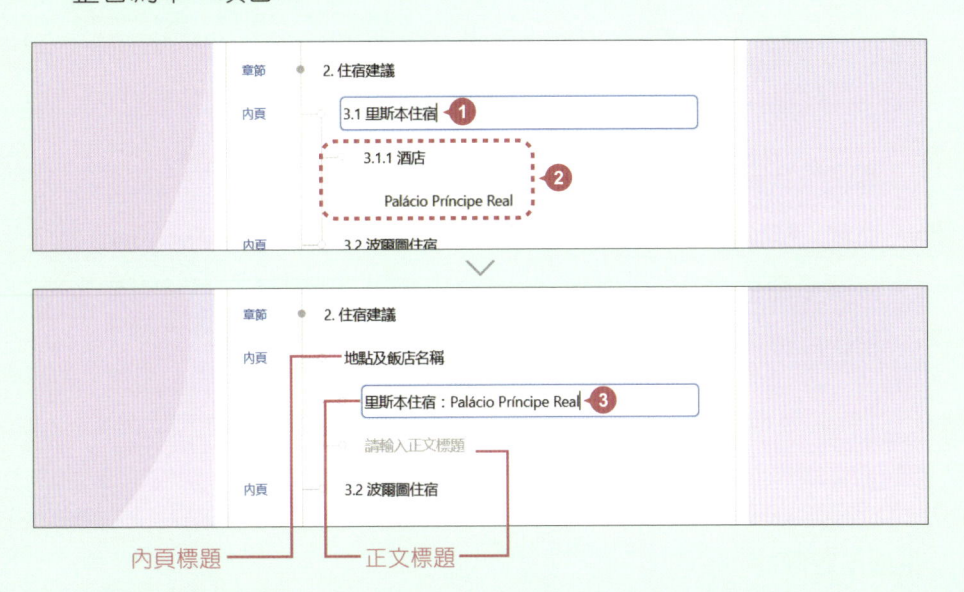

| 章節 | 2. 住宿建議 |
|---|---|
| 內頁 | 3.1 里斯本住宿 ① |
|  | 3.1.1 酒店 |
|  | Palácio Príncipe Real ② |
| 內頁 | 3.2 波爾圖住宿 |

⬇

| 章節 | 2. 住宿建議 |
|---|---|
| 內頁 | 地點及飯店名稱 |
|  | 里斯本住宿:Palácio Príncipe Real ③ |
|  | 請輸入正文標題 |
| 內頁 | 3.2 波爾圖住宿 |

內頁標題 ── 正文標題 ──

**step 02** 依相同方法整合另一內頁的內容,複製貼上於上一內頁預留的 "正文標題" 欄位。

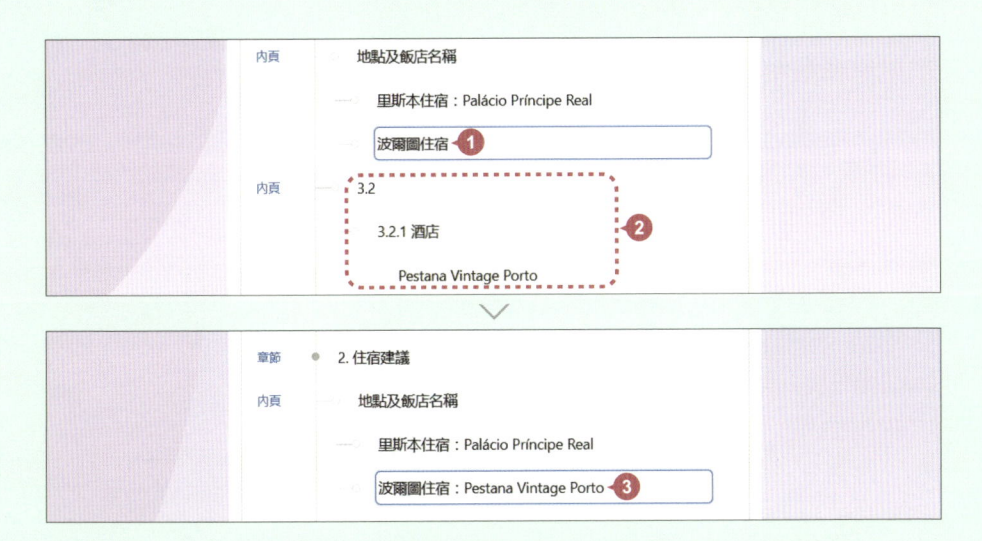

| 內頁 | 地點及飯店名稱 |
|---|---|
|  | 里斯本住宿:Palácio Príncipe Real |
|  | 波爾圖住宿 ① |
| 內頁 | 3.2 |
|  | 3.2.1 酒店 |
|  | Pestana Vintage Porto ② |

⬇

| 章節 | 2. 住宿建議 |
|---|---|
| 內頁 | 地點及飯店名稱 |
|  | 里斯本住宿:Palácio Príncipe Real |
|  | 波爾圖住宿:Pestana Vintage Porto ③ |

**step 03** 接續上個步驟，按 Enter 鍵，可新增一空白 "正文標題"，依相同方法調整合併頁面文字。

**step 04** 最後，依相同方法調整合併頁面即可。(避免在單個內頁放置過多欄位項目，以確保生成投影片時該頁內容適中。)

### 小提示

**生成簡報限制**

Felo 免費版每日提供 3 次簡報生成額度，在選按 **生成簡報** 鈕後，完成大綱內容生成即消耗一次額度；另外若是再選按 **換個大綱** 鈕亦同。每日額度用罄後，須等待隔日系統才會重置額度

**用思維導圖掌握整體大綱結構**

簡報大綱畫面的右上角，會出現一個 圖示，點擊該圖示即可生成一份對應的大綱思維導圖。思維導圖中的各層級文字內容會依據簡報大綱中的標題與內文自動生成。若各層級文案過於相似，建議手動調整結構、修改用詞或補充細節，以強化層次分明度與內容辨識性，讓知識視覺化呈現更清晰、直觀。

## Tip 3 生成簡報：套用版型與風格　Do it！

完成大綱的編排後，即可依設計風格與主題顏色篩選欲套用的 Felo 簡報模板，逐頁生成簡報投影片編排與設計。

**step 01** 簡報大綱畫面下方選按 **下一步** 鈕。

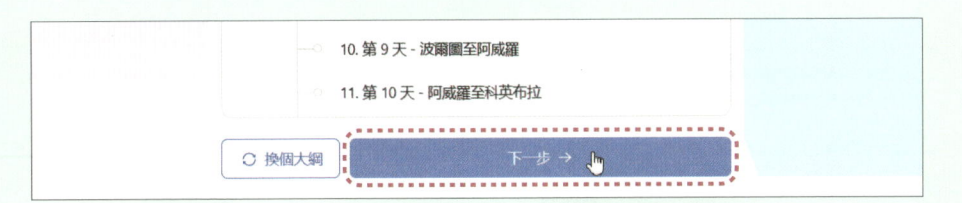

**step 02** 透過 **設計風格** 與 **主題顏色** 篩選合適的模板，再於清單中選按符合需求的項目，選按 **生成 PPT** 鈕，接著 Felo 就會依模板樣式逐張生成簡報投影片，完成後選按 **去編輯** 鈕，開啟簡報編輯畫面。

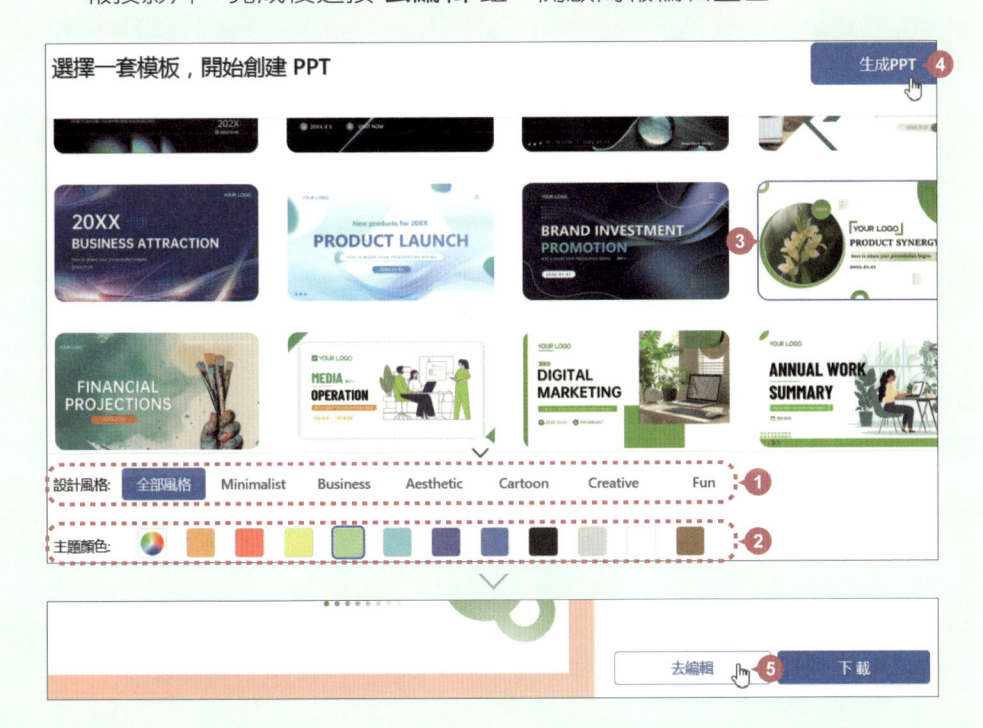

6-9

## Tip 4　瀏覽簡報作品與認識編輯介面

**Do it！**

在開始使用 Fleo 簡報編輯前，先熟悉介面中各項功能，讓後續的編輯作業更流暢。

Felo 的簡報編輯畫面設計簡潔，功能一目了然，讓你能輕鬆調整簡報內容、元素、變更模板...等其他相關功能。

（圖說：簡報名稱　保存簡報　播放簡報　製作簡報拼圖　下載簡報　簡報工具　簡報頁面縮圖　調整元素工具列）

編輯過程中，畫面右上角選按 ❌ 即可關閉編輯畫面。之後若是要繼續編輯簡報內容，於該討論串畫面右上角選按 **檢視文件** 鈕 \ **編輯文件**，即可重新開啟簡報編輯畫面。

6-10

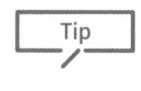

# Tip 5　調整簡報版型與排版樣式

Do it！

如果對目前的簡報模板不甚滿意，可以透過 **模版替換** 變更，並可再編排每頁投影片的設計。

## ✦ 變更套用的模板

**替換模版** 功能會刪除所有自行插入的文字方塊或元素，僅保留預設的文字方塊及模板原有的元素，如果已大幅增減簡報中的元素，在變更時需注意所有自行添加的元素會消失。

**step 01**　於簡報編輯畫面左側選按 **模版替換** 開啟側邊欄，於 **熱門推薦** 或 **歷史模板** 標籤篩選模板的風格與主題色，清單中再選按合適的模板項目。

**step 02** 可瀏覽該模板所有頁面樣式，確認後，選按 **應用模版** 鈕套用新模板。

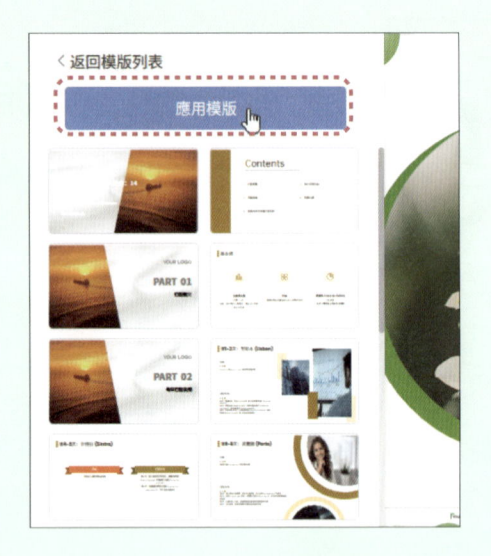

---

**小提示**

**替換模板時維持編輯過的文字內容**

調整簡報大綱欄位中的文字內容，再替換模板，不會重置編輯過的內容。選按 **大綱編輯** 開啟側邊欄，於文字欄位中編修或於 "內頁" 選按 **添加要點** 新增欄位，即可於欄位中輸入內容。後續若要替換模板，欄位中的文字內容皆會維持最終編輯結果，重新編排於替換的模板中。

---

◆ **調整排版樣式**

更換排版樣式可以快速變更頁面中文字方塊及物件的排列，但僅 "內頁" 類型的頁面能套用。

**step 01** 選按欲變更排版樣式的頁面縮圖，上方會顯示建議的排版樣式。

6-12

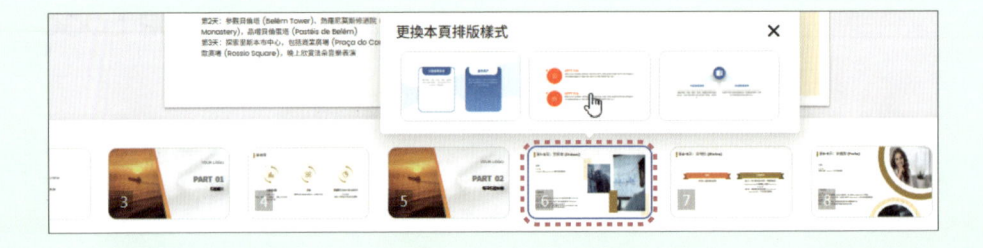

**step 02** 選按合適的排版樣式,完成變更。另外變更後所有已設定好的字型樣式或大小都會變更為該樣式的預設狀態。

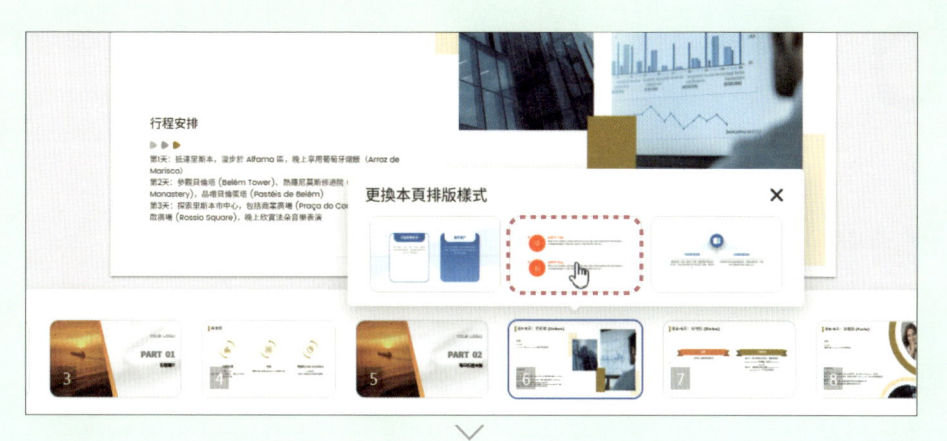

---

### 小提示

**更換頁面排版樣式需注意的事項**

頁面排版樣式只能套用於 "內頁" 類型的頁面,若選按簡報頁面縮圖沒有顯示建議的排版樣式,表示該頁面非 "內頁" 類型。選按 **大綱編輯**,於側邊欄可檢視頁面類型。另外,若複製 "標題" 或是 "章節" 頁面裡的標題文字方塊至 "內頁" 使用,該頁面也會無法更換頁面排版樣式。

更換排版樣式為隨機生成的內容,若是選按後覺得生成的排版樣式都不甚滿意,可先選按其他頁面縮圖,然後再次選按該頁面就會再生成不一樣的排版樣式供選擇。

## Tip 6 快速編輯簡報文案內容　　Do it !

生成簡報投影片後，可在簡報編輯畫面快速調整內容，以及設定文字格式。

### ✦ 透過大綱調整

**step 01** 於簡報編輯畫面左側選按 **大綱編輯** 開啟側邊欄。

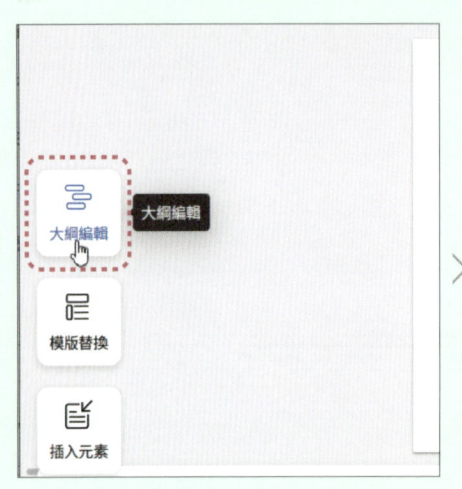

**step 02** 於側邊欄選按欲修改的文字欄位，顯示輸入線後，即可輸入或替換內容。頁面中對應的文字方塊也會同步被選取，並即時顯示修改結果。
(側邊欄右上角選按 ✕ 關閉)

6-14

## ✦ 文字編輯與格式套用

**大綱編輯** 功能僅能編輯文字內容，無法調整格式。此外，部分簡報內容不會顯示於大綱側邊欄，若需調整這些項目，可參考以下操作方式。

**step 01** 於欲編輯的文字方塊上連按二下滑鼠左鍵選取所有文字，工具列選按字型名稱，清單中選按合適的字型套用。

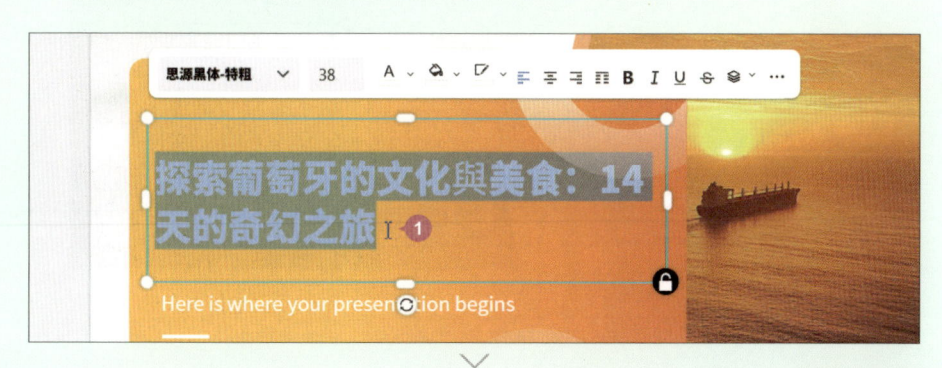

**step 02** 欲換行的文字後方按一下滑鼠左鍵，顯示輸入線後，按 Enter 鍵即可完成換行。

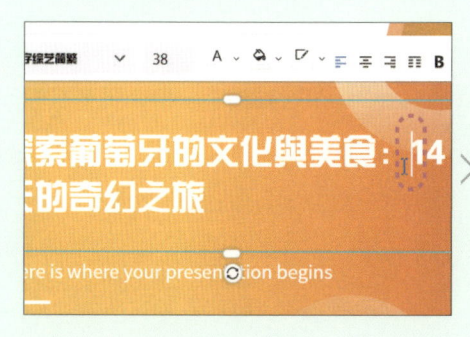

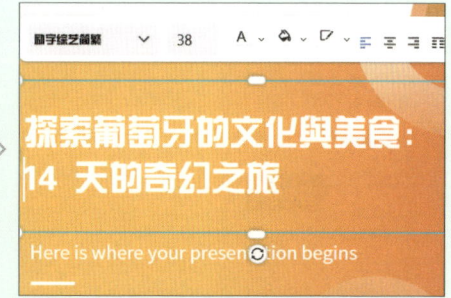

**step 03** 依相同方法，完成其他文字的調整與格式套用。

---

### 小提示

**插入文字方塊**

選取簡報中的文字時，並未顯示文字工具列，表示此項目是圖片或是形狀元素，因此無法變更文字內容。

如上圖選取的 "YOUR LOGO"，若欲替換為文字內容，可選取該元素按 Del 鍵刪除後，於簡報編輯畫面左側選按 **插入元素 \ 文字**，清單中再選按合適的文字方塊插入，輸入內容再移至合適的位置擺放。

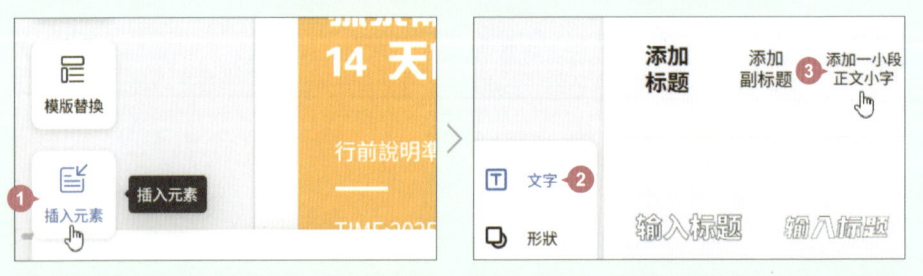

6-16

# Tip 7 插入圖片與背景設計　　Do it !

在簡報中插入合適的圖片強化對觀眾的吸引力、理解度與說服力；搭配合適的背景色彩，優化整體視覺效果。

## ✦ 插入圖片

**step 01** 於簡報編輯畫面左側選按 **插入元素 \ 圖片 \ 上傳本地圖片** 開啟對話方塊。(目前只支援上傳本機圖片)

**step 02** 選取本機檔案，可插入本機合適的圖檔 (若有生成並下載至本機的心智圖、智能圖形或思維導圖，也能以此方式插入簡報。)，選按 **開啟** 鈕插入至頁面，透過縮放框四邊控點調整大小並擺放至合適的位置。

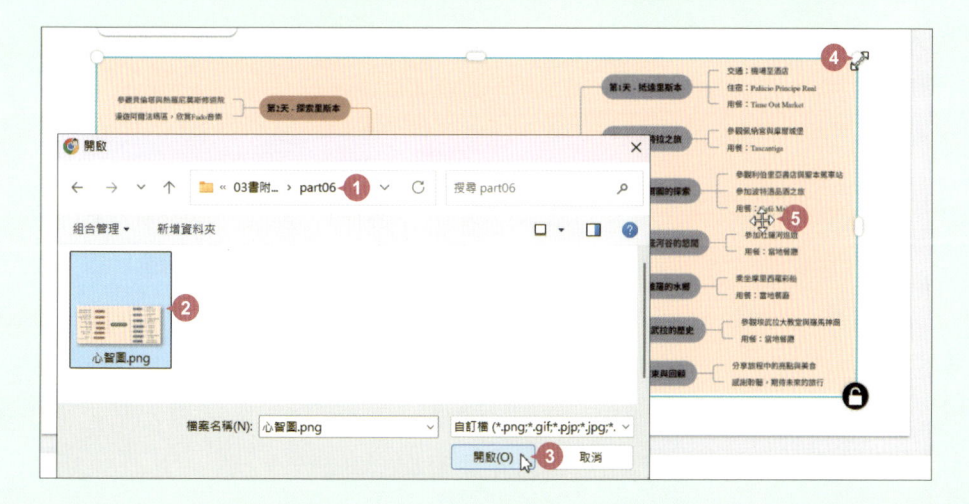

6-17

## ✦ 為背景加入色彩

**step 01** 選按欲加入背景色彩的頁面縮圖,於右側工具列選按 **背景設置** 開啟設定方塊。

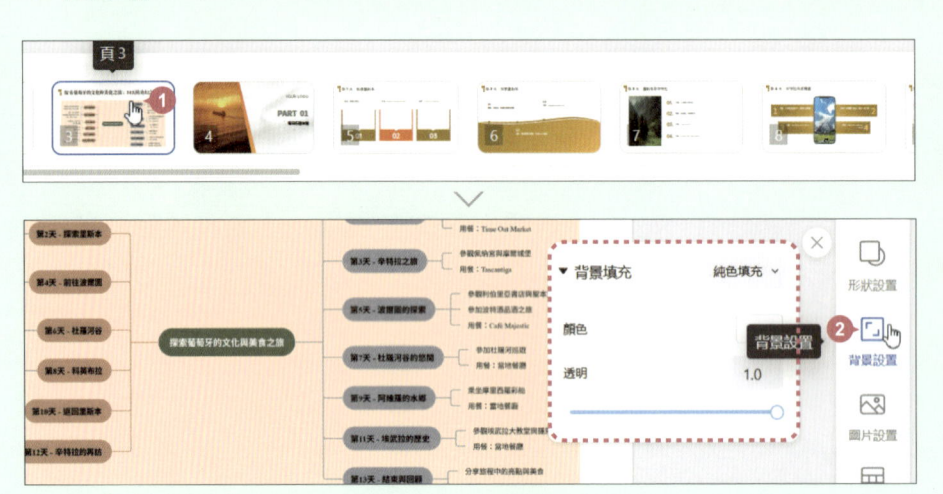

**step 02** 選按 **背景填充** 右側清單鈕設定欲填充的項目 (在此示範 **純色填充**),再設定 **顏色**、**透明**,豐富背景的視覺效果。(若選按背景填充項目後,該頁面沒有顯示填充效果,表示有覆蓋的元素,將元素刪除即可顯示底層的背景。)

**step 03** 依相同方法完成其他頁面的背景設置。(目前背景的設置只能針對所選的頁面進行填充,無法一鍵設置所有頁面背景。)

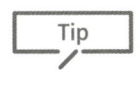

# Tip 8 簡報拼圖展示　　Do it！

完成簡報編輯後，將簡報縮圖排列組合為一張圖片，搭配社群行銷或活動貼文使用，有效提升貼文吸引力。

放置簡報拼圖於社群平台貼文，不僅能保護簡報智慧財產權，還能釋出少部分資訊，製造觀眾對活動的期待感，提升宣講前的氣氛，進而有更高的參與意願。

**step 01** 於簡報編輯畫面右上角選按 **拼圖** 鈕。

**step 02** 拖曳滑桿設定 **圖片寬度**、**橫向數量**、**外圍邊距(px)**、**內側邊距(px)**、**背景顏色**...等，設定完成後，選按 **導出** 鈕以 .png 檔案格式下載。

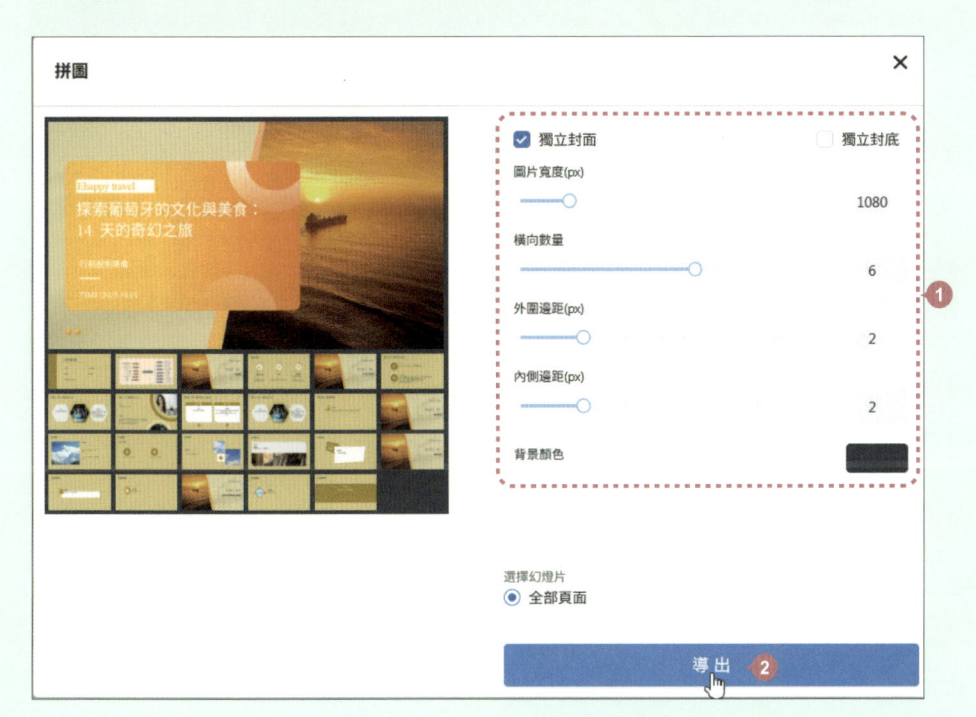

**step 03** 下載完成後，於瀏覽器右上角選按 ⬇ 開啟下載記錄清單，於剛才下載的簡報拼圖項目右側選按 ⧉ 即可直接開啟該圖檔。(在此以 Google Chrome 瀏覽器示範)

## Tip 9 放映與保存簡報　　Do it !

完成的簡報可以直接在 Felo 的簡報編輯畫面播放展示，同時被保存至文件庫，方便後續瀏覽與下載。

### ✦ 線上放映簡報

**step 01** 滑鼠指標移至簡報編輯畫面右上角 **放映** 鈕，依需求選按 **從頭放映** 或是 **從當前頁放映**。

**step 02** 簡報會以全螢幕模式播放，畫面任一位置按一下滑鼠左鍵切換至下一頁 (或透過方向鍵切換上下頁)，播放至最後一頁結束時，再按一下滑鼠左鍵結束放映，回到簡報編輯畫面。

## ✦ 即時保存與文件庫查找

簡報編輯過程中，Felo 會自動且即時的將變更儲存於雲端，也可以隨時於右上角選按 **保存** 鈕保存簡報，避免發生網路中斷或系統當機…等意外。

簡報會自動儲存在 **Felo 文件庫**，於側邊欄選按 Felo 文件庫，文件庫畫面即可看到保存的簡報文件，選按可預覽。

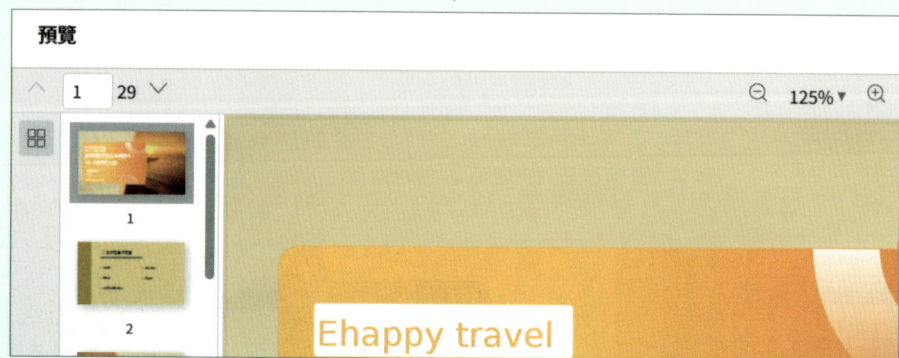

## Tip 10 將簡報下載為 PowerPoint 檔　　Do it !

將 Felo 生成的簡報下載為 PowerPoint 檔案，即可在 PowerPoint 中使用更進階的編輯功能完善簡報。

**於簡報編輯畫面下載**：於簡報編輯畫面右上角選按 **下載** 鈕，設定 **文件類型：PPT**、**文字可編輯**，再選按 **下載** 鈕即以 PowerPoint 檔案儲存至本機。

**於 Felo 文件庫下載**：側邊欄選按 **Felo 文件庫**，於欲下載的簡報文件右側選按 ⋯ \ **下載**，將該文件以 .pptx 檔案格式下載儲存至本機。

6-23

## Tip 11 將簡報下載為 PDF 檔

Do it！

將 Felo 生成的簡報下載為 PDF 檔案，不僅便於傳輸，也可跨平台快速瀏覽。

於簡報編輯畫面右上角選按 **下載** 鈕，設定 **文件類型**：**PDF 文件**、**文字不可編輯**，再選按 **下載** 鈕即以 PDF 檔案儲存至本機。

6-24

PART
# 07

# 將簡報轉入 Canva 設計
## 專業編排結合動態呈現

## 單元重點

將 Felo 生成的簡報匯入 Canva 平台，善用 Canva 的模板與編輯功能進一步優化簡報內容與視覺效果，打造吸睛的簡報投影片。

- ☑ 查看與管理討論串中的簡報
- ☑ Felo 簡報轉換為 Canva 專案
- ☑ 熟悉 Canva 主要畫面與基礎功能
- ☑ Canva 打造吸睛設計的進階技巧
- ☑ Canva 變更簡報語系
- ☑ Canva 簡報的展示技巧

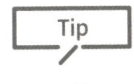

## Tip 1　查看與管理討論串中的簡報

Do it！

Felo 討論串生成的簡報會直接存放在該討論串，方便即時瀏覽與後續編輯使用。

**step 01**　Felo 側欄邊選按 **歷史記錄**，再選按已有生成簡報的討論串名稱開啟該討論串。(在此開啟 Part06 的討論串)

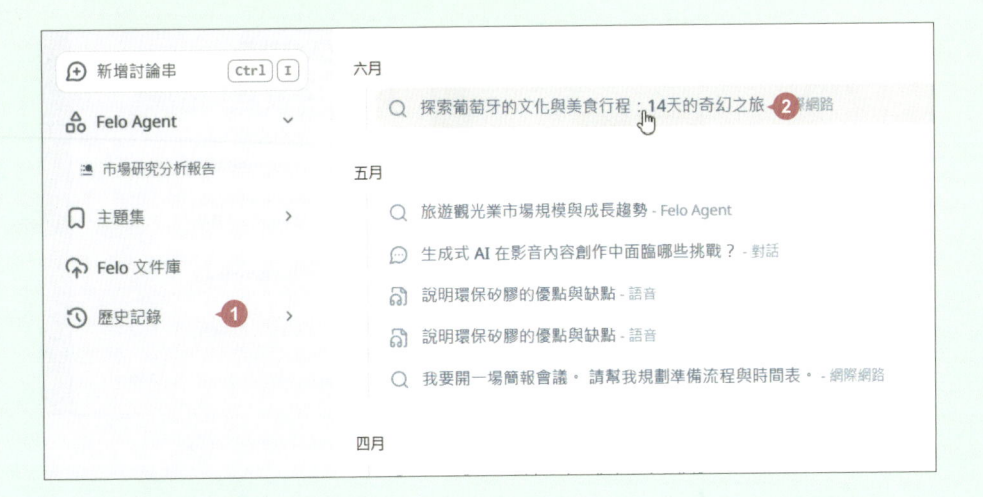

**step 02**　於討論串畫面右上角選按 **檢視文件** 鈕，針對已生成的簡報可依需求選按 **編輯文件**、**下載文件**...等相關功能，或是重新生成簡報。

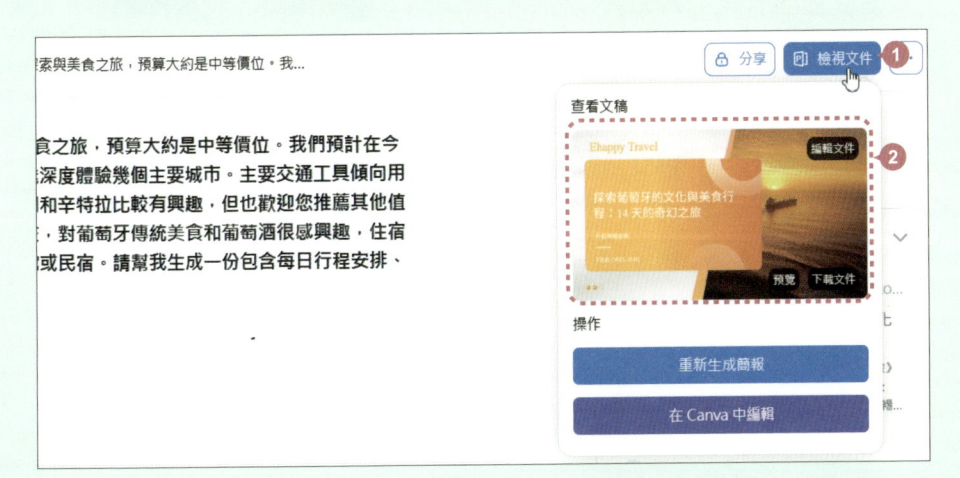

7-3

## Tip 2　Felo 簡報轉換為 Canva 專案　　Do it！

可將 Felo 生成的簡報匯入 Canva 進行編輯，透過它強大的設計功能，進一步優化簡報內容，使整體呈現更完整、專業。

**step 01**　於討論串畫面右上角選按 **檢視文件 \ 在 Canva 中編輯** 鈕，接著選按 **以 Google 繼續** 鈕。(若是已有 Canva 帳號直接跳至下頁 step 03)

― 小提示 ―

**使用非 Google 帳號登入 Canva**

如果不使用 Google 帳號，可使用 Facebook 帳號、電子郵件，或選按 **透過其他方式繼續操作** 來註冊 Canva，再依步驟完成登入即可。

**step 02**　選按欲登入的 Google 帳號，再選按 **繼續** 鈕。

**step 03** 於確認存取 Canva 帳號的視窗，選按 **允許** 鈕。(若該 Canva 帳號擁有多個團隊，先選擇想要使用的團隊，再按 **允許** 鈕。)

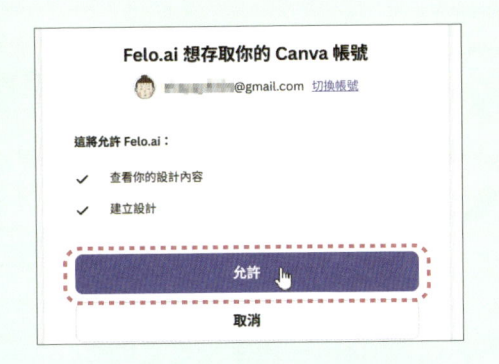

**step 04** 選按 **在 Canva 中編輯** 鈕，開啟 Canva 網頁平台並直接進入簡報編輯畫面。

---

**小提示**

**變更與 Felo 連結的 Canva 帳號**

若是想使用其他 Canva 帳號連結 Felo，可於 Canva 首頁左下角選按 帳號縮圖 \ **設定**，左側選按 **你的個人檔案**，設定畫面 **連結至 Canva 的整合程式** 項目 **Felo.ai** 右側選按 **中斷連結** 鈕，即可斷開目前已連結的狀態，之後轉換專案時，再選擇其他帳號即可。

## Tip 3 熟悉 Canva 主要畫面與基礎功能　Do it！

使用 Canva 前，先熟悉主要編輯畫面及各個基礎功能，讓後續編輯簡報內容時能更容易上手。

### ✦ 認識 Canva 專案編輯畫面

透過下圖標示，先熟悉 Canva 專案編輯畫面的各項功能：

標示說明：
- 開啟首頁選單
- 檔案相關設定
- 復原重做
- 工具列
- 專案名稱
- 帳號
- 預覽播放
- 專案分享及輸出
- 側邊面板
- 相關工具項目
- 頁面縮圖
- 編輯區
- 編輯區縮放
- 前往畫面
- 網格檢視
- 以全螢幕顯示

於專案編輯畫面，選按 **檔案**，可依作業需求提供尺規、輔助線、邊距...等功能設定，此外部分功能有 👑 圖示，表示該功能需付費訂閱才能使用。

由於 Canva 採雲端作業，操作過程都會自動儲存專案，可以於選單列透過 ☁ 圖示確認是否儲存；或選按 **檔案**，清單中檢查 **儲存** 項目右側是否有顯示 **已儲存所有變更**。(若出現無法正確儲存...等訊息，需檢查網路連線是否正常。)

## ✦ 掌握設計關鍵的側邊面板

專案編輯畫面左側的側邊面板,是使用者進行設計時的主要工具區域,包含了許多功能和資源,幫助使用者快速找到並加入作品。

- **快速存取內容**:滑鼠指標移至側邊面板任一功能項目上方,即會展開面板,選按需要加入設計的範本、元素、文字、照片…等內容後,將滑鼠指標移出側邊面板,即會自動收合面板。

- **釘選面板**:選按側邊面板任一功能項目,即會釘選側邊面板,選按需要加入設計的範本、元素、文字、照片…等內容後,再次選按該功能項目,並將滑鼠指標移出面板,即會自動收合。

- **更多功能**：側邊面板預設有 **設計**、**元素**、**文字**、**品牌**、**上傳**、**工具**、**專案**、**應用程式** 功能，可依以下操作方式加入更多功能或刪除。

**step 01** 滑鼠指標移至側邊面板 **應用程式**，捲軸稍往下捲動，清單中選按欲開啟的項目，在此選按 **照片**。(除了 **來自 Canva 的更多功能**，清單還有第三方功能可運用。)

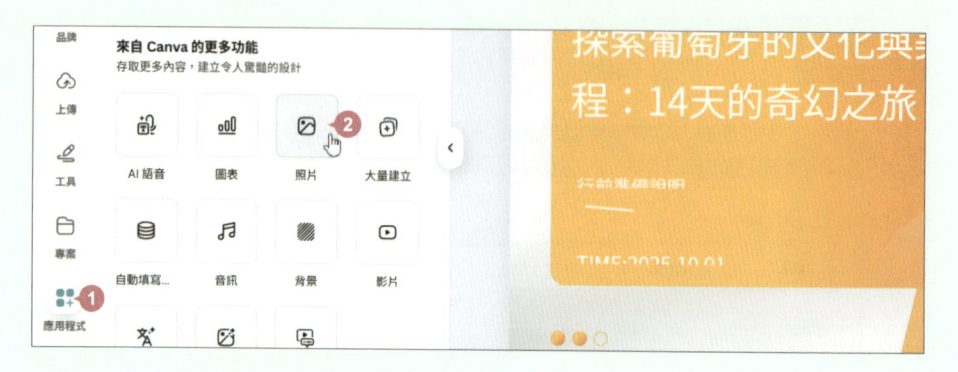

**step 02** **照片** 會顯示在側邊面板 **應用程式** 下方，依相同方法，只要於 **應用程式** 選按其他功能項目，即會一一顯示在側邊面板。

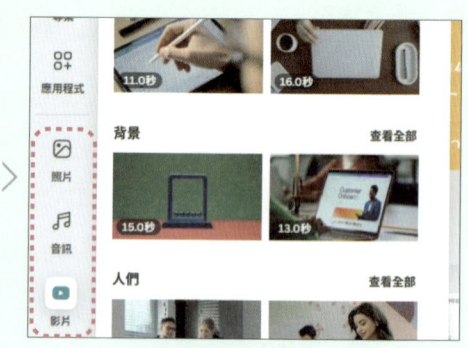

**step 03** 想隱藏側邊面板不常用的功能，可以先選按該功能，再於左上角選按 ✕。

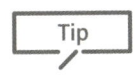

# Tip 4　Canva 打造吸睛設計的進階技巧　Do it !

透過 Canva 完整的編輯功能，可以讓簡報的版面配置、字型樣式、配色、圖片、動畫...等內容，得到更完美的設計。

## ✦ 變更頁面版面配置

**step 01**　於頁面縮圖選按欲變更版面配置的頁面。

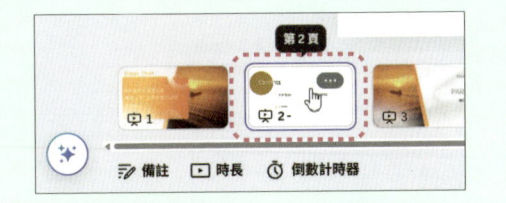

**step 02**　滑鼠指標移至側邊面板 **設計**，選按 **版面配置** 標籤，清單中再選按合適的版面配置套用即可，再依相同方法完成其他需變更的頁面。

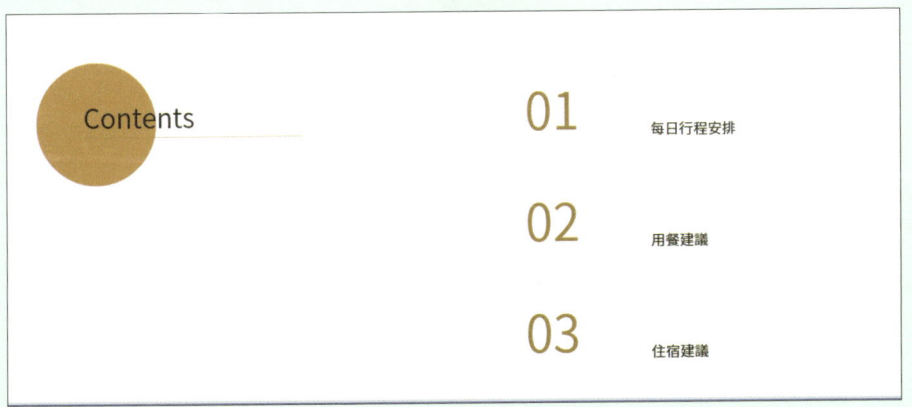

> **小提示**

### 部分素材鎖定及無法使用版面配置

Felo 轉換過來的頁面，部分頁面在套用新的版面配置後，會顯示 "部分素材為鎖定狀態"，選按 **解鎖所有素材** 鈕後，才可以繼續使用 **版面配置** 功能；另外頁面元素過多，則會造成無法使用 **版面配置** 功能，此時需透過手動調整，減少該頁面的元素或合併部分文字方塊後才可使用。

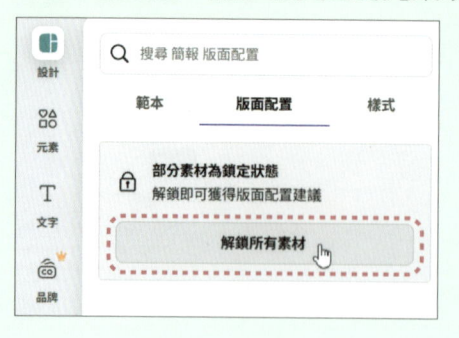

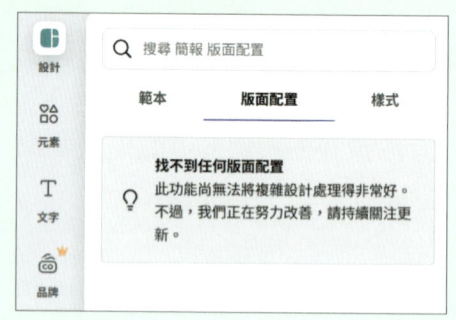

### ✦ 套用配色與字型組合

**step 01** 頁面清單任一頁的頁面縮圖上按一下。

**step 02** 滑鼠指標移至側邊面板 **設計**，選按 **樣式** 標籤，再於 **配色與字型組合** 右側選按 **查看全部**。

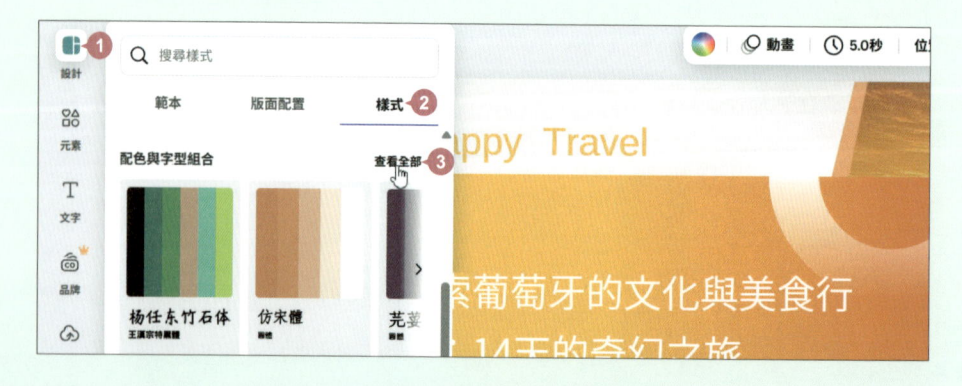

7-10

**step 03** 清單中選按合適的樣式，Canva 會根據該組樣式配色隨機組合，並搭配字型完成頁面樣式套用，多次選按同一樣式可變更顏色組合。

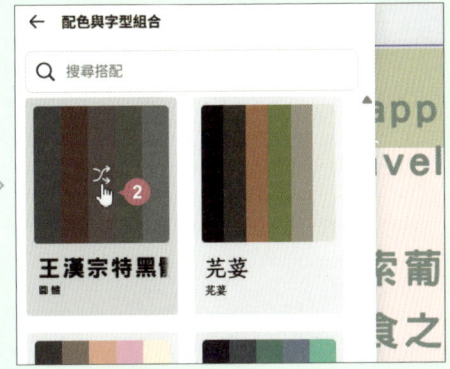

**step 04** 完成頁面樣式的顏色搭配後，選按 **套用至所有頁面** 鈕，完成全部頁面的樣式套用。

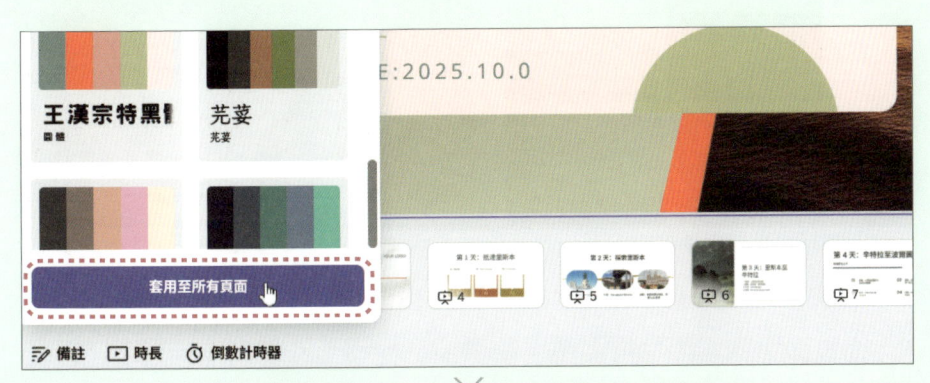

✦ 添加照片

**step 01** 切換至欲插入照片的頁面，滑鼠指標移至側邊面板 **元素**，輸入關鍵字：「葡萄牙」，按 Enter 鍵開始搜尋。

**step 02** 選按 **照片** 標籤，清單中再選按合適的照片縮圖即可插入至頁面。

**step 03** 選取照片狀態下，將滑鼠指標移至上、下、左、右四邊控點呈 ↔ 狀，拖曳即可裁切照片框範圍；將滑鼠指標移至四個角落控點呈 ↖ 狀，拖曳即可縮放照片大小；滑鼠指標移至圖片上呈 ✥ 狀，可拖曳照片至合適的位置擺放。

7-12

## ✦ 讓照片依邊框形狀呈現

封面照片是透過裁切才變成梯形，在此會用邊框元素設計出類似的視覺效果。

**step 01** 切換至封面頁面，選取照片後，按 `Del` 鍵刪除，滑鼠指標移至側邊面板 **元素**，於搜尋欄位右側選按 ⊗ 刪除關鍵字。

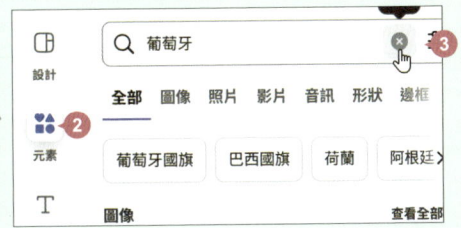

**step 02** 於 **元素** 面板 **邊框** 項目右側選按 **查看全部**，**基本形狀** 右側再選按 **查看全部**。

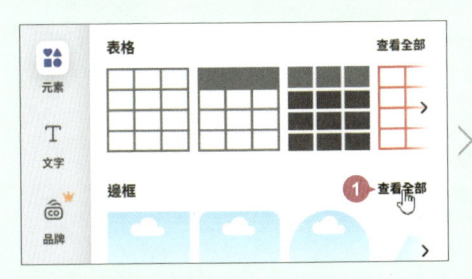

**step 03** 清單中選按如圖所示的邊框元素插入至頁面，接著將滑鼠指標移至邊框元素按一下滑鼠右鍵，選按 **圖層 \ 後移**，重複約五次操作後，讓邊框元素置於封面標題色塊下方即可。

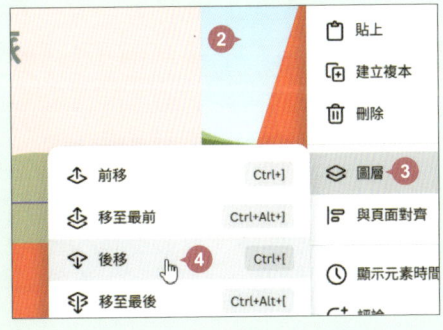

step 04　選取邊框元素狀態下，將滑鼠指標移至控點上呈 ↔ 狀或 ↖ 狀，拖曳調整大小直至如右圖位置擺放。

step 05　最後於 **元素** 欄位，輸入關鍵字：「里斯本」搜尋，**照片** 標籤中拖曳合適的照片至邊框上方呈填滿狀時放開即可。

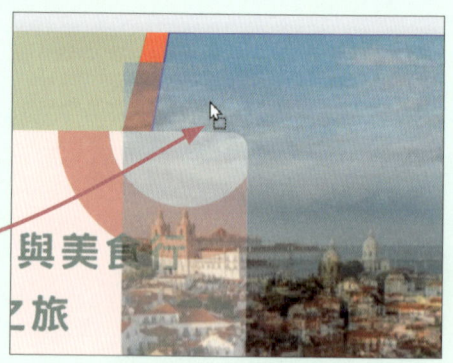

## ✦ 為頁面元素套用動畫

step 01　頁面清單第 1 頁縮圖上按一下滑鼠左鍵，工具列選按 **動畫** 開啟設定面板。

7-14

**step 02** 將滑鼠指標移到動畫上可以預覽效果，接著選按合適的動畫並設定動畫效果，再選按 **套用至所有頁面** 鈕，將動畫套用至全部頁面。

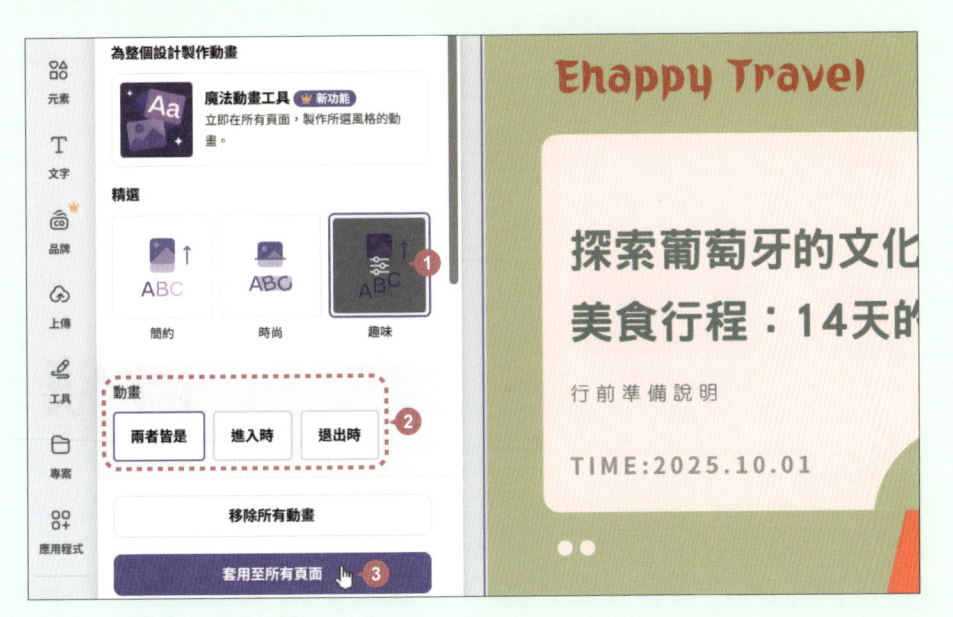

### ✦ 變更文字、照片動畫

頁面套用動畫後，可選取個別元素，如：文字、照片...等，變更動畫效果。

**step 01** 欲變更元素動畫的頁面清單縮圖上按一下，選取元素 (在此選取文字方塊)，工具列選按 **動畫** 開啟設定面板，將滑鼠指標移到動畫上可以預覽效果，接著選按合適的動畫並設定動畫效果，即完成變更。

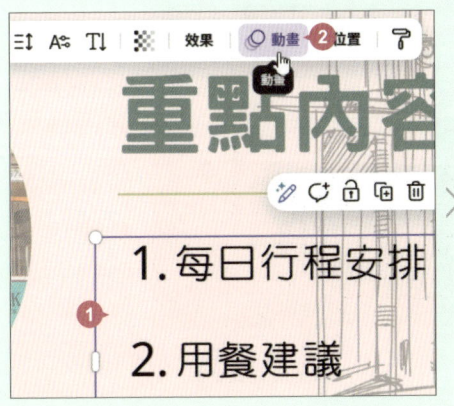

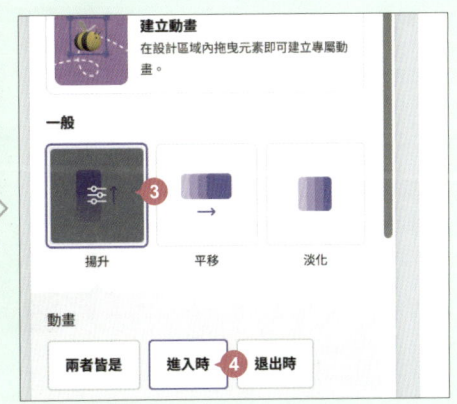

應用篇 07 將簡報轉入 Canva 設計 / 專業編排結合動態呈現

7-15

**step 02** 若是欲變更照片動畫，於照片上按一下，工具列選按 **動畫** 開啟設定面板，於 **照片** 標籤清單中選按合適的動畫套用。

**step 03** 依相同方法，逐一調整其他頁面的文字方塊、照片或元素的動畫效果，完成整體設定。

### ✦ 加入頁面轉場

於頁面清單任一縮圖右上角選按 ⋯ \ **新增轉場** 開啟設定面板，將滑鼠指標移到轉場上可以預覽效果，選按合適轉場並設定 **時間長度** (或 **方向**)，再選按 **套用至所有頁面** 鈕，將該轉場套用至全部頁面，到此即完成簡報編輯。

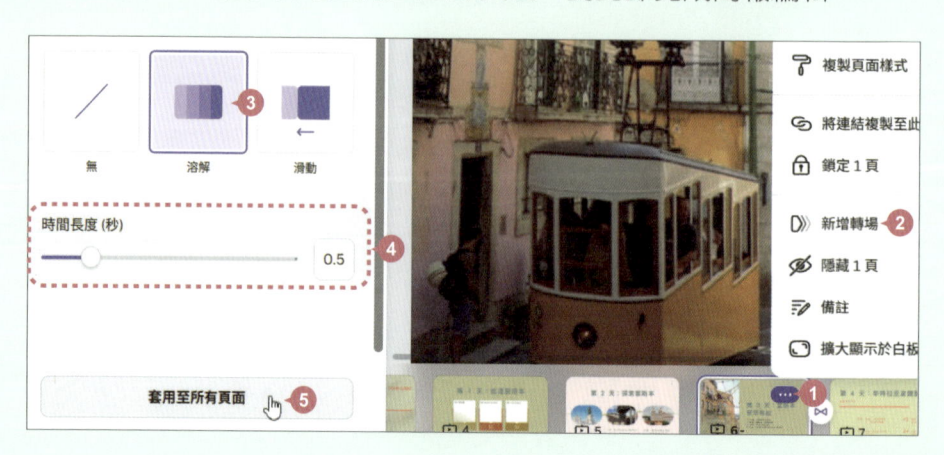

7-16

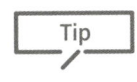

## Tip 5　Canva 變更簡報語系　　Do it !

Canva 翻譯功能為訂閱項目，複製一份簡報並將頁面中的文字內容翻譯成指定語言。

**step 01** 於簡報編輯畫面上方選按 **調整尺寸 \ 翻譯**。

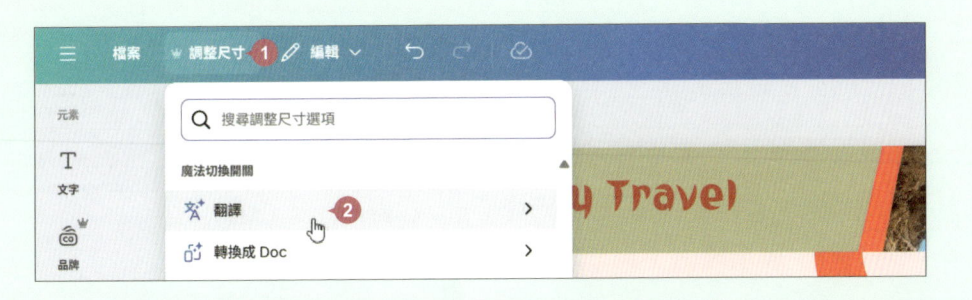

**step 02** 接著選擇 **譯文語言** (在此示範將中文翻成日文)，並設定 **語氣**，選按 **翻譯** 鈕，完成翻譯後選按 **開啟簡報** 鈕開啟簡報頁面。

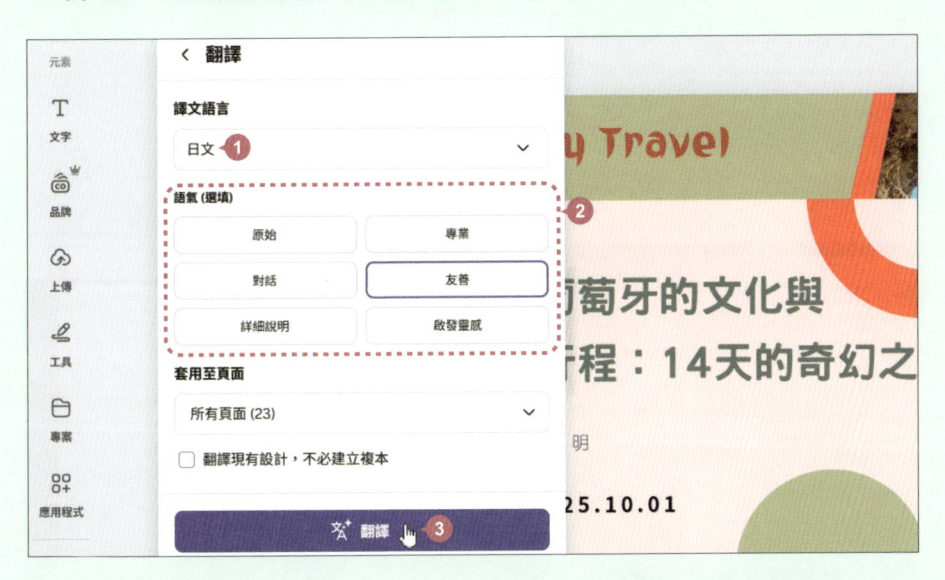

依據翻譯語言的不同，部分語言在翻譯後可能出現字數增減，進而影響簡報的排版。建議可透過手動調整，進一步優化版面配置。

7-17

## Tip 6　Canva 簡報的展示技巧

Do it !

簡報完成後，透過展示有效傳達想法，熟悉內容與多加練習皆是成功的不二法門！

### ✦ 展示類型 - 以全螢幕顯示

進入全螢幕的簡報顯示畫面，利用滑鼠或鍵盤上的方向鍵切換頁面，講解過程中依自己的節奏播放簡報。

**step 01** 頁面清單第 1 頁縮圖 (或其他指定頁) 上按一下，畫面右上角選按 **展示簡報 \ 以全螢幕顯示**，再選按 **展示簡報** 鈕 (或按 Ctrl + Alt + P 鍵) 即可播放。

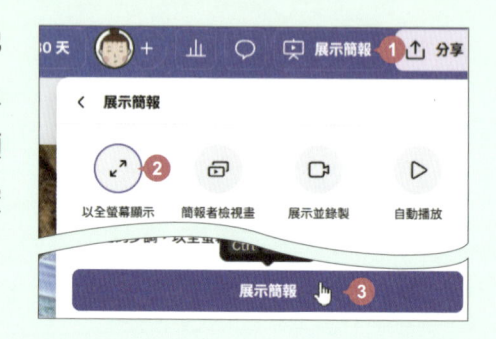

**step 02** 按一下滑鼠左鍵可跳至下一頁投影片；或按 ↑、↓、←、→ 鍵可前後翻頁。展示過程中可按 Esc 鍵退出全螢幕模式，或在投影片上按一下滑鼠右鍵，選按 **退出全螢幕模式**。

7-18

### ✦ 展示類型 - 自動播放

設定每一頁投影片的播放秒數,當簡報進入全螢幕的展示畫面時,時間到時自動播放下一頁,並循環播放。

**step 01** 頁面清單任一縮圖上按一下後,工具列選按 ⏱ 設定 **時間選擇**:**7**,套用至所有頁面 選按 ⚪ 呈 🔵 狀,將時間設定套用至全部投影片。

**step 02** 頁面清單第 1 頁縮圖 (或其他指定頁面) 上按一下,畫面右上角選按 **展示簡報 \ 自動播放**,再選按 **展示簡報** 鈕 (或按 Ctrl + Alt + P 鍵) 可開始動播放投影片。

### ✦ 展示類型 - 簡報者檢視畫面

畫面上會顯示 **觀眾視窗** 和 **簡報者視窗**,搭配雙螢幕的操作環境,簡報者可以透過 **簡報者視窗** 顯示的資訊、備註與工具,有效掌控投影片播放流程和時間;並可透過 **觀眾視窗** 監控觀眾看到的畫面。

**step 01** 頁面清單第 1 頁縮圖 (或其他指定頁) 上按一下,畫面右上角選按 **展示簡報 \ 簡報者檢視畫面**,再選按 **展示簡報** 鈕 (或按 Ctrl + Alt + P 鍵) 即可播放。

7-19

**step 02** 將 **觀眾視窗** 拖曳到屬於觀眾畫面的螢幕,選按 **進入全螢幕模式** 鈕;選按 **瞭解** 鈕進入 **簡報者視窗**,並確認放在只有自己會觀看的螢幕上。

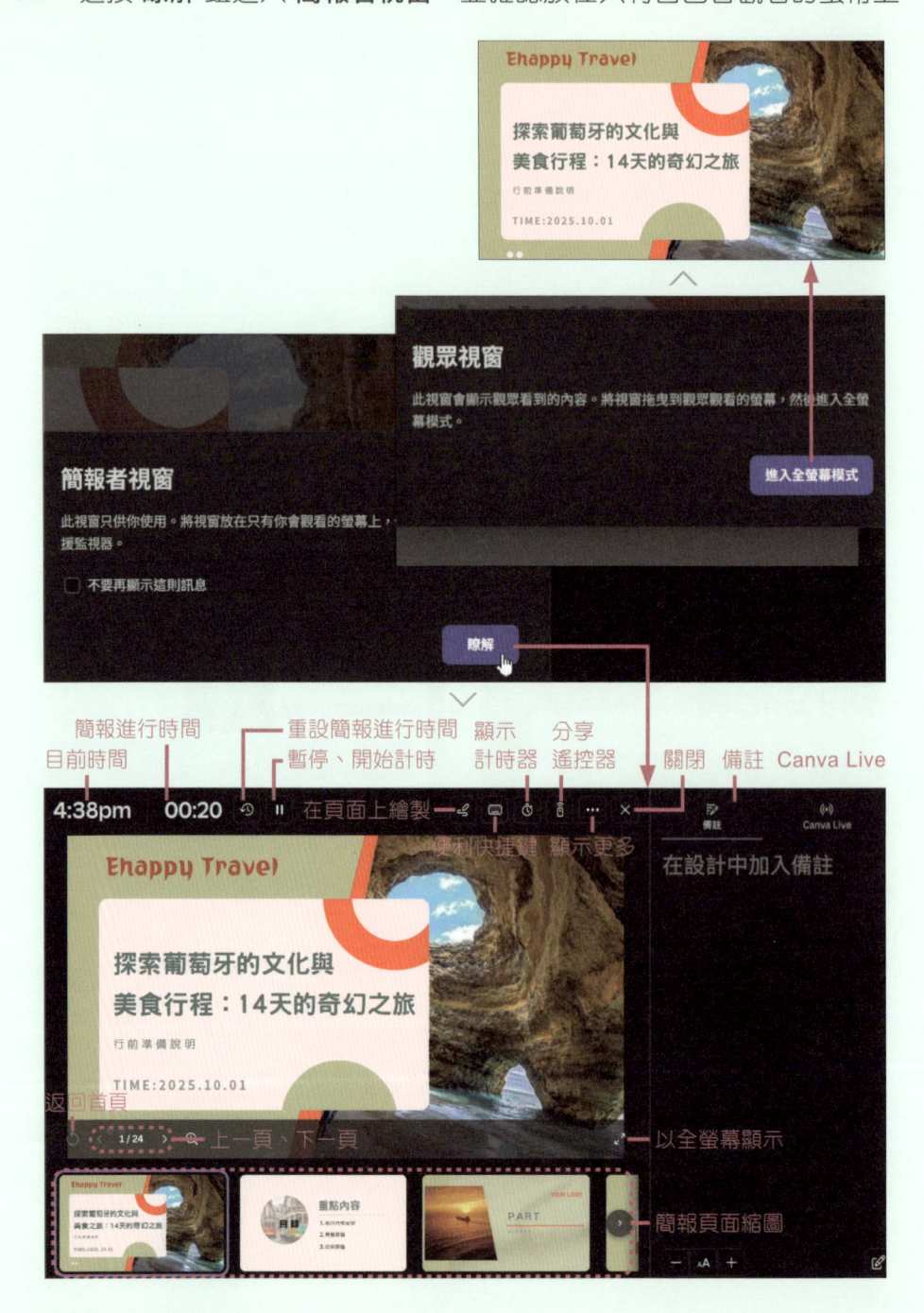

7-20

PART
# 08

## 設計資訊圖卡
### 視覺化知識重點

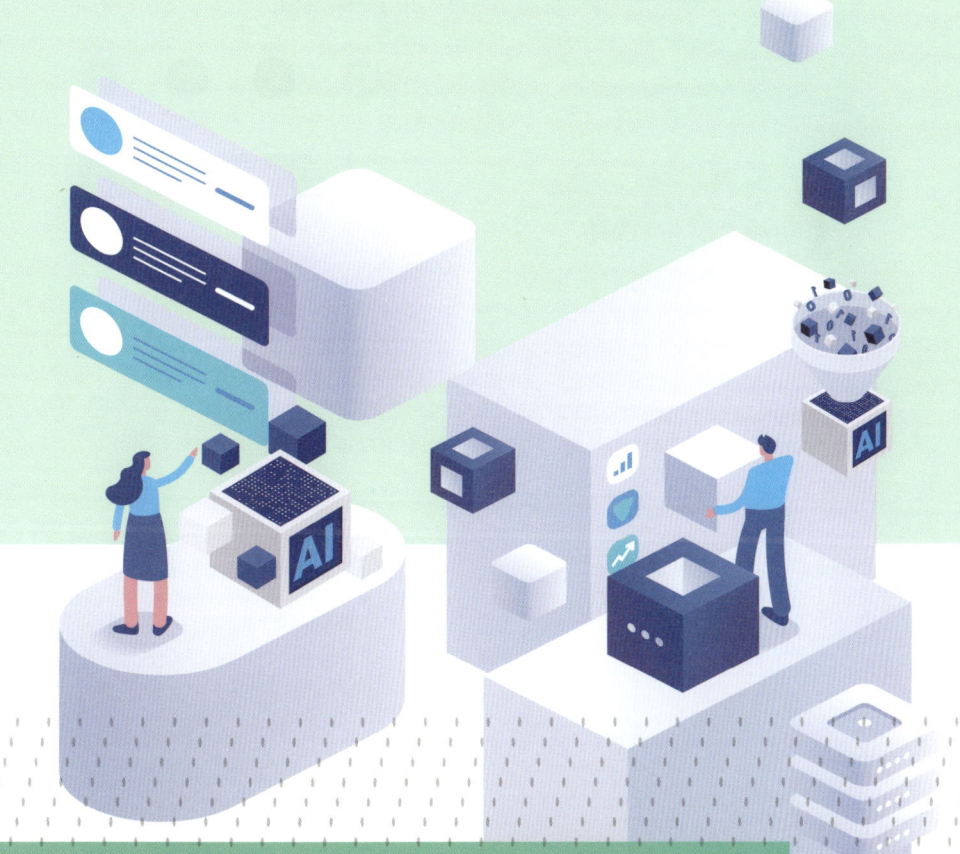

## 單元重點

將 Felo 討論串一鍵生成圖卡，從風格到背景全面客製，下載後於 Canva 編輯，打造品牌專屬吸引力視覺內容。

- ☑ Felo 改寫社群貼文風格
- ☑ 一鍵生成視覺化圖卡
- ☑ 變更圖卡樣式
- ☑ 下載圖卡
- ☑ 分享討論串 QR code
- ☑ Canva 打造社群行銷影像設計

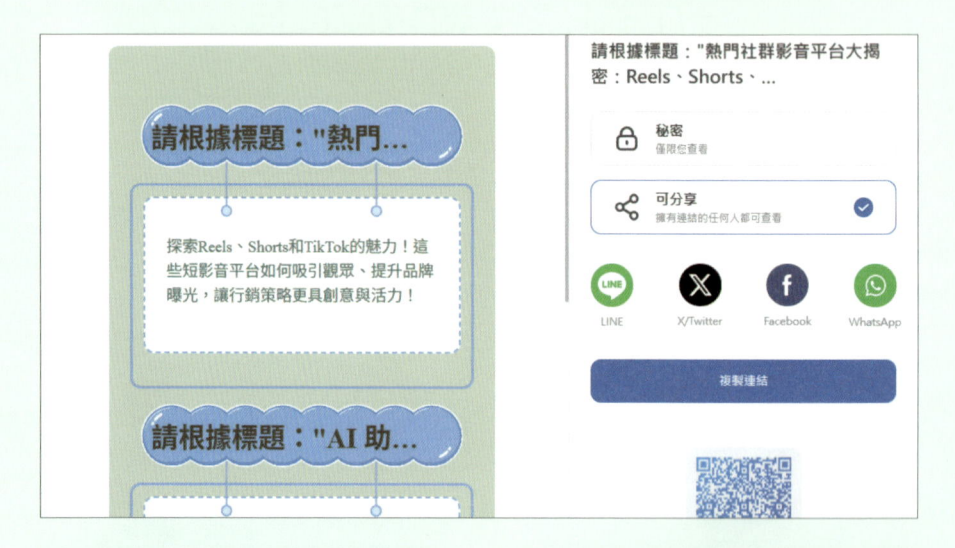

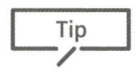

## Tip 1  Felo 改寫社群貼文風格

Do it！

透過 Felo 改寫社群貼文標題風格與簡短介紹，在資訊爆炸的社群平台中，讓你的貼文一秒抓住目光。

### ✦ 定義社群貼文風格與改寫標題

畫面左上角選按 **Felo** 回到首頁，針對欲推廣的線上課程標題，改寫成更吸引人的風格，於對話框輸入提問，選按 → 鈕送出，接著 Felo 會開始理解問題並完成回答。

---

**提問** 💬

線上課程主題："AI 社群影音行銷力的三大應用"，分為三個標題，分別是：

1. 熱門社群影音平台 (Reels / Shorts / TikTok)
2. AI 工具生成影音腳本
3. AI 自動剪輯短影音

請將這三個標題的改得更活潑一點，適合線上課程使用，並能吸引目標客群在社群平台尋找合適課程時能停下來閱讀。

---

線上課程主題："AI 社群影音行銷力的三大應用"，分為三個標題，分別是：
1. 熱門社群影音平台 (Reels / Shorts / TikTok)
2. AI 工具生成影音腳本
3. AI 自動剪輯短影音
請將這三個標題的改得更活潑一點，適合線上課程使用，並能吸引目標客群在社群平台尋找合適課程時能停下來閱讀。

✅ 答案　🖼 圖片　▶ 視頻　　　　　　　　　35 來源 & 思考 →

課程主題：AI 社群影音行銷力的三大應用

1. **熱門社群影音平台大揭密**：Reels、Shorts、TikTok的魅力與策略
2. **AI 助攻！輕鬆生成引人入勝的影音腳本**
3. **AI 自動剪輯：讓短影音製作變得簡單又快速**

這些標題不僅活潑有趣，還能有效吸引目標客群的注意，讓他們在尋找合適的線上課程時停下來閱讀。

8-3

## ✦ 撰寫符合標題的簡介

Felo 圖卡僅會將討論串中的前三個問答內容，製做成社群圖卡。由於前面是提問貼文風格與標題改寫，不適合成為圖卡內容，因此需開啟新討論串提問，確保前三個回答能順利轉換為圖卡內容。

**step 01** 畫面左上角選按 ◎Felo 回到首頁，針對第一個課程標題，生成指定字數的內容介紹，於對話框輸入提問，選按 → 鈕送出，接著 Felo 會開始理解問題並完成回答。

> **提問** 💬
> 請根據標題："熱門社群影音平台大揭密：Reels、Shorts、TikTok 的魅力與策略"，生成簡短的內容介紹，風格活潑吸睛，簡單明瞭，約 30 字。

請根據標題："熱門社群影音平台大揭密：Reels、Shorts、TikTok 的魅力與策略"，生成簡短的內容介紹，風格活潑吸睛，簡單明瞭，約 30 字。

☺ 答案　🖼 圖片　▶ 視頻　　　　　13 來源 & 思考 →

探索Reels、Shorts和TikTok的魅力！這些短影音平台如何吸引觀眾、提升品牌曝光，讓行銷策略更具創意與活力！

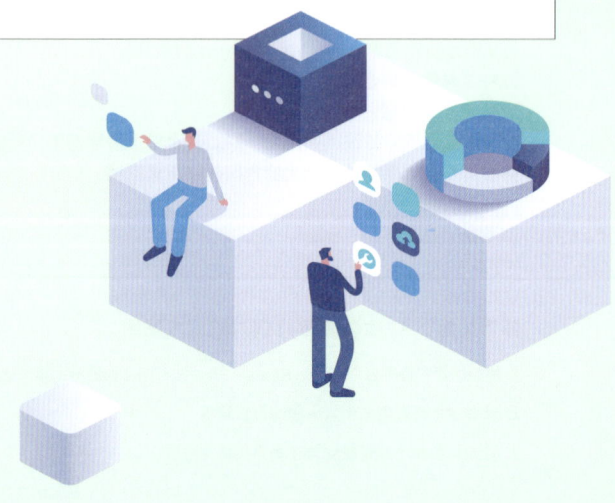

8-4

**step 02** 接續提問，針對第二個課程標題，生成指定字數的內容介紹，於對話框輸入提問，選按 → 鈕送出，接著 Felo 會開始理解問題並完成回答。

> 提問 💬
> 請根據標題："AI 助攻！輕鬆生成引人入勝的影音腳本"，生成簡短的內容介紹，風格活潑吸睛，簡單明瞭，約 30 字。 →

請根據標題："AI 助攻！輕鬆生成引人入勝的影音腳本"，生成簡短的內容介紹，風格活潑吸睛，簡單明瞭，約 30 字。

✓ 答案　🖼 圖片　▶ 視頻　　　　　　　　　　20 來源 & 思考 →

利用AI輕鬆生成引人入勝的影音腳本！快速創作、提升效率，讓你的影片內容更具吸引力，輕鬆抓住觀眾目光！

**step 03** 接續提問，針對第三個課程標題，生成指定字數的內容介紹，於對話框輸入提問，選按 → 鈕送出，接著 Felo 會開始理解問題並完成回答。

> 提問 💬
> 請根據標題："AI 自動剪輯：讓短影音製作變得簡單又快速"，生成簡短的內容介紹，風格活潑吸睛，簡單明瞭，約 30 字。 →

請根據標題："AI 自動剪輯：讓短影音製作變得簡單又快速"，生成簡短的內容介紹，風格活潑吸睛，簡單明瞭，約 30 字。

✓ 答案　🖼 圖片　▶ 視頻　　　　　　　　　　16 來源 & 思考 →

利用AI自動剪輯，輕鬆快速製作短影音！無需專業技巧，讓創作變得簡單有趣，立即吸引觀眾目光！

8-5

## Tip 2 一鍵生成視覺化圖卡　　Do it！

Felo 可以將討論串問答內容以視覺化的方式呈現，透過色彩與圖片強化資訊層次，讓文字內容更清晰易讀，提升瀏覽效率。

於討論串畫面右上角選按 **分享** 鈕，對話方塊左側，自動將該討論串前三個問答內容轉化為視覺化圖卡，並將每個問答分隔呈現。

# Tip 3 變更圖卡樣式

Do it !

生成圖卡後,可以透過自訂圖卡模板、背景樣式與文字大小,快速建立屬於自己的專屬視覺化圖卡。

## ✦ 選擇圖卡模板

於 **分享討論串** 畫面選按 **變更模式 \ 選擇模板** 標籤,右側捲軸上按住滑鼠左鍵上下拖曳可檢視所有模板,再選按合適樣式套用。

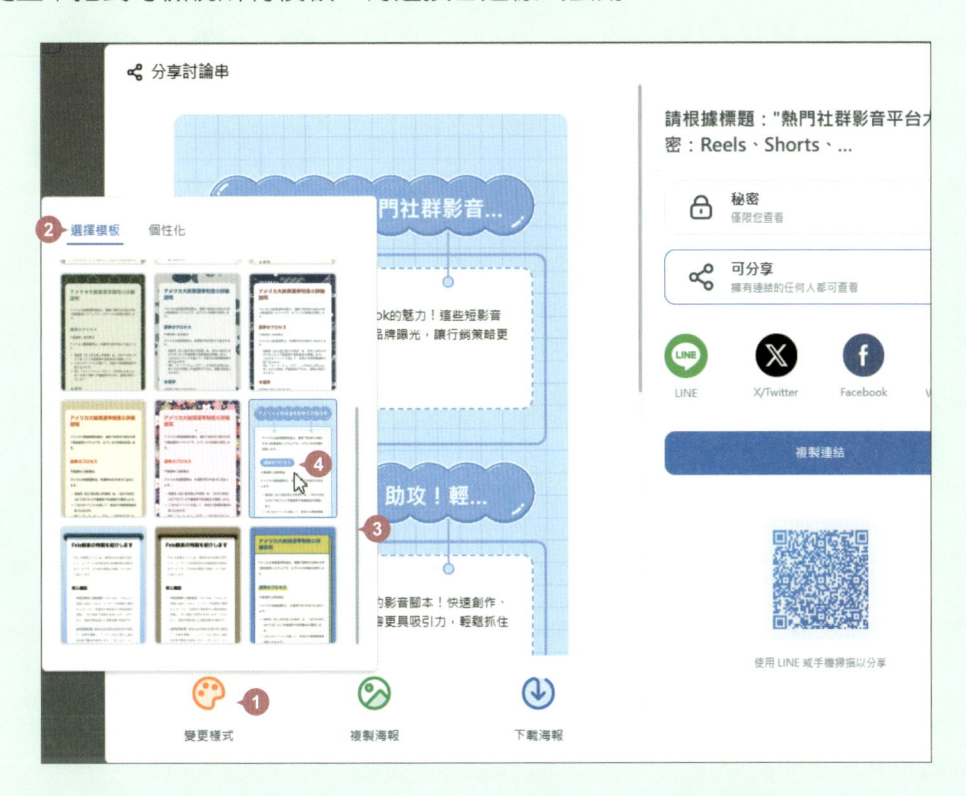

### ✦ 自訂圖卡背景與字體

於 **個性化** 標籤選按欲套用的 **背景**、**字體主題** 與 **字體大小**，即可變更預設的圖卡樣式。(標題字體顏色會依所選背景項目改變)

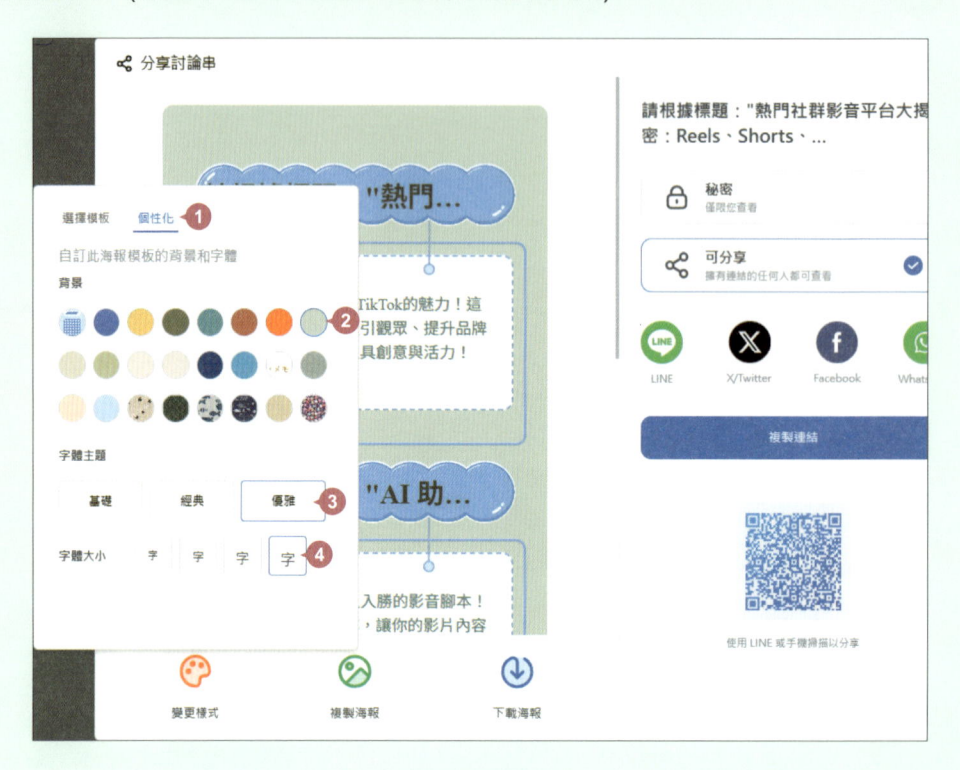

## Tip 4 下載圖卡　Do it !

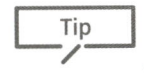

圖卡製作完成後，將檔案儲存為 .png 格式，以保留高品質的圖片解析度，方便後續應用於社群平台。

**step 01** 於 **分享討論串** 畫面選按 **下載海報**，會以 .png 檔案格式下載至本機儲存。

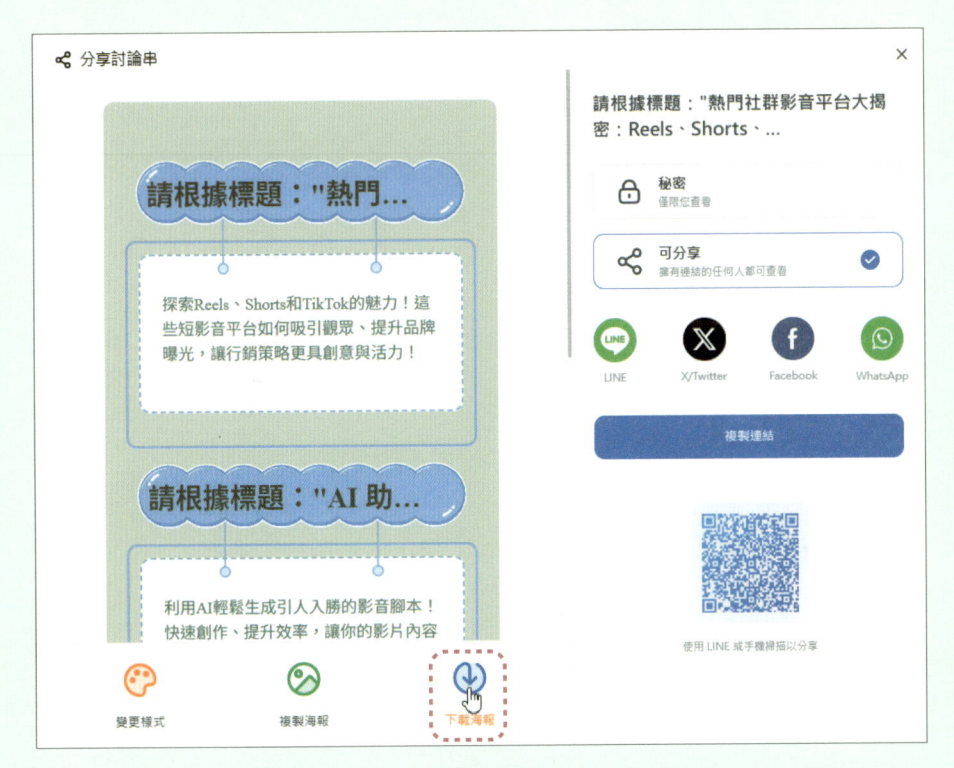

**step 02** 下載完成後，於瀏覽器 (在此以 Google Chrome 示範) 右上角選按 ⬇ 開啟下載記錄清單，於剛才下載的圖卡項目右側，選按 ⬀ 即可直接開啟該圖檔。

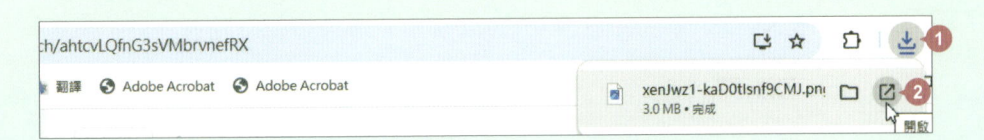

## Tip 5 分享討論串 QR code  (Do it！)

利用行動裝置掃描 QR code，即可開啟該討論串，方便在手機上接續提問，或分享給其他有提問需求的人查看。

首先於 **分享討論串** 畫面，確認目前的分享權限為：**可分享**。再開啟行動裝置的相機功能，掃描 **分享討論串** 畫面右下角的 QR code，即可在裝置上開啟該討論內容，方便查看與接續提問。

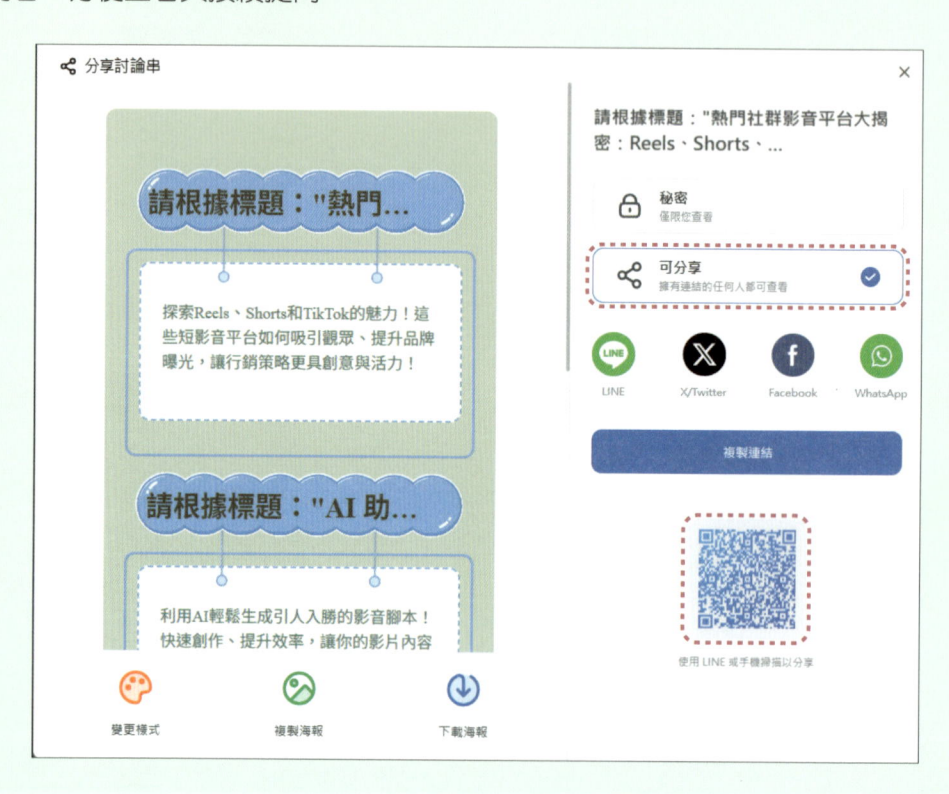

8-10

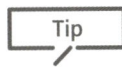

## Tip 6　Canva 打造社群行銷影像設計　Do it!

社群媒體已成為消費者接收資訊與了解品牌動態的主要管道，透過 Canva 設計社群圖卡，輕鬆打造吸引目光的視覺亮點。

### ✦ 吸引客群的貼文

企業品牌、創作者、甚至政府機關，都會透過社群平台接觸客群與受眾，提升觸及率，擴展更多影響力！以下列出幾個設計社群貼文要點，輕鬆突破社群經營的低迷狀態，提升互動與關注度：

- **內容排版、字型易閱讀**：影像解析度不夠或沒有對焦，文字太小或是字型變化太多，都會讓人不易閱讀內容而失去興趣。

- **正確的色彩搭配**：與背景色太過相近的顏色無法突顯內容，可以找同系列的對比色，或是直接套用品牌色更能引起連結與共鳴。

- **確立貼文的目標**：清楚目標客群特色與喜好，了解社群優勢後進行各式行銷策略，如：溝通品牌理念、與粉絲互動、導購商品...等，選擇合適方式、精準打動目標客群。

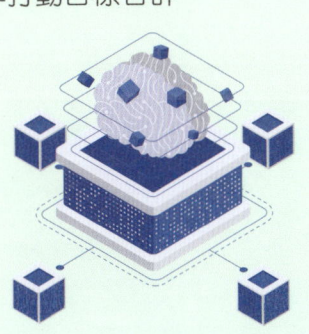

✦ 建立 Canva 新專案

方形尺寸圖像具高度平台相容性，能靈活應用於多種社群平台之間，不僅不會因為比例問題影響重要內容的呈現，還能顯示於智慧型手機的視覺焦點區塊。

**step 01** 於瀏覽器網址列輸入：「https://www.canva.com/zh_tw/」，進入 Canva 網站，若為初次使用者可於畫面右上角選按 **註冊** 鈕，再參考 P7-4 註冊與登入步驟的說明。

**step 02** 於 Canva 首頁上方，選按 **社群媒體**，在此以 1:1 尺寸示範說明，選按 **Instagram \ Instagram 貼文 (方形)**，建立新專案。

8-12

## ✦ 上傳外部圖片並插入頁面

**step 01** 滑鼠指標移至側邊面板 **上傳**，選按 **上傳檔案** 鈕，指定存放路徑並選取前面完成設計與下載的圖卡影像檔，再選按 **開啟** 鈕上傳至 Canva 雲端空間。

**step 02** 於 **影像** 標籤，圖片上方按住滑鼠左鍵，拖曳至頁面邊緣處放開，圖片會被吸入成為頁面背景。(如果拖曳放開的位置離頁面邊緣太遠，會變成一般插入動作。)

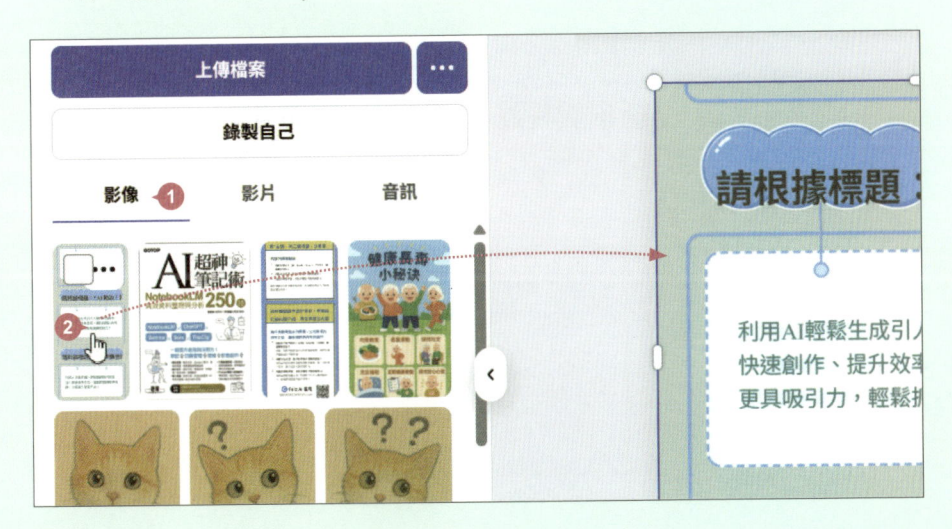

8-13

## ✦ 裁切圖片

圖片上連按兩下滑鼠左鍵進入裁切模式，將滑鼠指標移至圖片上方呈 ✥ 狀，拖曳調整至如圖位置，最後於頁面外任一空白處，按一下滑鼠左鍵完成裁切。

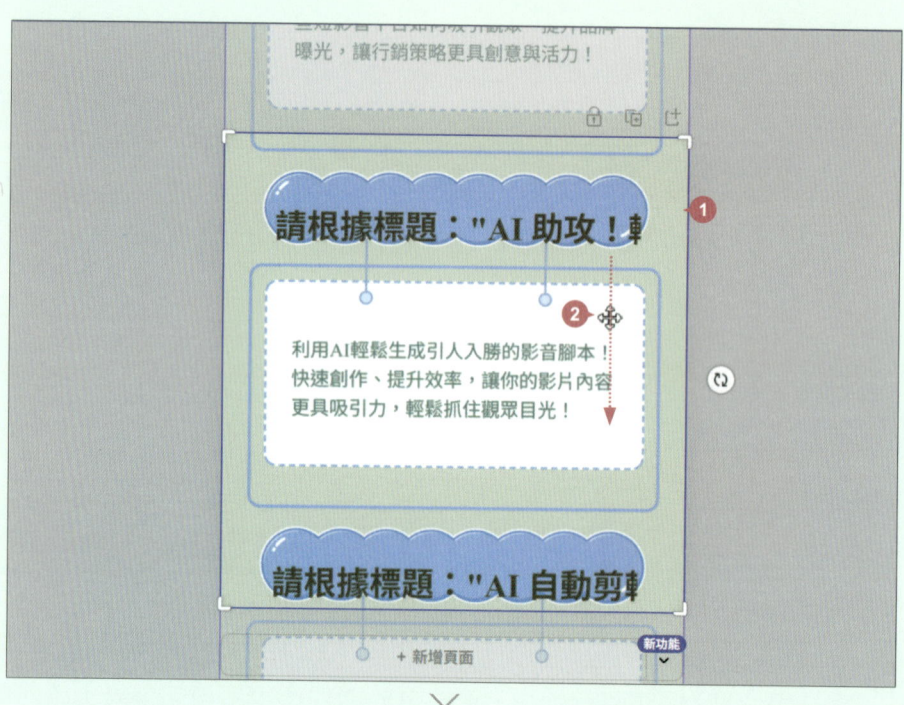

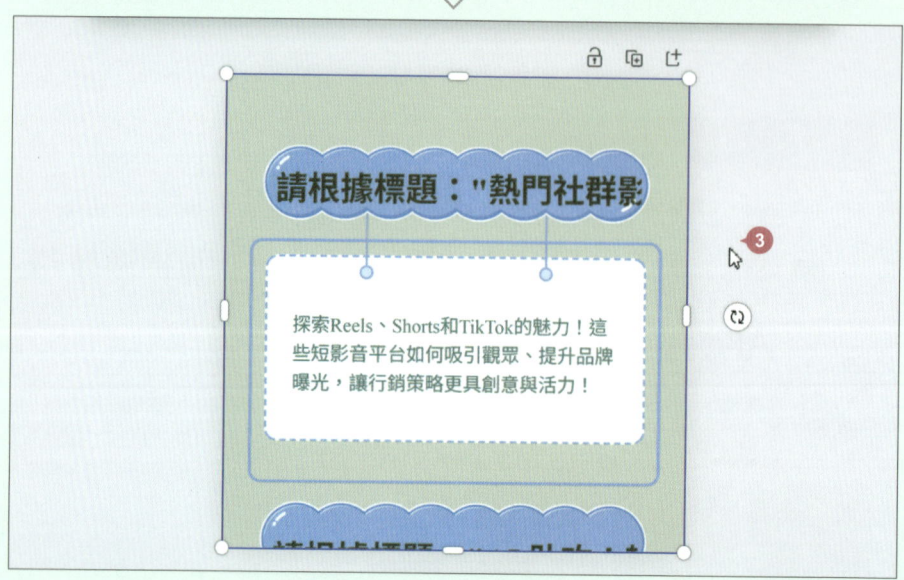

✦ 插入、編輯形狀元素

透過 Canva 內建的多種元素、形狀以及編輯功能，更改圖片的設計，完成符合需求的視覺效果。

**step 01** 滑鼠指標移至側邊面板 **元素**，於 **形狀** 選按如圖形狀。

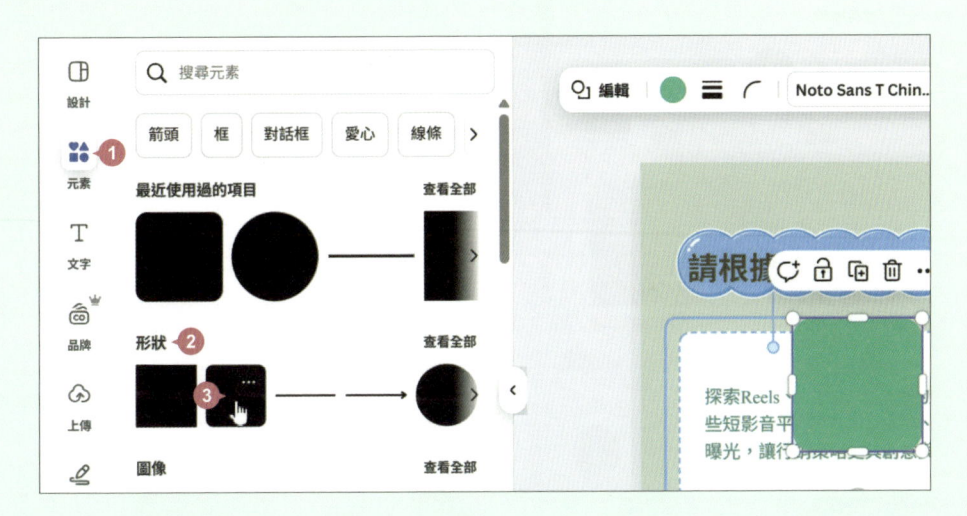

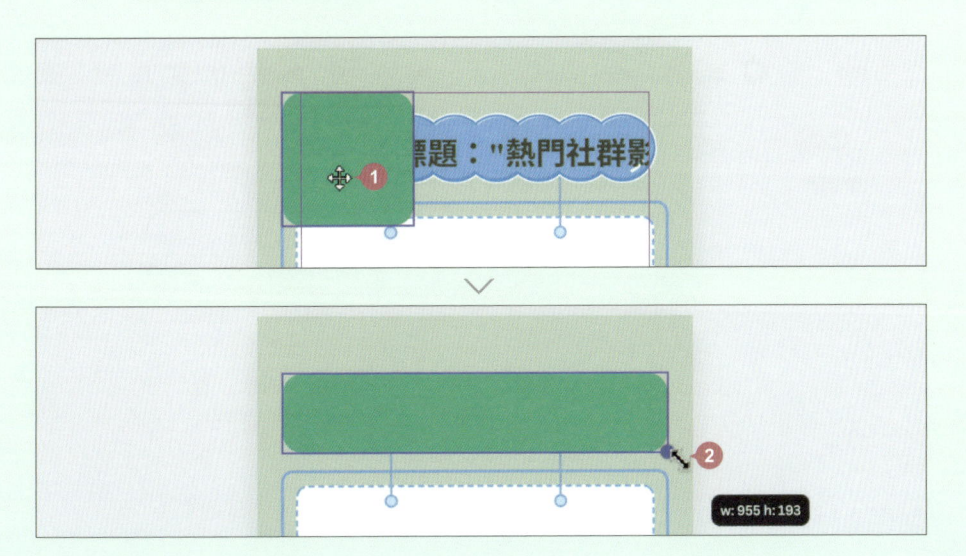

**step 02** 拖曳物件至如圖位置擺放，將滑鼠指標移至元素的四個角落控點呈 ↘ 狀，拖曳調整至合適大小。

8-15

**step 03** 選取元素狀態下，工具列選按 ⬤ \ ⊕ \ 🖉，進入顏色選取狀態，將選取工具中間正方框對準欲選取的顏色，當顏色充滿正方框時按一下滑鼠左鍵，完成顏色變更。(也可直接選擇合適的顏色套用)

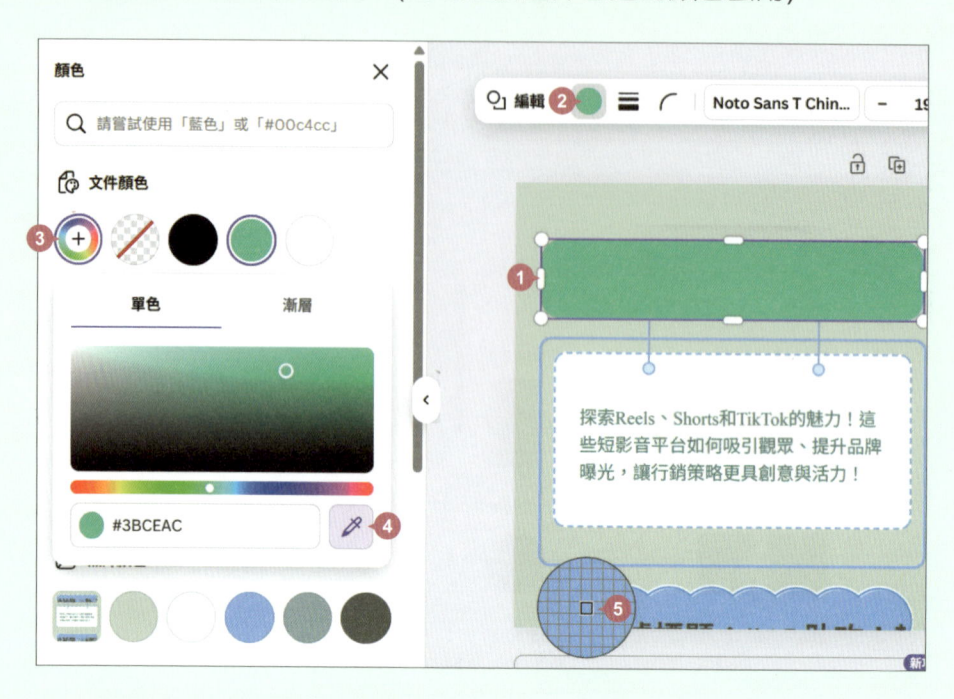

**step 04** 工具列選按 ≡ \ ━，加上框線，並將 **框線粗細** 設定為 8。

**step 05** 工具列選按 ⭕ \ ▢，將框線顏色設定為白色。

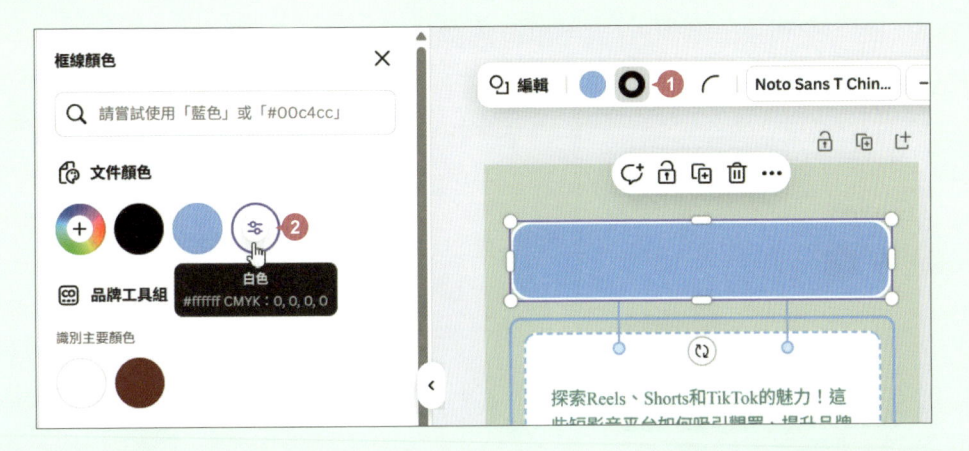

### ✦ 輸入並設計標題文字

**step 01** 選取元素狀態下，選按元素上任一位置顯示輸入線，輸入標題文字，工具列設定 **字型尺寸：38**。(可在需分段的位置按下 Enter 鍵，讓文字分段呈現，更加清晰易讀。)

8-17

**step 02** 選取文字，工具列選按 🅰 \ ➕ \ ✏️ ，進入顏色選取狀態，將選取工具中間正方框對準欲選取的顏色，當顏色充滿正方框時按一下滑鼠左鍵，完成顏色變更。(也可直接選擇合適的顏色套用)

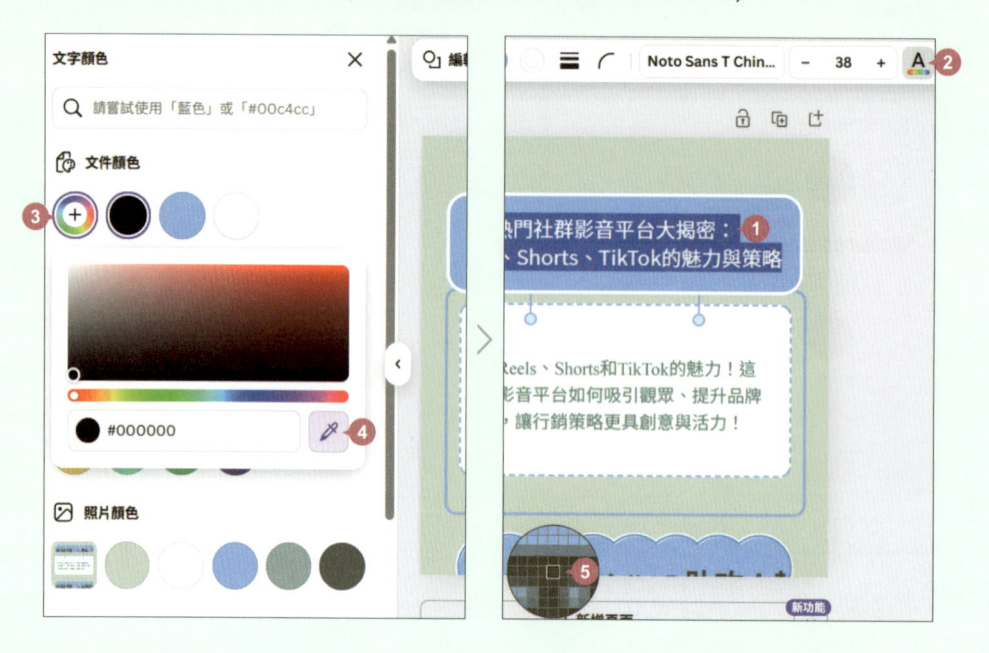

**step 03** 工具列選按 🅱 將文字設定為粗體，並拖曳物件至如圖位置擺放。

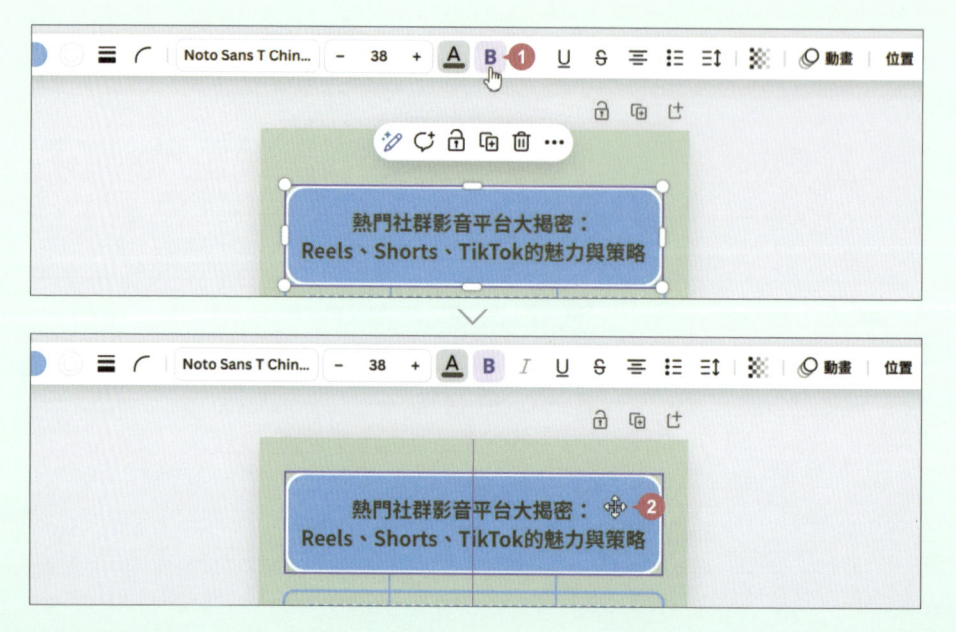

8-18

## ✦ 顯示尺規並新增輔助線

製作社群貼文時需注意每張貼文的連貫性與一致性，塑造專業的形象；使用輔助線可確保每個頁面中的元素都保持同樣的間距或位置上。

**step 01** 於畫面左上角選按 **檔案 \ 設定 \ 顯示尺規和輔助線**，編輯區邊緣會顯示尺規。

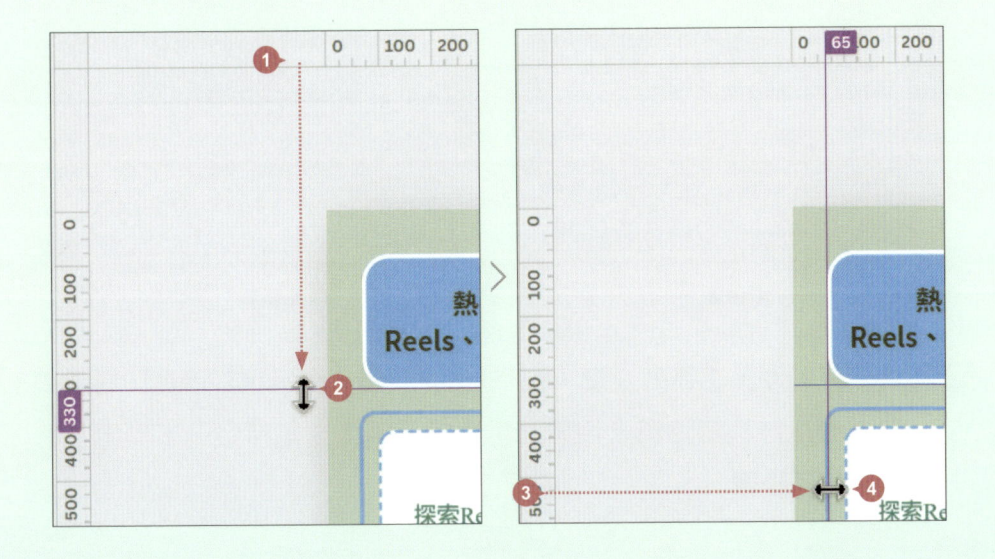

**step 02** 滑鼠指標移至上方尺規呈 ↕ 狀，往下拖曳出一條輔助線至頁面如圖位置處；再將滑鼠指標移至左側尺規呈 ↔ 狀，往右拖曳出一條輔助線至頁面如圖位置處。

8-19

## ✦ 利用元素遮蓋圖片多餘的部分

透過 Canva 的元素將圖片多餘的部分遮蓋，並使用顏色選取工具調整至與背景色相同。

**step 01** 滑鼠指標移至側邊面板 **元素**，於 **形狀** 選按如圖形狀。

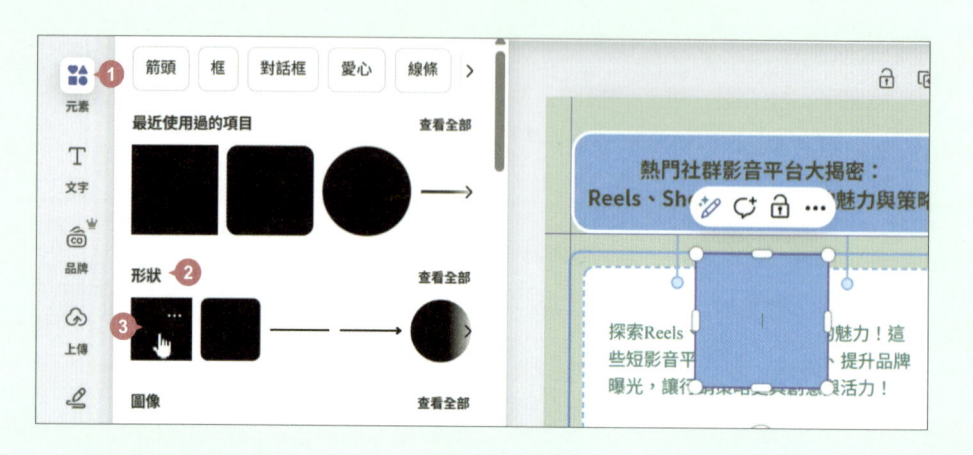

**step 02** 拖曳物件至如圖位置擺放，將滑鼠指標移至元素的右下控點呈 ↘ 狀，拖曳縮放至合適大小。

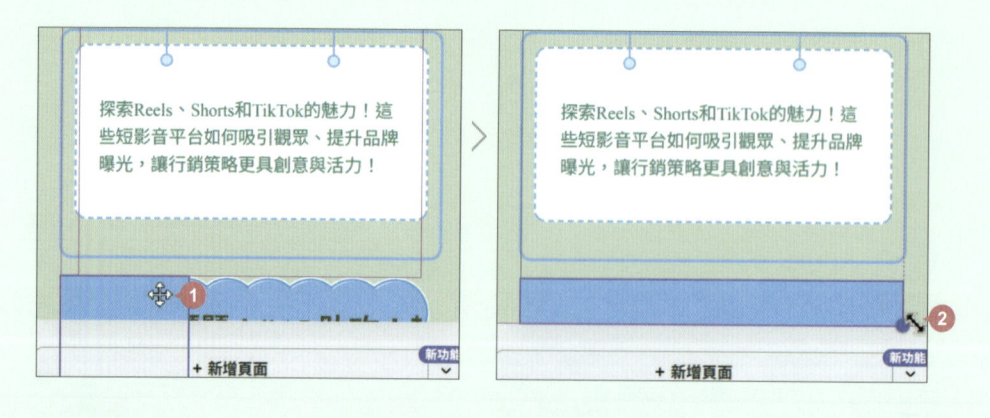

**step 03** 選取該物件，工具列選按 🔵 \ 🎨 \ 🖊，進入顏色選取狀態，將選取工具中間正方框對準圖卡背景，當顏色充滿正方框時按一下滑鼠左鍵，完成顏色變更。

8-20

### ✦ 複製頁面完成其他設計

複製目前的設計頁面，以確保版面配置、圖文比例與視覺風格皆保持一致，為後續修改提供樣式基礎。

**step 01** 複製頁面：於頁面上方選按 複製頁面 (若無此按鈕，於畫面右下角選按 **頁面**，切換至無頁面縮圖的模式即可。)

**step 02** 裁切圖片：於第 2 頁圖片上連按兩下滑鼠左鍵進入裁切模式，將滑鼠指標移至圖片上方呈 狀，拖曳調整至如圖位置，最後於頁面外任一空白處，按一下滑鼠左鍵完成裁切。

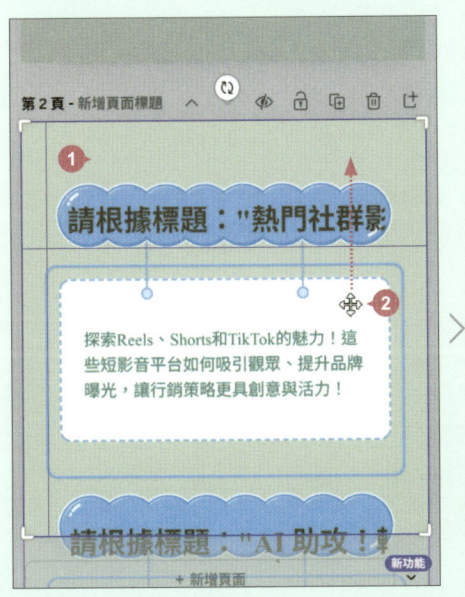

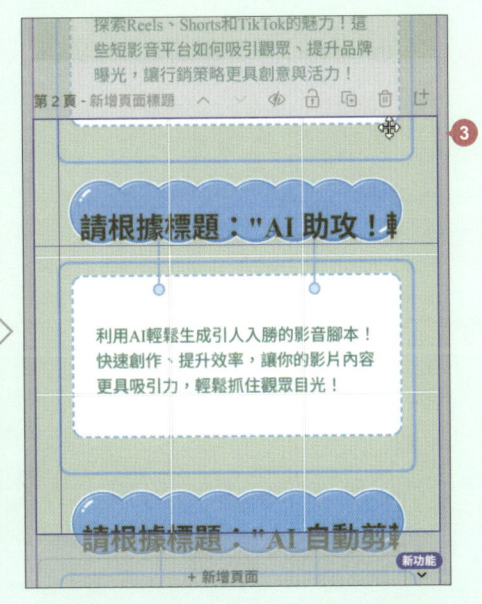

8-21

**step 03** 替換標題文字：於文字上連按二下滑鼠左鍵顯示輸入線，選取所有文字後，替換對應的標題文字，並拖曳至如圖位置擺放。

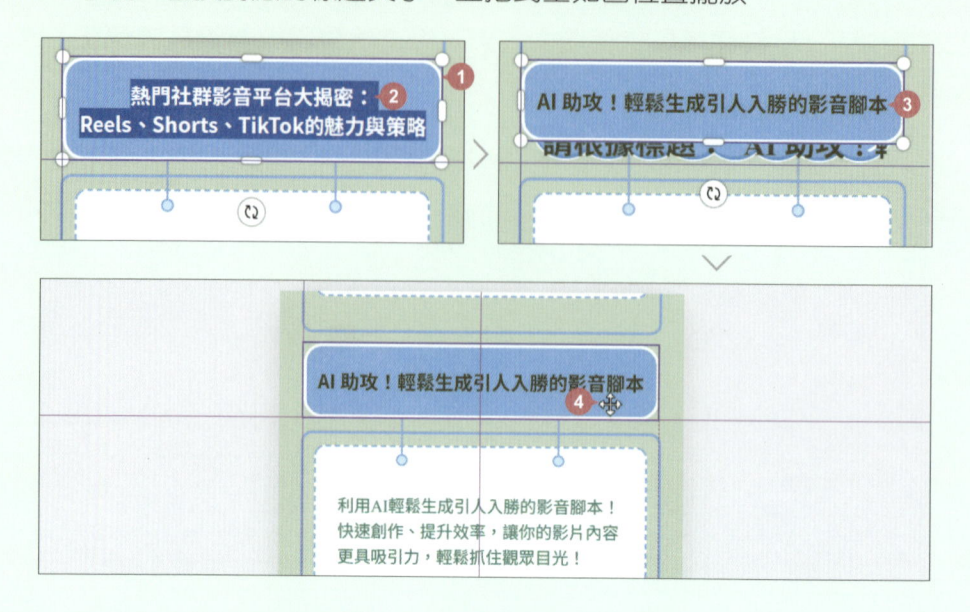

**step 04** 複製元素設計視覺效果：將滑鼠指標移至頁面下方的元素控點上呈 ↕ 狀，拖曳縮放至合適大小後，選按 建立複本，並拖曳至如圖位置擺放。

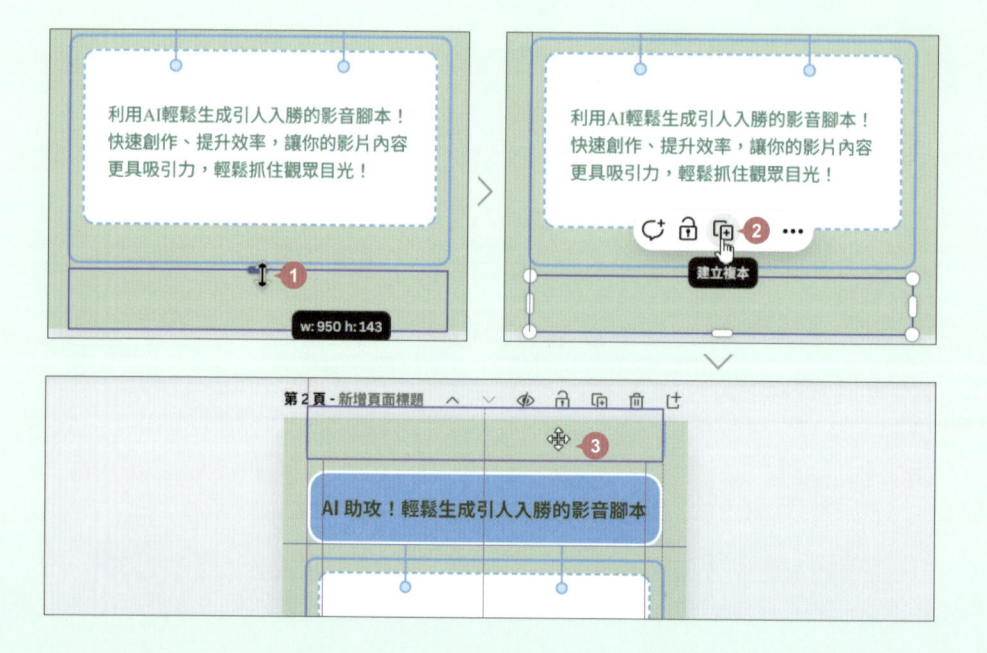

8-22

step 05　複製並完成第 3 頁：於第 2 頁頁面上方選按 複製頁面，依相同方法，參考 P8-21、P8-22 步驟完成第 3 頁的設計。

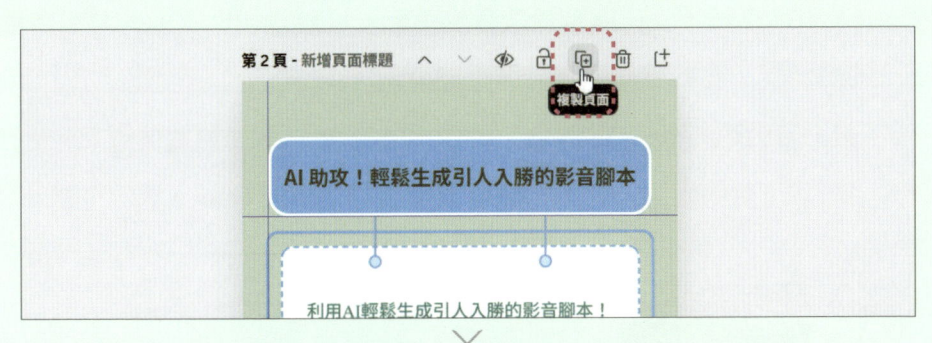

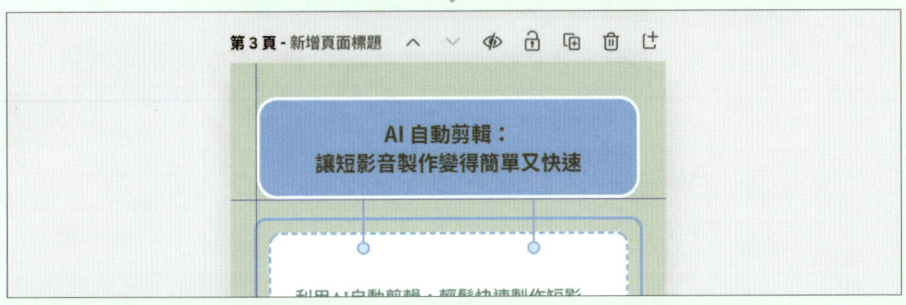

### 小提示

**調整元素圖層的前後位置：**

若指定元素被其他元素覆蓋，將滑鼠指標移至該元素上方按一下滑鼠右鍵，選按 圖層 \ 移至最前，將該元素移至最上層位置擺放。

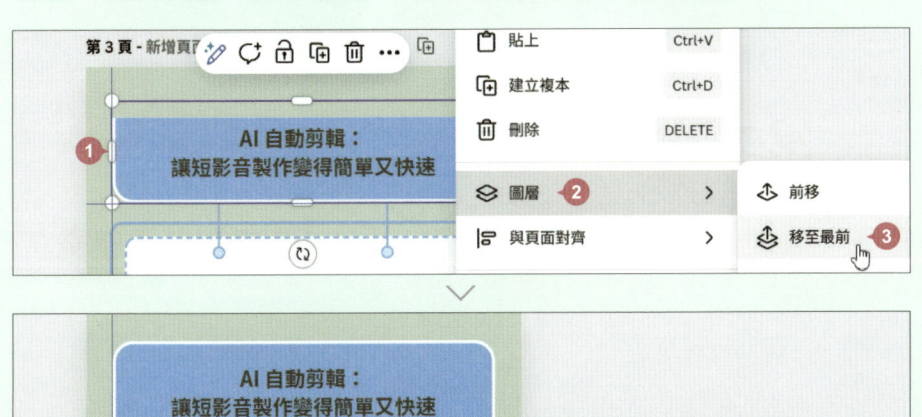

## ✦ 添加品牌 Logo

於 Canva 上傳品牌 Logo 圖片並放置於頁面上，讓瀏覽貼文的社群用戶提升對品牌的識別度，有助於品牌曝光與行銷效果。

**step 01** 滑鼠指標移至側邊面板 **上傳**，選按 **上傳檔案** 鈕開啟對話方塊，指定存放路徑欲上傳的圖片，再選按 **開啟** 鈕將圖片上傳至 Canva 雲端空間。

**step 02** 於 **上傳 \ 影像** 選按上傳完成的 Logo 圖片，插入至頁面中，拖曳至如圖位置擺放，並將滑鼠指標移至左上控點呈 ↖ 狀，拖曳縮放至合適大小。

8-24

step 03　選取 Logo 圖片狀態下，工具列選按 ▨，設定 **透明度**：**40**。

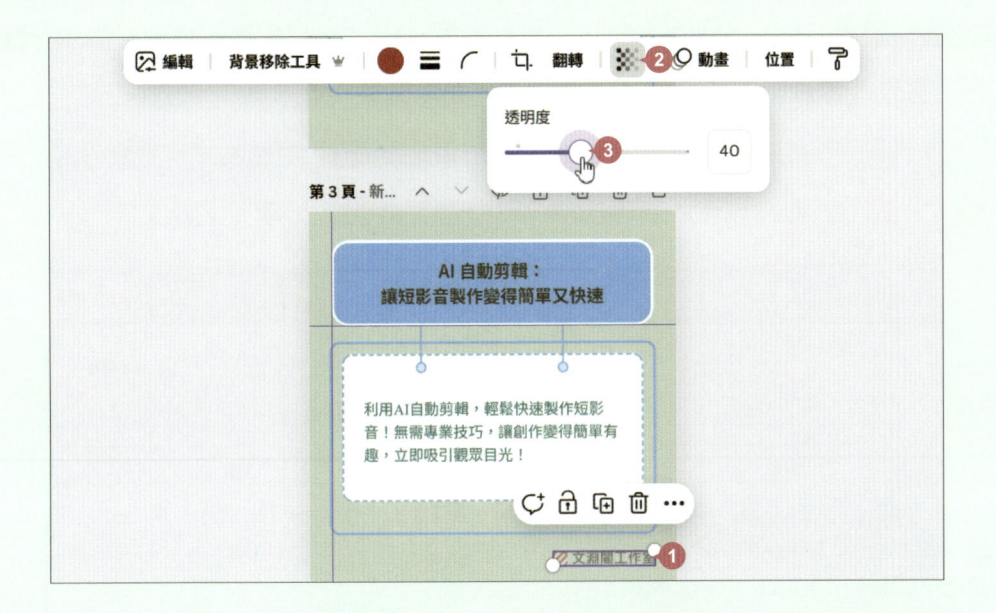

step 04　選取 Logo 圖片狀態下按 Ctrl + C 鍵複製，選取第 2 頁頁面，按 Ctrl + V 鍵於第 2 頁的相同位置貼上 Logo 圖片，並依照相同方法完成第 1 頁的 Logo 圖片放置。

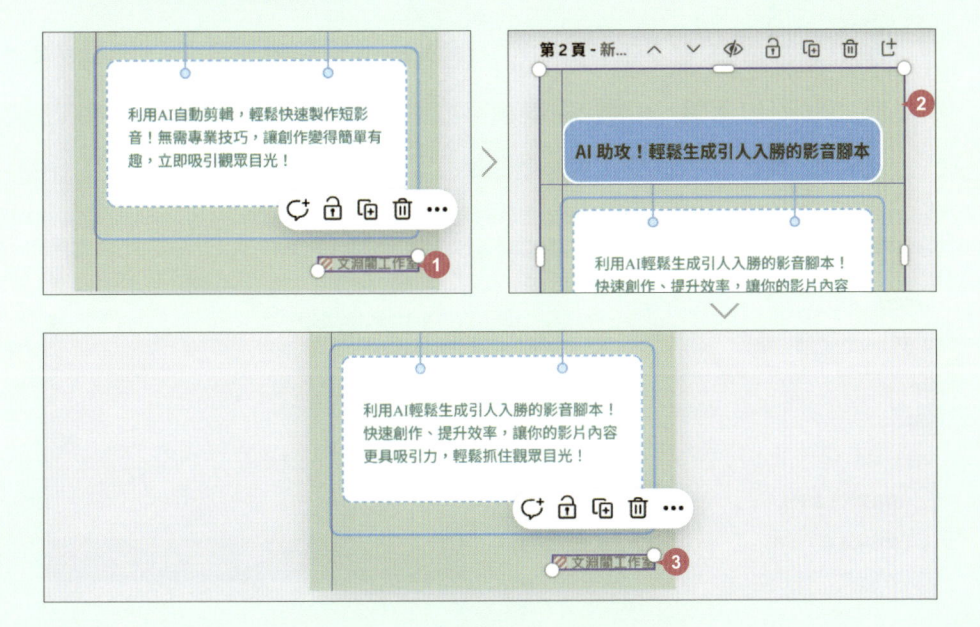

## ✦ 下載圖片

Canva 提供 JPG、PNG、PDF、SVG、MP4、GIF...等檔案類型，無論是圖片、文件或影片，都能依需求輕鬆選擇下載。

**step 01** 設計完成即可下載為社群貼文可使用的影像檔，建議可以下載 .png 格式，以獲得較佳的影像品質，畫面右上角選按 **分享 \ 下載**。

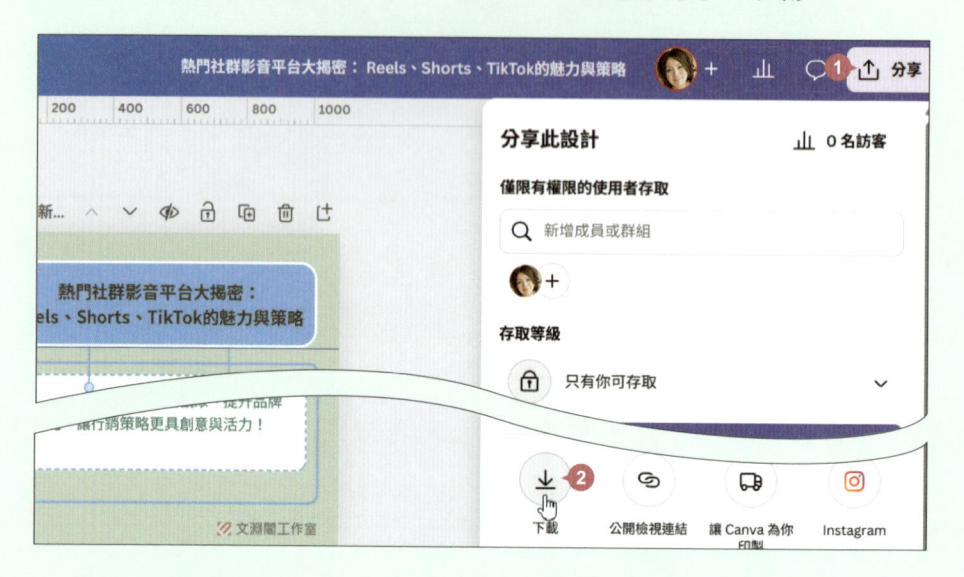

**step 02** 設定 **檔案類型** 為 PNG 影像檔，選按 **請選擇頁面** 清單鈕，下載所有頁面，再選按 **下載** 鈕開始轉換檔案並儲存到電腦；若為多頁專案，完成後即會下載一個壓縮檔，解壓縮後即可取得所有頁面檔案。

8-26

PART

# 09

# Felo Agent 搜尋代理
## 自動化搜尋與報告產出

# 單元重點

從編輯到自訂 Felo 搜尋代理，逐步建立屬於自己的自動化搜尋助手，生成脈絡清晰的報告。

- ☑ 認識 Felo Agent 並執行精選代理
- ☑ 自訂 AI 搜尋代理
- ☑ 從提問到生成高效報告
- ☑ 輸出報告
- ☑ 打造專屬 AI 搜尋代理
- ☑ 分享與保存 AI 搜尋代理

---

**精選推薦**　**我的代理**

**產業趨勢與 AI 影音整合行銷洞察**
透過系統化搜尋，分析指定產業近三月新聞與市場動態，並探索AI影音工具應用，支援前瞻整合行銷方案...
由 李昕儒 建立

**社群平台行銷研究分析報告**
為品牌與企業提供社群平台的行銷洞察，協助掌握多元平台與用戶行為趨勢，釐清內容策略與競爭定位,...
由 李昕儒 建立

---

**產業趨勢與 AI 影音整合行銷洞察**
由 李昕儒 建立

代理名稱*　　　　　　　　　　　　　　　18/70

產業趨勢與 AI 影音整合行銷洞察

代理描述　　　　　　　　　　　　　　　50/200

透過系統化搜尋，分析指定產業近三月新聞與市場動態，並探索AI影音工具應用，支援前瞻整合行銷方案擬定。

輸入框佔位符　　　　　　　　　　　　　7/100

請輸入產業名稱

代理步驟*　　　　　　　　　　　　　　　+ 新

1. 產業近三月焦點新聞搜尋
2. 市場動態與報告搜尋
3. 核心趨勢關鍵詞搜尋
4. AI自動影片生成工具搜尋
5. 產業社群行銷成功案例與策略
6. 未來AI影音技術發展搜尋

取消

# Tip 1 認識 Felo Agent 並執行精選代理　　Do it !

透過 Felo Agent 中的多種精選代理 (模板) 以及自訂搜索步驟,可自動化執行逐步資料搜尋與分析,有效簡化流程並提升搜尋體驗。

## ✦ Felo Agent 是什麼?

Felo Agent,又稱為 Felo 搜尋代理,可以將 AI 模型、工具、回答方式與提問步驟整合設計為專屬搜尋流程。使用者輸入關鍵字或上傳檔案後會自動執行代理步驟、分析與回答,完成多階段的資料解析與內容產出。

- **提升工作效率**:協助使用者更高效的完成日常工作,大幅減少重複性工作所需的時間與精力,提升工作品質與創造力。
- **多樣性搜尋代理**:Felo 提供多種實用的搜尋代理,包含學習研究、投資理財與商業行銷...等,使用者可以透過分類快速尋找合適的搜尋代理。
- **免費使用**:免費及訂閱用戶皆可使用 Felo 中的所有搜尋代理。
- **自訂 Felo 搜尋代理**:可自行編輯 Felo 中的搜尋代理步驟,讓搜尋代理更符合使用需求。
- **建立專屬搜尋代理**:可根據個人需求,打造專屬搜尋代理。建立專屬代理的方式分為 **智慧搜尋代理** (結合自訂指令與指定知識源來搜尋結果) 與 **多步驟搜尋代理** (以問題規劃多個搜尋步驟獲得結果)。

### ✦ Felo Agent 適用場景

Felo 搜尋代理可以根據所提供的資料或需求，逐步搜尋並分析相關資訊，進行脈絡理解與多面向深入分析，以下是不同場景的應用方式：

- **學習教育**：分析學習紀錄與成果，制定個人化的學習計畫及建議。
- **市場研究與商業決策**：多面向分析消費行為、競品與潛在客群，掌握市場趨勢並提出具體策略建議。
- **專案研究與資料彙整**：針對指定主題自動搜尋與分析多筆資料，彙整為結構化報告或研究摘要，提升研究效率與品質。
- **行政與工作流程優化**：針對複雜的工作排程與任務分配，提供優化建議與流程安排。
- **創意靈感發想**：透過廣泛資料搜尋與深入分析，釐清創作脈絡，激發靈感與表現方向，讓內容更有深度與層次。

### ✦ 超實用的 Felo Agent 精選推薦：YouTube 摘要

Felo Agent 提供多種搜尋代理，於 Felo 首頁即可快速套用，在此示範 **YouTube 摘要**。

**step 01** 畫面左上角選按 ⓺Felo 回到首頁。

**step 02** 於首頁對話框下方選按 **YouTube 摘要**，套用該搜尋代理，會自動開啟 **Pro Search** 模式 (此搜尋代理必須開啟 **Pro Search** 模式才能執行搜尋)

### YouTube影片摘要小幫手

由 Felo.ai 建立

輸入YouTube URL

搜尋源 YouTube影片摘要小... | American English (American English) | 4o

(若首頁沒有顯示 **YouTube 摘要** 選項，請於側邊欄選按 **Felo Agent**，**精選推薦** 標籤 \ **精選**，選按 **YouTube 摘要小幫手**。)

**step 03** 複製此章 **資料來源 1** (BBC News / How AI video generation impacts Hollywood) 的網址，於對話框貼上，設定欲生成的語言，選按 → 鈕送出生成影片摘要、重點與關鍵詞。(使用有字幕的 YouTube 影片，才能辨識內容。)

1 https://www.youtube.com/watch?v=NrRIcjcgzNk

搜尋源 YouTube影片摘要小... | Traditional Chinese (繁體中文) 2 | 4o 3

**重點**

- 🎬 **AI革新電影製作**
  AI技術正在改變電影製作方式，尤其是文字生成影片技術，能以極低成本製作高質量影片，為新一代電影製作人提供突破機會。

- 🏢 **企業合作與倫理挑戰**

*以下省略*

**step 04** 可進一步提問，針對影片內容給予其他分析與應用。於對話框輸入提問，選按 → 鈕送出。

提問 💬
AI 技術如何影響電影製作的成本與流程，以及是否可能取代人類創意？ →

## ✦ 超實用的 Felo Agent 精選推薦：PDF 速讀

Felo Agent 提供多種搜尋代理，於首頁即可快速套用，在此示範 **PDF 速讀**。

**step 01** 畫面左上角選按 **◉Felo** 回到首頁。

**step 02** 於 Felo 首頁對話框下方選按 **PDF 速讀**，開啟該搜尋代理。

(若首頁沒有顯示 **PDF 論文快讀** 選項，請於側邊欄選按 **Felo Agent**，**精選推薦** 標籤 \ **學習與研究**，選按 **PDF 論文快讀**。)

**step 03** 於對話框選按 🖉 鈕，指定存放路徑並選按欲添加的 PDF 檔案，此章 **資料來源 2** <數位時代媒體素養教育白皮書> 選按 **開啟** 鈕，跳出的檔案保留通知選按 **我知道了**，再於對話框選按 ➔ 鈕送出。

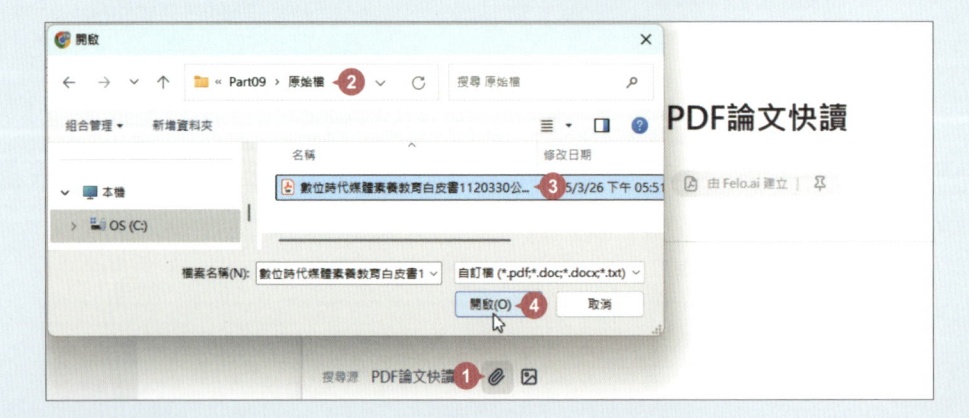

**step 04** 會列項已擬定的步驟，若不合適的可刪除或編修。於欲刪除的步驟右側選按 − 刪除；在步驟文字上按一下滑鼠右鍵，顯示輸入線後可編輯該步驟，確認後選按 **執行** 鈕送出，Felo 開始理解問題並完成回答。

**step 05** 待完成所有步驟的回答後，即可於對話框選按 **取得報告** 鈕，再指定內容是否改寫為其他風格，在此選按 **原文儲存 \ 下一步** 鈕，將報告儲存於 **Felo 文件庫**；儲存好的文件會以新的頁面開啟。

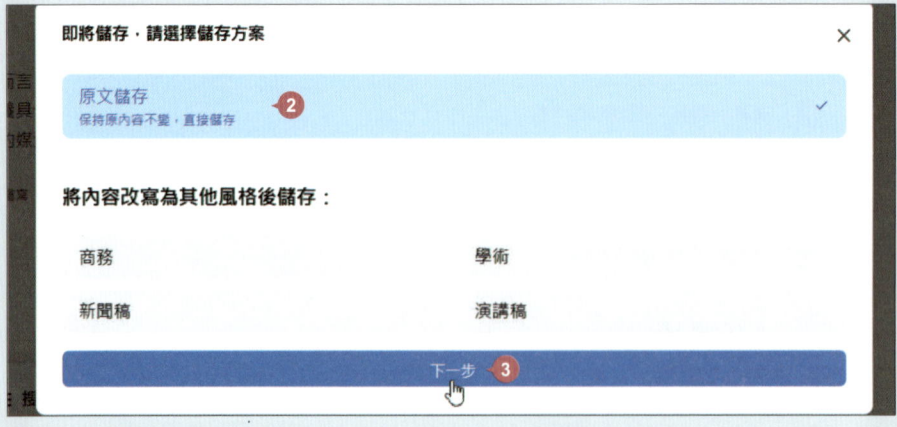

### 結論

總體而言，本文對未來的展望強調了媒體素養教育在數位時代的重要性，並提出了具體的行動方案和策略，旨在培養具備批判性思維和社會責任感的數位公民，促進社會的整體進步和發展。這些措施的實施將有助於提升國民的媒體素養，讓每個人都能在數位環境中安全、有效地使用媒體，並積極參與社會生活。

C 重寫　　心智圖　　儲存至 Notion

搜索步驟 **6/6**　本文對未來的展望　　×

已研究了 **1** 個檔案。在為您創建 **5107** 字的研究報告。

取得報告 **1**

即將儲存，請選擇儲存方案　　×

**原文儲存** **2**
保持原內容不變，直接儲存

將內容改寫為其他風格後儲存：

商務　　　　　　　　　學術

新聞稿　　　　　　　　演講稿

下一步 **3**

**step 06** 儲存於 **Felo 文件庫** 的報告與文件皆可編輯並下載，詳細操作步驟說明請參考 P9-22。

---

**小提示**

**哪些 "代理" 完成回答後會出現 "取得報告"？**

有搜尋步驟的 "代理" 才會於完成回答後，出現 **取得報告** 鈕，讓你一鍵儲存為 Felo 文件，或可改寫成其他風格後儲存。

## Tip 2 自訂 AI 搜尋代理　　Do it！

用戶可檢視並自訂 **Felo Agent** 中的搜尋代理，包括重新命名、調整描述與代理步驟...等，設計為更符合個人需求的搜尋代理。

### ✦ 查看代理描述與步驟

於 **Felo Agent** 中可依分類查看所有搜尋代理，並檢視代理的詳細資訊，如：名稱、描述與搜尋步驟。

**step 01** 於側邊欄選按 **Felo Agent**，**精選推薦** 標籤選按 **行銷與品牌類**，**市場研究分析報告** 搜尋代理右下角選按 **⋯** \ **查看詳情**。

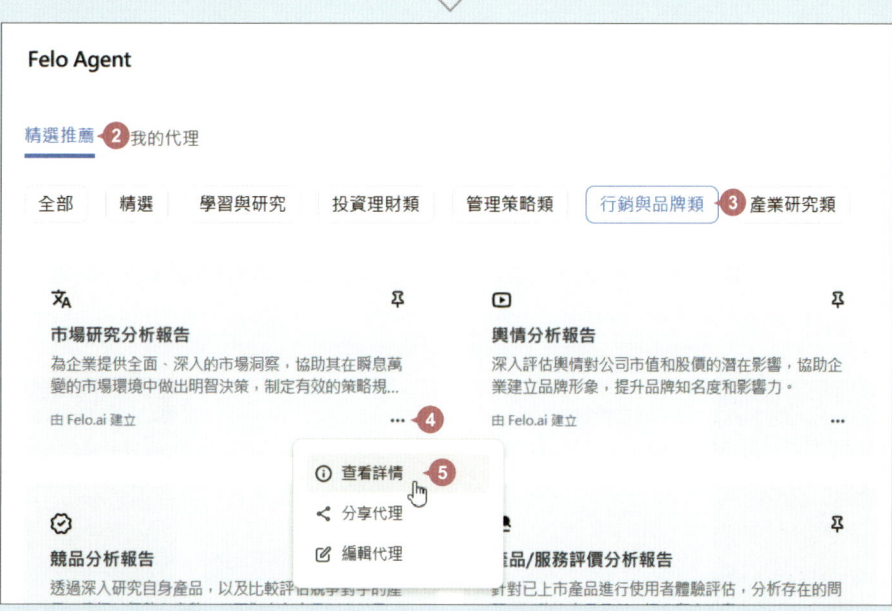

**step 02** 對話方塊中，可檢視該搜尋代理的描述內容與搜尋步驟。

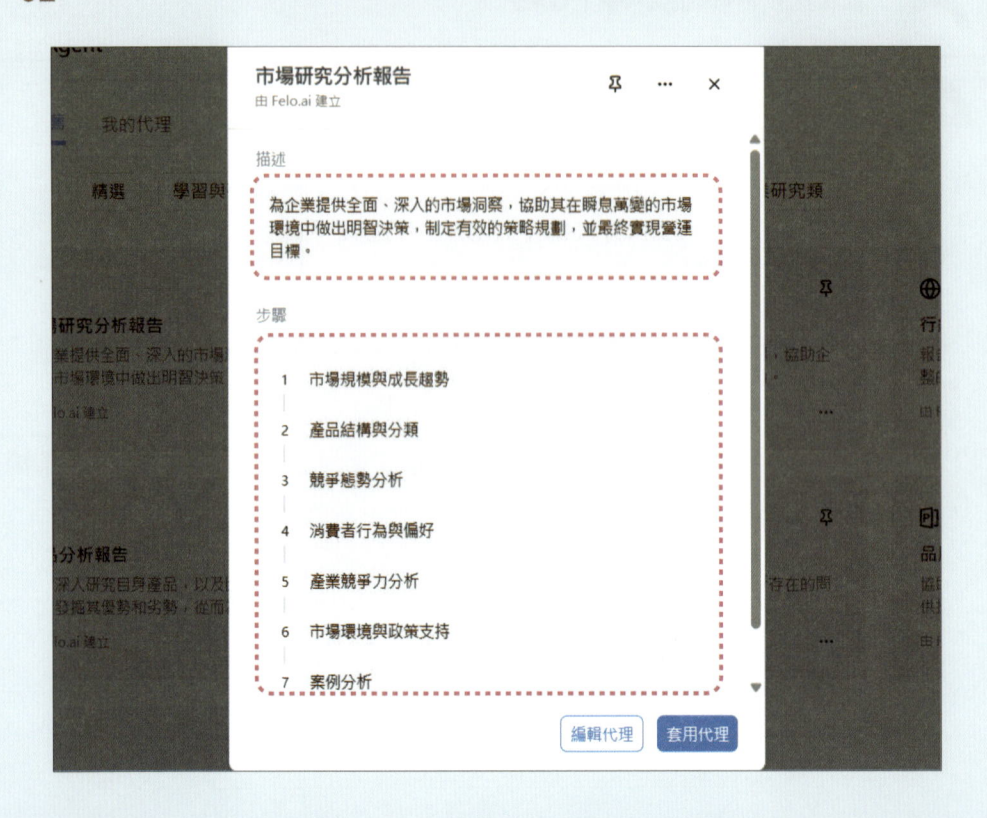

### ✦ 編輯代理

將原搜尋代理的分析方向調整為：聚焦於 "社群平台" 與 "數位行銷規劃"，同時變更搜尋步驟，使分析結果更貼近目標。

**step 01** 於 **市場研究分析報告** 對話方塊右下角選按 **編輯代理** 鈕，進入代理編輯畫面。

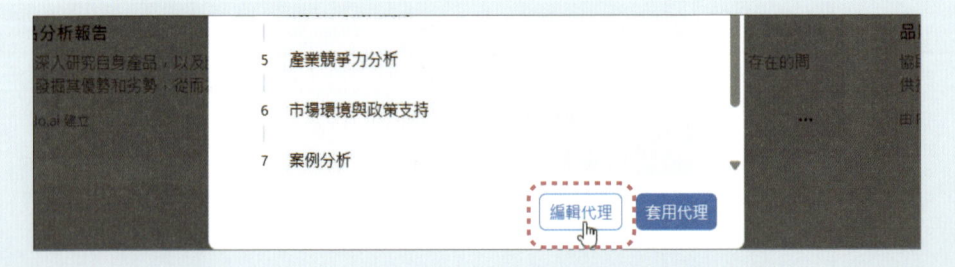

**step 02** 編輯名稱、描述與佔位符：於 **代理名稱** 輸入欄上按一下滑鼠左鍵顯示輸入線後，輸入欲更改的內容，依相同步驟完成 **代理描述** 與 **輸入框佔位符** 內容變更。

**step 03** 刪除步驟：於 **代理步驟** 中不需要的步驟右側選按 ⊖，刪除該步驟。

---

**小提示**

關於 "代理描述" 與 "輸入框佔位符"

- **代理描述**：會於執行該代理時，出現在對話框下方，簡要說明代理的功能與應用場景，幫助使用者快速了解其用途。
- **輸入框佔位符**：會於執行該代理時，出現在對話框中，提供輸入提示，指引使用者輸入正確的內容與格式。

**step 04** 編輯步驟：於 **代理步驟** 中，選取欲調整的步驟文字，直接修改內容；在此輸入：「社群行銷活動策略與資源配置」。

**step 05** 對話方塊右下角選按 **確認** 鈕完成自訂搜尋代理，可再次檢視自訂的搜尋代理詳情，右上角選按 ⊠ 關閉對話方塊。

9-12

## ✦ 管理 "我的代理"

修改預設搜尋代理時，Felo 會將其另存為新代理並儲存至 **我的代理** 標籤中，而原本預設搜尋代理則不會受到影響。

**step 01** 於 **Felo Agent** 選按 **我的代理** 標籤，所有已編輯及建立的搜尋代理皆會列項於此處，選按任一代理即可啟動執行。

**step 02** 搜尋代理右下角選按 ⋯，可依需求選按 **查看詳情**、**分享代理**、**編輯代理** 與 **刪除代理** 來管理搜尋代理的內容。

✦ 將搜尋代理釘選到首頁

將搜尋代理釘選到首頁，日後可直接於首頁選按執行。

**step 01** 於 **Felo Agent** 選按 **我的代理** 標籤。於欲釘選於首頁的搜尋代理右上角選按 📌 呈 📌 狀，完成釘選。(若要取消釘選，選按 📌 呈 📌 狀，取消釘選。)

**step 02** 畫面左上角選按 ◎Felo 回到首頁，已釘選的搜尋代理會顯示於對話框下方，選按即執行。

9-14

## Tip 3 從提問到生成專業報告　　Do it !

執行搜尋代理後,即會自動啟動搜尋步驟、撰寫報告,並可改寫報告風格,儲存於 **Felo 文件庫**。

### ✦ 套用代理

只需輸入關鍵字,搜尋代理會自動將關鍵字填入搜尋步驟,進行逐步自動化搜尋與分析,並回答內容。

**step 01** 於首頁選按已釘選的搜尋代理,或於 **Felo Agent \ 我的代理** 中選按要執行的代理。此範例選按 **社群平台行銷研究分析報告** 搜尋代理。

**step 02** 分析並掌握旅遊觀光業的社群平台行銷趨勢,與青少年消費者行為;於對話框輸入關鍵字,關閉 **Pro Search** 模式,選按 → 鈕送出。

提問:旅遊觀光業 / 青少年

**step 03** **步驟** 對話方塊會自動將關鍵字填入步驟，選按 **執行** 鈕送出提問，Felo 會開始理解問題並完成回答。(選取欲調整的步驟文字，可直接修改內容。)

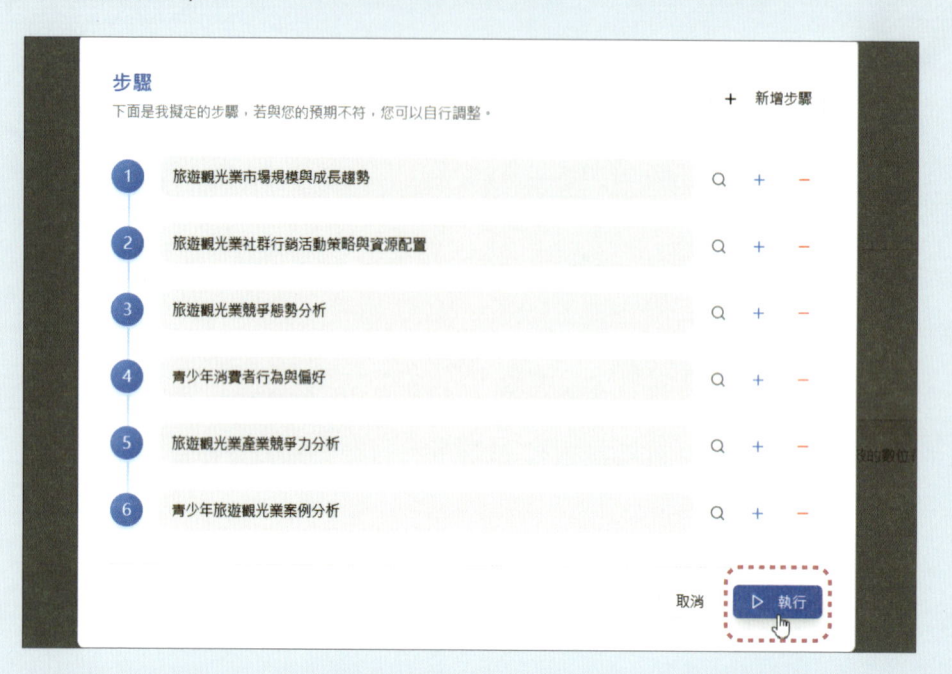

```
步驟
下面是我擬定的步驟，若與您的預期不符，您可以自行調整。                    + 新增步驟

1  旅遊觀光業市場規模與成長趨勢                                    Q  +  −
2  旅遊觀光業社群行銷活動策略與資源配置                              Q  +  −
3  旅遊觀光業競爭態勢分析                                        Q  +  −
4  青少年消費者行為與偏好                                        Q  +  −
5  旅遊觀光業產業競爭力分析                                      Q  +  −
6  青少年旅遊觀光業案例分析                                      Q  +  −

                                                    取消   ▷ 執行
```

---

**─ 小提示 ─**

**以 Pro Search 模式執行搜尋代理**

執行代理時，若開啟 **Pro Search** 模式進行逐步搜尋，每個搜尋步驟皆會消耗 Pro Search 次數。若可用的 Pro Search 次數少於搜尋步驟數量，在執行搜尋代理途中消耗完次數，會於該步驟的回答內容下方提醒，並關閉 Pro Search 模式，再繼續執行後續搜尋步驟。

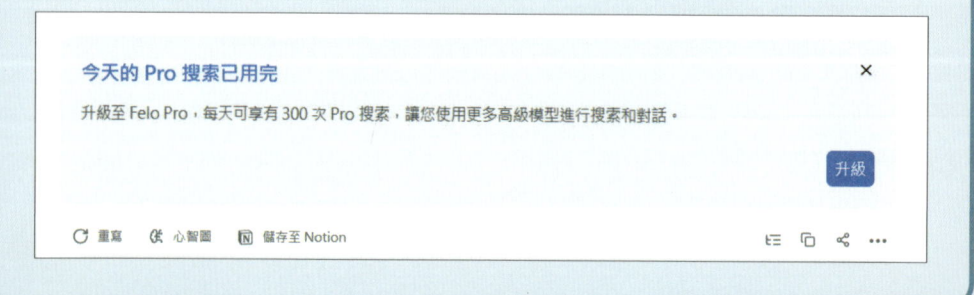

```
今天的 Pro 搜索已用完                                            ×
升級至 Felo Pro，每天可享有 300 次 Pro 搜索，讓您使用更多高級模型進行搜索和對話。

                                                            升級

⟲ 重寫   ⊙ 心智圖   [N] 儲存至 Notion              ⋮≡  ⧉  ⋖  ⋯
```

## ✦ 取得報告並改寫風格

Felo 完成搜尋步驟後,可將回答內容一鍵儲存至 Felo 文件庫。儲存時可選擇 **原文儲存** 或改寫為特定風格,依照不同需求進行後續編輯與應用。

**step 01** 逐步搜尋並分析完成後,選按 **取得報告** 鈕,此處選按 **商務 \ 下一步** 鈕。(改寫風格會消耗一次 Pro Search 次數)

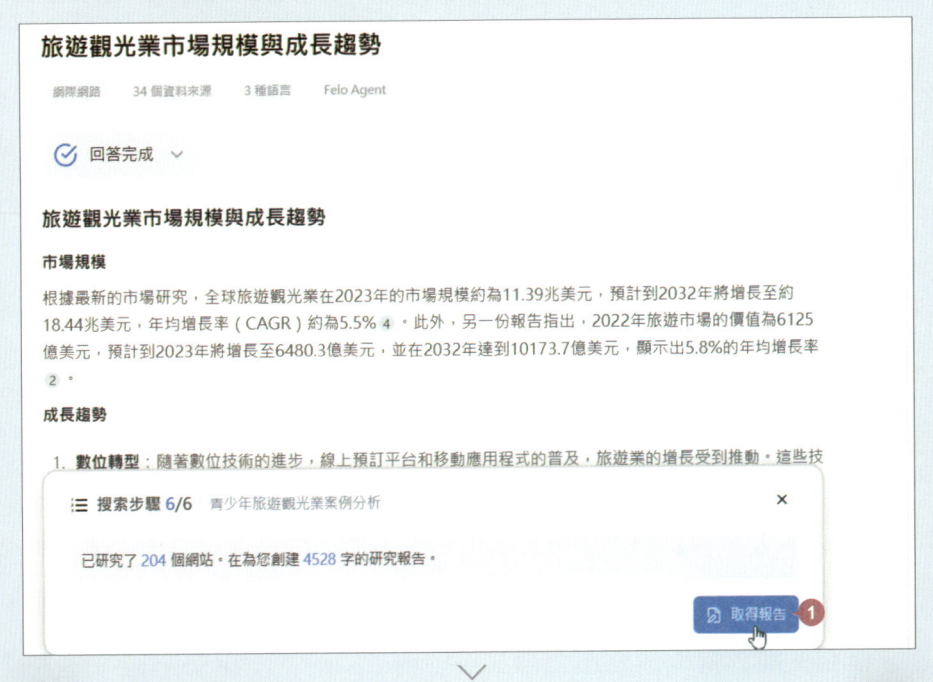

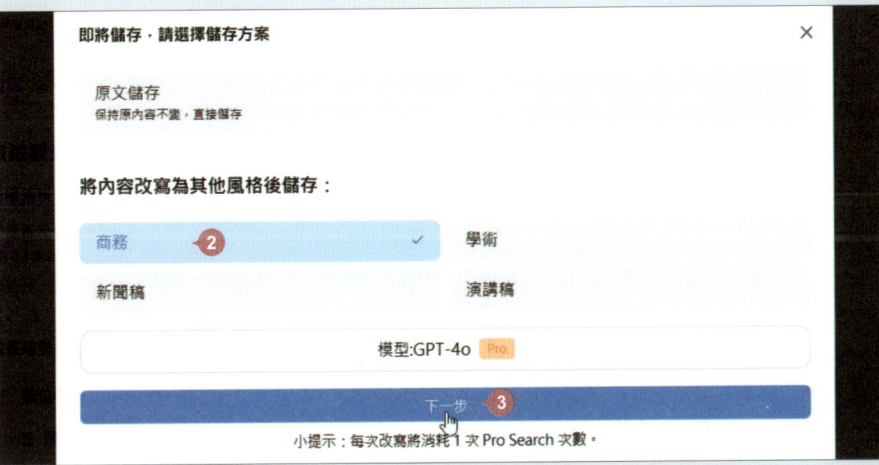

### 旅遊觀光業市場規模與成長趨勢

網際網路　34 個資料來源　3 種語言　Felo Agent

✓ 回答完成

**旅遊觀光業市場規模與成長趨勢**

**市場規模**

根據最新的市場研究,全球旅遊觀光業在2023年的市場規模約為11.39兆美元,預計到2032年將增長至約18.44兆美元,年均增長率(CAGR)約為5.5%㊃。此外,另一份報告指出,2022年旅遊市場的價值為6125億美元,預計到2023年將增長至6480.3億美元,並在2032年達到10173.7億美元,顯示出5.8%的年均增長率㊁。

**成長趨勢**

1. **數位轉型**:隨著數位技術的進步,線上預訂平台和移動應用程式的普及,旅遊業的增長受到推動。這些技

搜索步驟 6/6　青少年旅遊觀光業案例分析　✕

已研究了 204 個網站。在為您創建 4528 字的研究報告。

[取得報告] ①

---

即將儲存,請選擇儲存方案　✕

**原文儲存**
保持原內容不變,直接儲存

將內容改寫為其他風格後儲存:

| 商務 ② ✓ | 學術 |
| --- | --- |
| 新聞稿 | 演講稿 |

模型:GPT-4o [Pro]

[下一步] ③

小提示:每次改寫將消耗 1 次 Pro Search 次數。

提升篇 09 Felo Agent 搜尋代理 / 自動化搜尋與報告產出

9-17

**step 02** 報告生成後，畫面會顯示 "匯入成功" 訊息。接著可於側邊欄選按 **Felo 文件庫**，會看到報告自動儲存於其中。選按剛才生成的報告，即可進入文件編輯畫面進行後續操作。

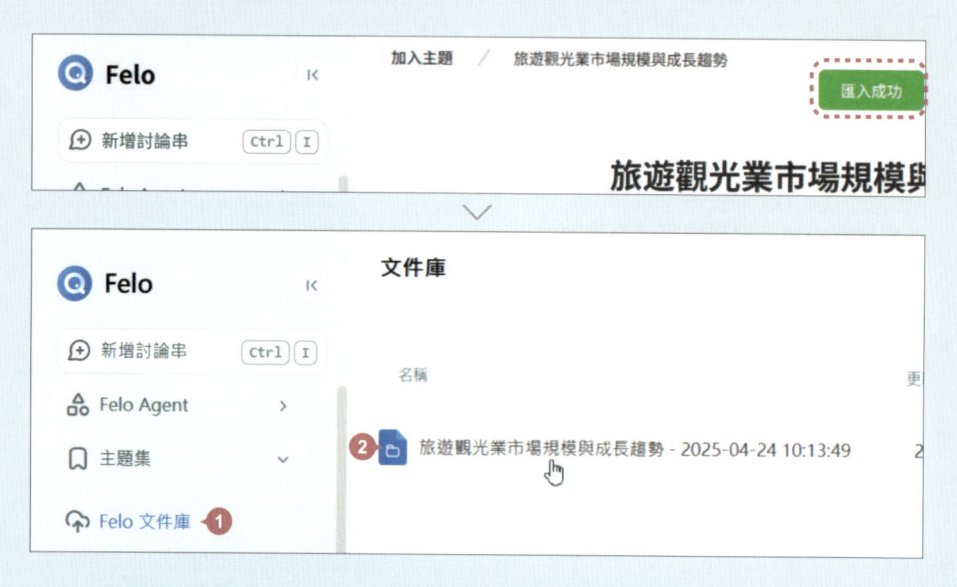

### ✦ 優化內容結構與呈現方式

Felo 文件支援多項編輯與結構優化功能，從名稱修改、大綱調整到 AI 協助內容縮寫與擴展，讓報告呈現更清晰、條理更分明。

**step 01** 調整文件名稱：畫面左上角文件名稱上按一下滑鼠左鍵顯示輸入線，調整為合適的文件名稱，在此命名為：「旅遊觀光業市場規模與成長趨勢」。

**step 02** 編修文件內容：滑鼠指標移至內容上按一下滑鼠左鍵，顯示輸入線後即可編輯文件內容。

9-18

**step 03** 展開大綱瀏覽整體結構：選按 🗐 可於右側展開文件大綱，選按大綱中的標一、標二、標三項目，可快速跳至該內容，方便查看文件架構，掌握各段內容層級與邏輯順序。

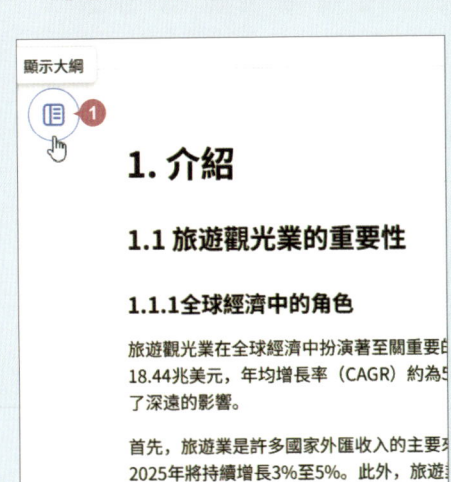

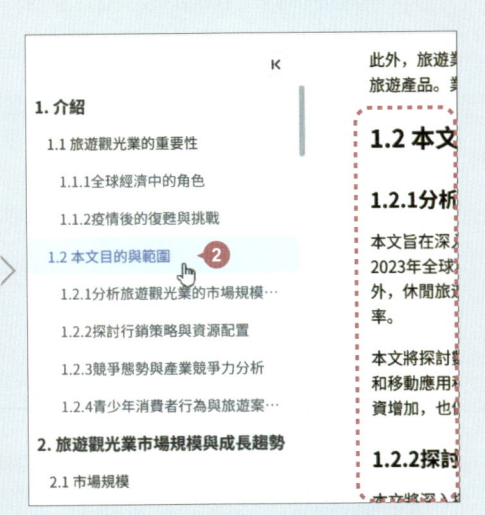

**step 04** 套用項目符號或編號：選取欲套用項目符號或編號的文字段落，於工具列選按 ☰ 即可套用項目符號；選按 ☰ 即可套用編號。

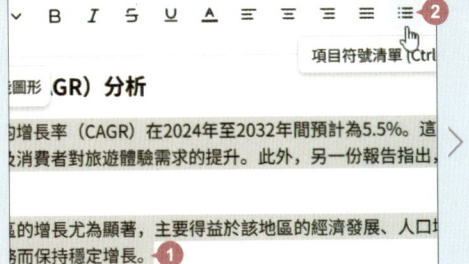

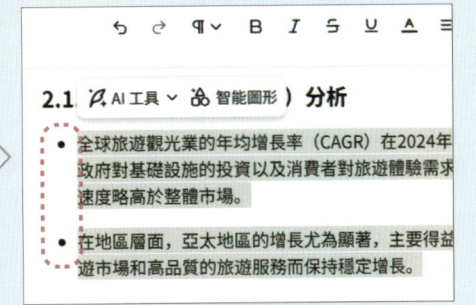

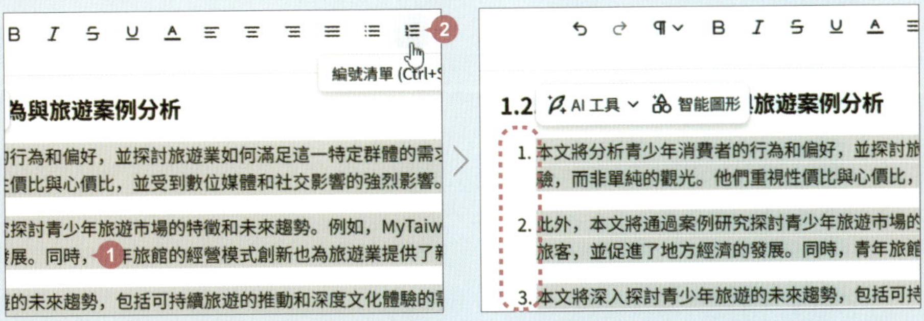

**step 05** 增加、減少縮排：選取欲調整縮排的文字段落，於工具列選按 ▸≡ 多次，可增加縮排；選按 ◂≡ 可減少縮排。

**step 06** AI 縮短與擴展內容：選取欲縮減或擴展的文字段落，於快速工具列選按 **AI 工具 \ 縮短內容**，即可依原文生成較簡潔的內容；選按 **擴展內容** 即可依原文生成較詳盡的內容。

## Tip 4 輸出報告　Do it！

Felo 文件不僅能儲存至 Notion 與 Google 雲端硬碟，還能下載為 Word、PDF 與 Markdown 文件，方便後續編輯與多元應用。

### ✦ 生成心智圖、簡報並儲存至 Notion

文件編輯畫面右上角選按 **⋮**，清單中分別有 **生成簡報**、**心智圖**，以及 **儲存至 Notion** ...等功能。生成簡報操作可參考 Part06 說明；生成心智圖操作可參考 Part04 說明；將文件儲存至 Notion 操作可參考 Part05 說明。

### ✦ 儲存至 Google 雲端硬碟

文件編輯畫面右上角選按 **⋮** \ **儲存至 Google 雲端硬碟**，於 Google 登入視窗選按欲登入的帳號 (若尚未登入帳號則依步驟完成登入)，再選按 **繼續** 鈕，即可將文件儲存至 Google 文件並自動套用標題樣式。

9-21

✦ **下載為 Word、PDF、Markdown 文件**

文件編輯畫面右上角選按 **⋮** \ **下載**，可將文件下載為 Word 文件、PDF 文件、Markdown 文件；在此選按 **Microsoft Word 文件 (.docx)**，會以 .docx 檔案格式下載至本機儲存。(下載的 Word 文件會自動套用標題樣式。)

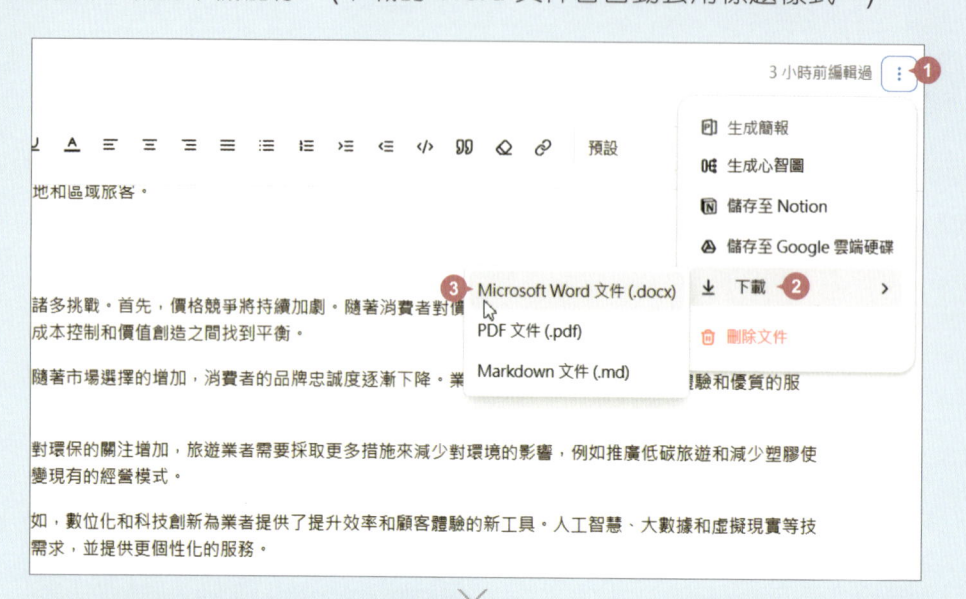

9-22

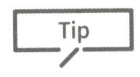

# Tip 5 打造專屬 AI 搜尋代理

Do it!

Felo 可建立個人專屬的搜尋代理，只需輸入希望代理解決的問題，即可自動生成代理名稱、描述以及搜尋步驟...等內容。

## ✦ 建立多步驟代理

**step 01** 側邊欄選按 **Felo Agent**，畫面右上角選按 **+ 建立** 鈕，打造個人專屬搜尋代理 對話方塊選按 **多步驟搜尋代理**。

9-23

**step 02** 於 **建立資訊** 對話方塊，**建立 AI 搜尋代理** 欄位輸入希望搜尋代理解決的問題：「分析指定產業近三個月內的焦點新聞與市場動態，統整核心趨勢，結合 AI 影音工具的應用（如：自動影片生成、短影音腳本設計），提出具前瞻性的整合行銷方案。」，選按 **提交任務** 鈕送出生成搜尋步驟。(生成的搜尋步驟為隨機內容。)

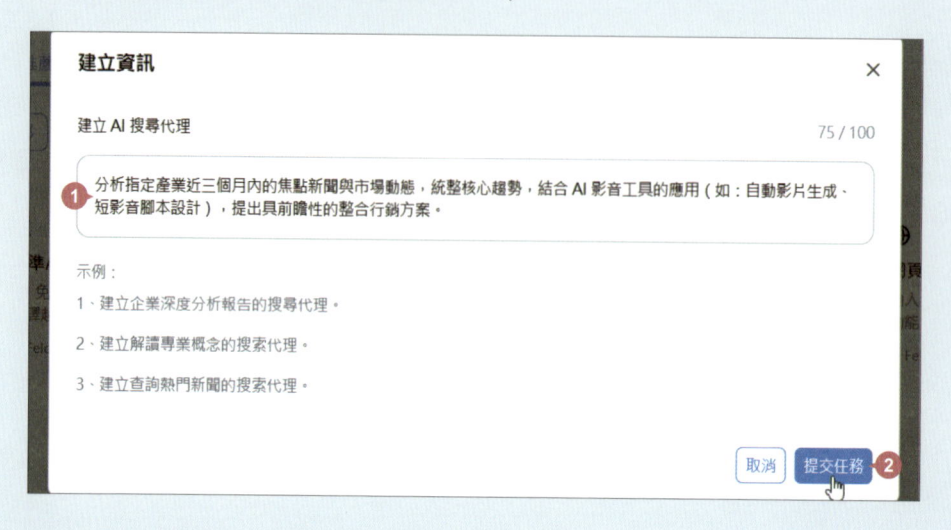

### ✦ 編輯代理步驟

將搜尋代理的分析方向聚焦於產業與短影音的結合應用上，同時調整搜尋步驟，使分析結果更貼近目標。

**step 01** 刪除步驟：於 **建立資訊** 對話方塊，**代理步驟** 中不需要的步驟右側選按 ⊖，刪除該步驟。

9-24

**step 02** 編輯步驟：於 **代理步驟** 中，選取欲調整的步驟文字，直接修改內容；在此輸入：「產業社群行銷成功案例與策略」。

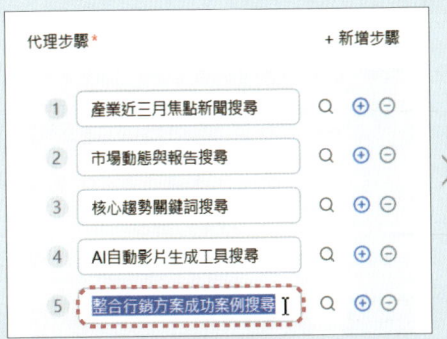

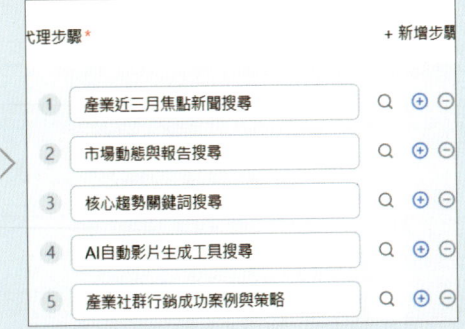

**step 03** 編輯代理名稱：於 **代理名稱** 選取輸入欄中的文字，變更名稱；在此輸入：「產業趨勢與 AI 影音整合行銷洞察」。

**step 04** 調整完成後，於 **建立資訊** 對話方塊右下角選按 **確認** 鈕，即可儲存至 **我的代理** 標籤中，接著再選按 **套用代理** 鈕，開啟該搜尋代理的對話框。

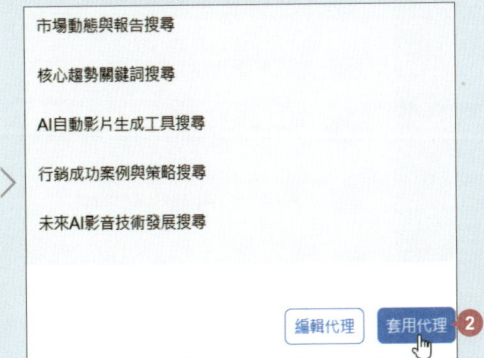

9-25

## ✦ 套用代理

套用搜尋代理指定產業近三個月的焦點新聞,分析市場趨勢並快速擬定後續行銷規劃的方向。

**step 01** 希望 Felo 搜尋並分析食品加工業近三個月的焦點新聞,掌握產業趨勢,並擬定後續行銷規劃,於對話框輸入關鍵字,關閉 **Pro Search** 模式,選按 → 鈕送出。

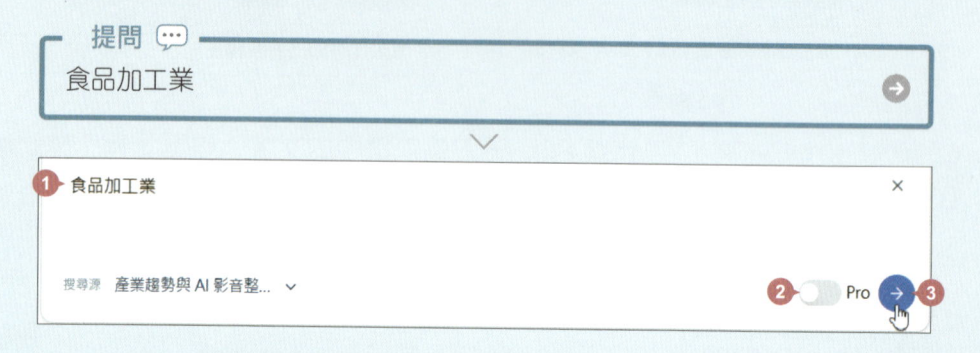

提問 💬
食品加工業

1 食品加工業  ×

搜尋源 產業趨勢與 AI 影音整... ∨     2 ⚪ Pro  → 3

**step 02** **步驟** 對話方塊會自動將關鍵字填入步驟,選按 **執行** 鈕送出提問,Felo 會開始理解問題並完成回答。(選取欲調整的步驟文字,可直接修改內容。)

**步驟**
下面是我擬定的步驟,若與您的預期不符,您可以自行調整。  ＋ 新增步驟

1. 食品加工業近三月焦點新聞搜尋
2. 食品加工業市場動態與報告搜尋
3. 食品加工業核心趨勢關鍵詞搜尋
4. AI自動影片生成工具在食品加工業的應用搜尋
5. 食品加工社群行銷成功案例與策略
6. 未來AI影音技術在食品加工業的發展搜尋

取消  ▷ 執行

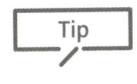

## Tip 6 分享與保存 AI 搜尋代理　　Do it!

與同事或合作夥伴分享親自打造的專屬搜尋代理，共同優化搜尋流程並提高工作效率。

### ✦ 分享你的搜尋代理

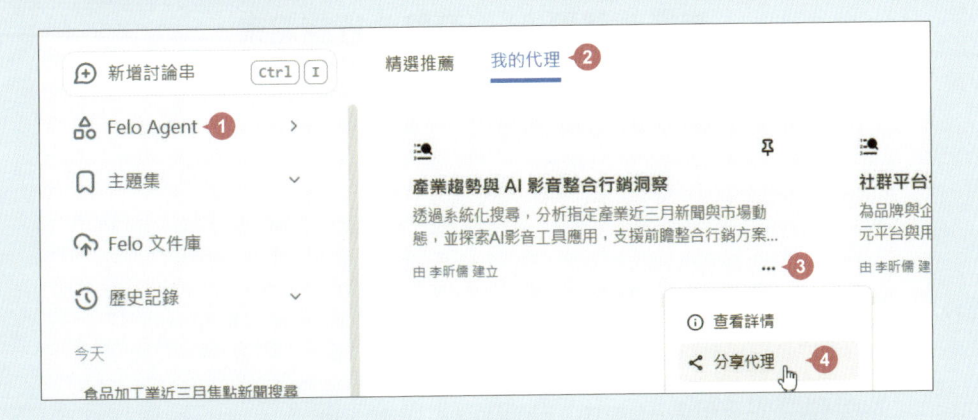

**step 01** 側邊欄選按 **Felo Agent \ 我的代理** 標籤，於欲分享的搜尋代理右下角選按 **⋯ \ 分享代理**。

**step 02** 選按 **可分享 \ 複製連結** 鈕，再將複製的連結貼至分享對象的訊息欄或指定平台。(若想指定分享對象，詳細操作步驟說明參考 P3-22。)

9-27

## ✦ 使用與保存朋友分享的搜尋代理

在使用他人分享的搜尋代理前，需先登入 Felo 帳號。若想將該代理保存至 **我的代理** 中，可依照以下方式操作。

**step 01** 於瀏覽器網址列貼上朋友分享的搜尋代理連結，進入 Felo 確認已登入帳號即可使用該搜尋代理。

**step 02** 若想保存朋友分享的搜尋代理，於該搜尋代理的畫面中，選按 ➕，可將朋友分享的搜尋代理新增至 **我的代理**。

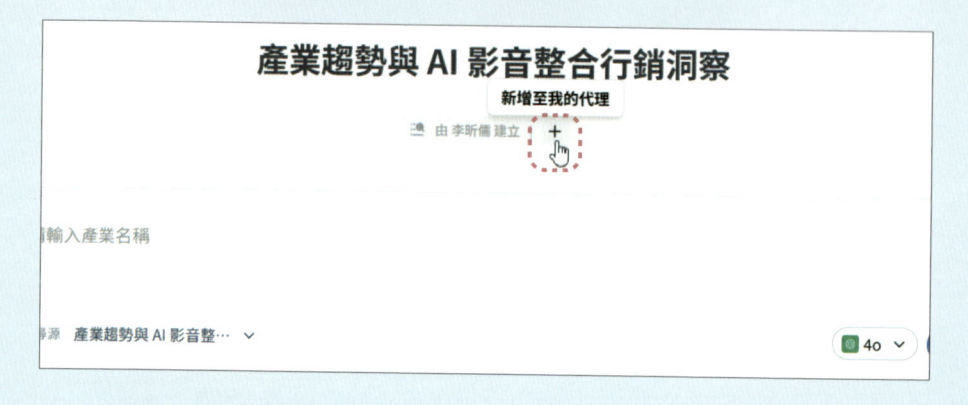

**step 03** 側邊欄選按 **Felo Agent \ 我的代理** 標籤，剛剛保存的搜尋代理會顯示於此處，選按即可開始提問。(原代理建立者若將該代理的分享權限設定為 **秘密**，已保存的代理仍可繼續使用。)

PART

# 10

# 行動化與語音會議記錄
## AI 語音助理新體驗

## 單元重點

善用行動裝置上的 Felo App，讓學習與工作更有效率！本章將帶你掌握實用技巧，打造職場智慧行動新體驗，輕鬆提升日常應用能力。

- ☑ 行動裝置 Felo App 應用技巧
- ☑ Felo App 語音 AI 語音助理
- ☑ 利用語音筆記記錄會議
- ☑ 語音會議記錄生成逐字稿並翻譯
- ☑ 會議記錄分析及改進

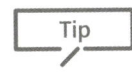

# Tip 1 行動裝置 Felo App 應用技巧　　Do it !

開始在行動裝置上使用 Felo App 前,先了解基本操作與介面功能,能幫助你更快上手並順利展開應用。

## ✦ 安裝手機應用程式

若你的設備為 iPhone,可掃描右側左圖 QR Code 安裝 Felo App;若是你的設備為 Android 手機,可掃描右側右圖 QR Code 安裝。

iOS　　Android

## ✦ 註冊與登入帳號

於手機開啟應用程式首先要註冊或登入帳號,在此以 iPhone 示範操作:

**step 01** 初次開啟應用程式會顯示操作提示,先於畫面任一處點一下即可關閉,接著於畫面左上角點選 ☰,再點選欲使用的登入方法,在此點選 **使用 Google 繼續**。

> **step 02** 點選欲註冊或登入的帳號 (或是點選 **使用其他帳戶**，再依步驟完成登入動作。)，再點選 **繼續**，即可以登入 Felo 帳號。

### 選擇帳戶
以繼續使用「FeloAI」

- 🔘 ▇▇▇
- 🔘 ▇▇▇
- ⓔ 使用其他帳戶

### 您即將重新登入「FeloAI」

🔘 ▇▇▇▇▇@gmail.com

請詳閱「FeloAI」的《隱私權政策》和《服務條款》，瞭解「FeloAI」如何處理及保護您的資料。

您隨時可以前往 Google 帳戶變更相關設定。

進一步瞭解「使用 Google 帳戶登入」功能。

( 取消 )　( 繼續 ❷ )

## ✦ 認識 Felo App 畫面

開始操作前，先熟悉 Felo 首頁的各項功能；於對話框右側點選 ➕ (或是按住畫面任一處往上滑動)，可拍照、附加照片與語音筆記進行問答。

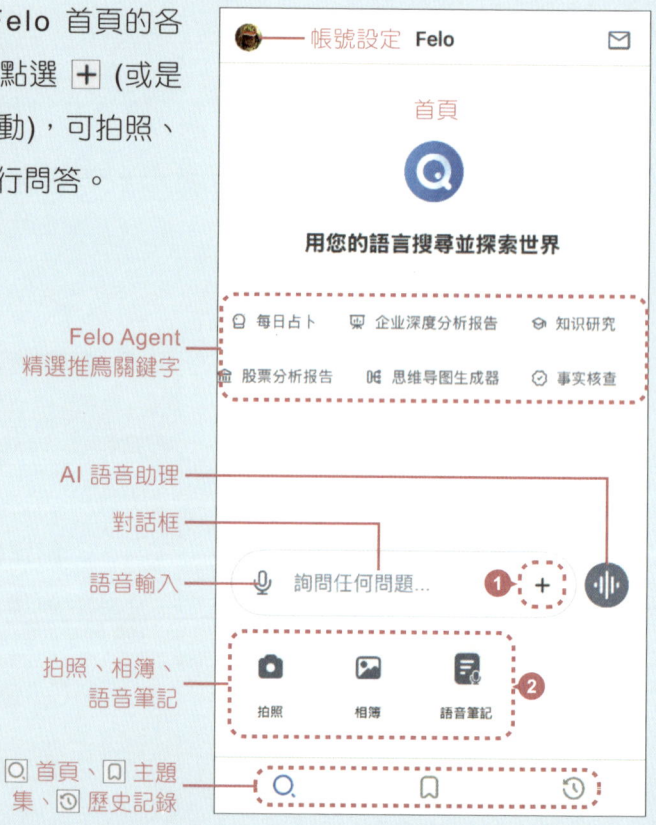

- 帳號設定 Felo
- 首頁
- 用您的語言搜尋並探索世界
- Felo Agent 精選推薦關鍵字：每日占卜、企業深度分析報告、知識研究、股票分析報告、思維導圖生成器、事實核查
- AI 語音助理
- 對話框
- 語音輸入：詢問任何問題...
- 拍照、相簿、語音筆記
- 首頁、主題集、歷史記錄

10-4

首頁左上角點選帳號頭像進入 **帳戶** 設定畫面，點選帳號，清單中可設定個人頭像或名稱、密碼安全、與登出 Felo...等功能；於 **訂閱** 顯示該帳號目前訂閱版本可以使用的各項功能與次數、時長...等限制，向下滑動還有更多進階的設定項目。畫面左上角點選 ⊠ 可返回首頁。

---

**小提示**

**無法使用企業用戶的設定功能？**

若為企業用戶，需於電腦中使用瀏覽器開啟 Felo AI，才能設定企業相關的功能，目前行動裝置上不支援此功能。

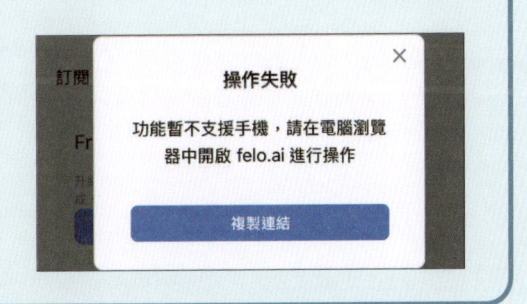

✦ 進入討論串畫面

若要開啟先前此帳號提問的討論串，可參考以下示範說明：

於下方點選 🕐 開啟 **歷史記錄** 畫面，再點選欲開啟的討論串。

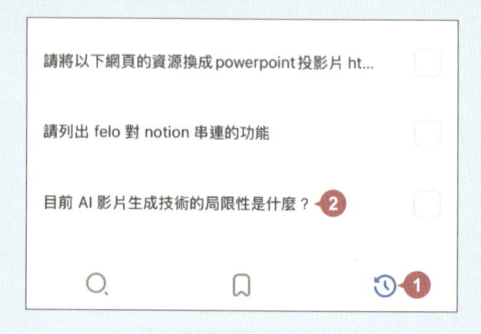

進入討論串畫面後，先熟悉各項功能：

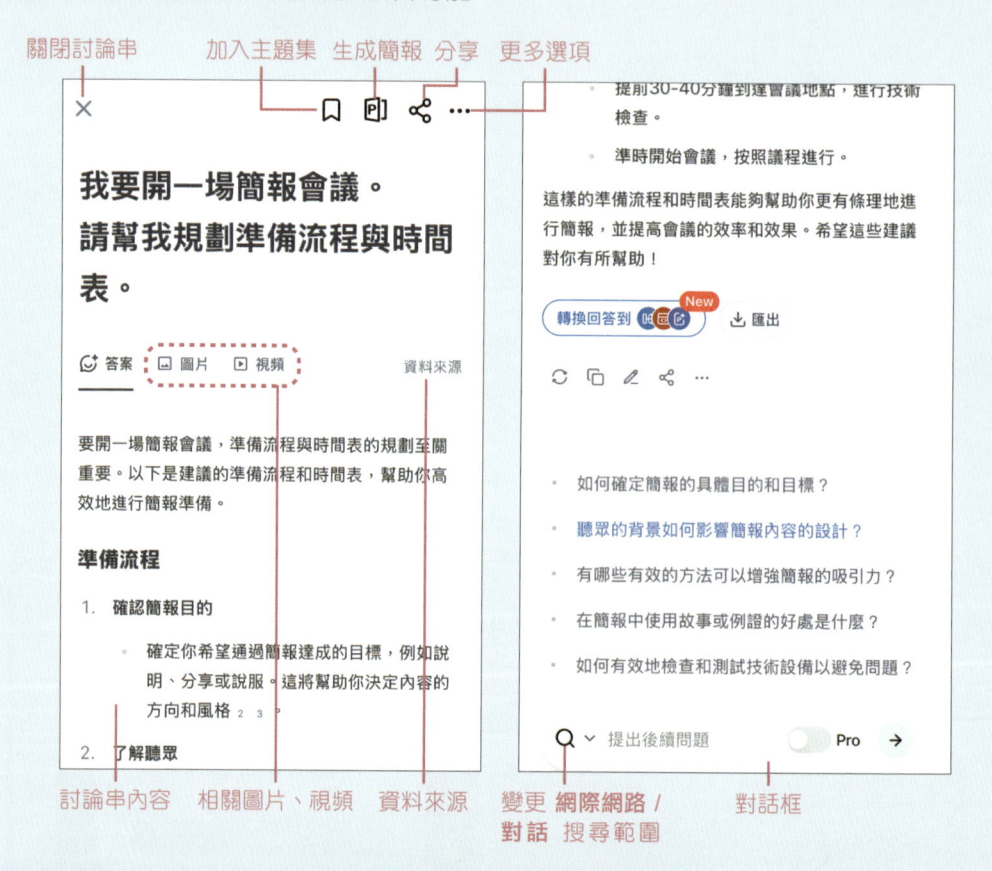

將畫面滑動至最下方，可看到該討論串相關的建議提問。

✦ 以輸入文字方式提問

關閉正在瀏覽的討論串後,點選 🔍 回到首頁。點選對話框開啟提問畫面,將 **搜尋範圍** 設定為 **全網搜索**,接著輸入提問點選 ➤ 送出。

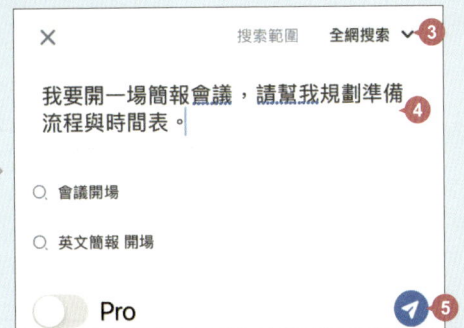

---

### 小提示

**開啟或關閉專業版搜尋功能**

免費帳號每天可以用 5 次專業版搜尋,於提問畫面左下角點選 ⬤ 開啟 **Pro 搜尋** 模式,若想使用一般搜尋模式,點選模型名稱,再於 **Pro 搜尋** 右側點選 ⬤ 呈 ⬤ 狀關閉 **Pro 搜尋** 模式。

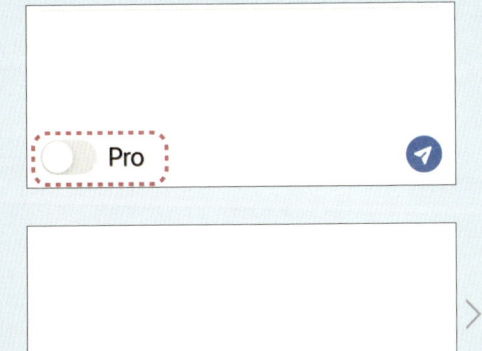

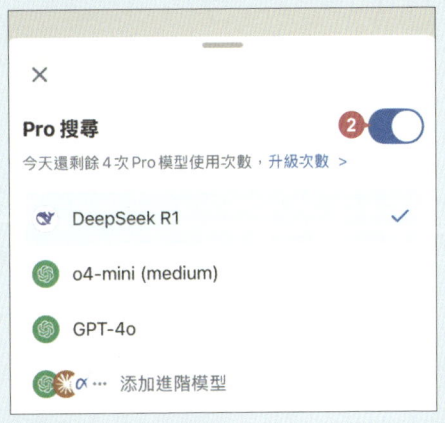

✦ **以語音的方式提問**

**step 01** 回到首頁，對話框左側點選 🎤，對著行動裝置說出提問，Felo 會逐字辨識並輸入，完成後點選 → 送出，Felo 會開始理解問題並完成回答。(提問中若說錯內容，可於左下角點選 🗑 刪除內容，再重新說出提問即可。)

**step 02** 若要繼續提問，於畫面下方對話框輸入提問送出。(Felo 語音提問只適用第一次提問，若後續要再以語音的方式提問，可以使用行動裝置的語音輸入法。)

10-8

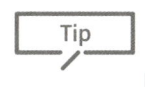

## Tip 2　Felo App 語音 AI 語音助理　（Do it！）

Felo AI 語音助理具備即時回應能力，結合智慧搜尋與語音輸入功能，大幅提升訊息獲取的效率與便利性。

Felo AI 語音助理的操作就跟通話一樣，一鍵撥打迅速接通，立即開始語音互動，快速取得所需資訊或完成指定任務。

**step 01** 點選 🔍 回到首頁，於對話框右側點選 📶 撥打給 Felo AI 語音助理。

**step 02** 撥通後，畫面上顯示 "正在聆聽" 即可對著行動裝置說出提問，待 AI 語音助理完成回答，再接續說出後續的提問即可，右下角點選 CC 可開啟字幕呈現對談內容。

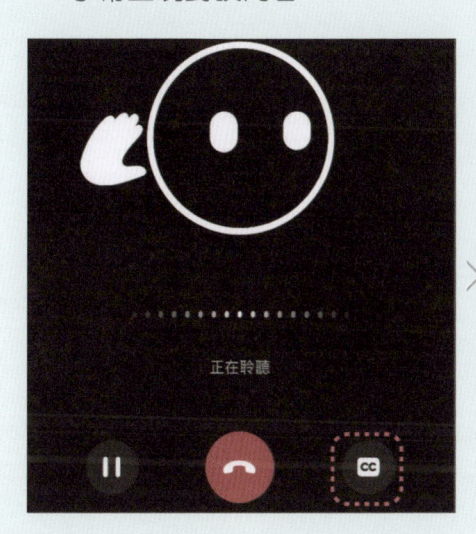

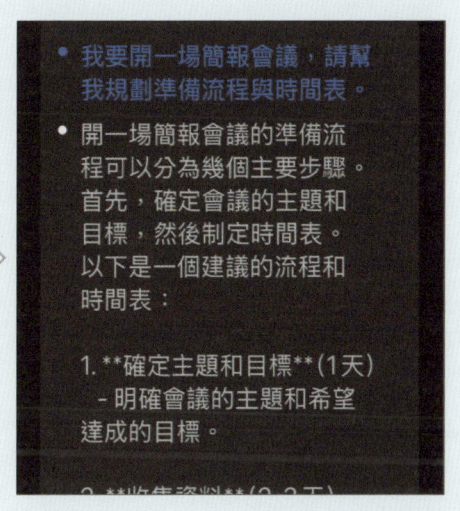

- 我要開一場簡報會議，請幫我規劃準備流程與時間表。
- 開一場簡報會議的準備流程可以分為幾個主要步驟。首先，確定會議的主題和目標，然後制定時間表。以下是一個建議的流程和時間表：

1. **確定主題和目標**(1天)
   - 明確會議的主題和希望達成的目標。

對話過程中可點選 ⏸ 暫停對談，若要結束對談，點選 📞 掛斷。目前此對談的文字內容無法保存，也無法複製，若要保存可以透過行動裝置內建的螢幕擷圖功能保存至相簿，方便日後查閱或備份。

## Tip 3 利用語音筆記記錄會議　　Do it !

Felo **語音筆記** 具有高準確率的文字識別功能，不但支援多語言辨識，還能生成逐字稿，高效記錄與管理會議內容。

### ✦ 開始錄製語音筆記

**step 01** 於首頁，對話框右側點選 ➕ 開啟更多附加檔案項目，再點選 **語音筆記**。

**step 02** 點選 🎤 即會創建一個語音筆記並開始錄製，過程中將辨識聲音內容同步生成逐字稿。(若錄製過程有其他環境音，或是多人同時發言，可能會導致內容辨識錯誤。)

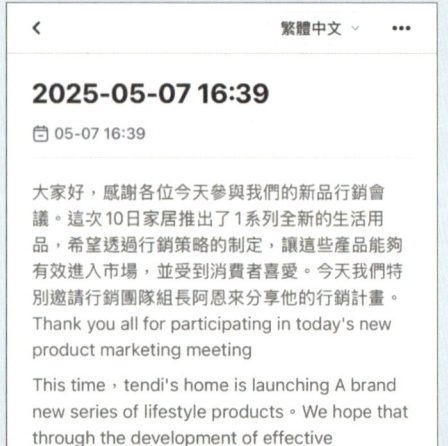

**step 03** 會議錄製過程若需要暫停，點選下方 ⏸ 暫停錄製。(再點選 🎤 即可繼續錄製)

---

**小提示**

**免費版語音筆記的限制**

免費版 Felo 使用者每天可以錄製 30 分鐘的語音筆記，但每則語音筆記僅能預覽前 3 分鐘的逐字稿。若後續需要追溯完整會議內容，可訂閱 Pro 版本以獲得完整的預覽權限。

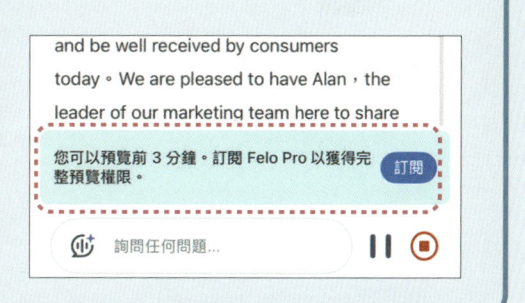

---

### ✦ 即時提問並取得回答

語音筆記錄製進行時，若有需要 AI 即時回應的問題，可以在不中斷錄製的情況下，透過對話框輸入問題取得回答。

**step 01** 語音筆記錄製進行時，於語音筆記畫面點選對話框，輸入提問的內容，再點選 ✈ 送出。

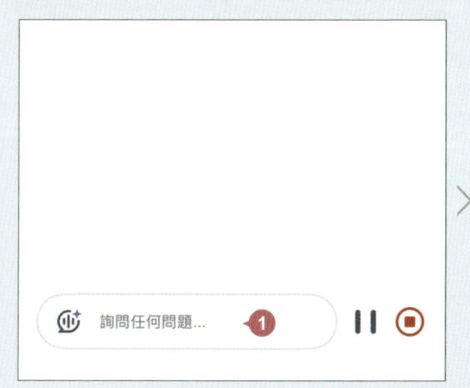

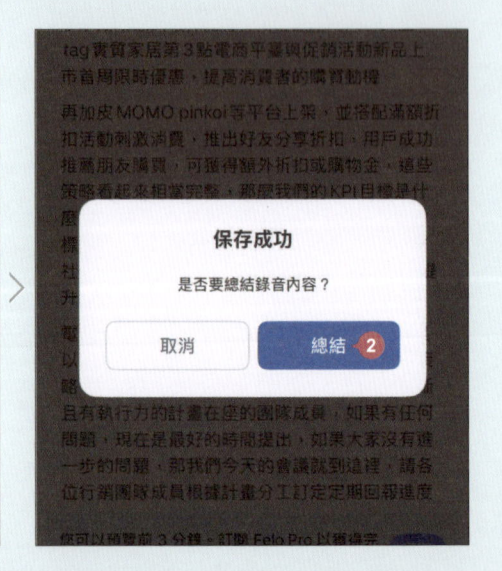

step 02　Felo 會開啟新討論串並開始理解問題、完成回答，討論串畫面左上角點選 ❌ 可返回語音筆記畫面。

✦ 結束錄製與會議內容總結

step 01　會議結束後，點選 ⏺ 完成錄製，接著於對話方塊點選 **總結**。

**step 02** Felo 會以該語音筆記做為資料來源，並自動送出提問：「請提供會議摘要」，Felo 會開啟新討論串並開始理解問題、完成回答。(若先前已有使用即時提問功能，則會於該討論串送出此提問。)

**請提供會議摘要**

語音　　1 個資料來源　　1 種語言

🎵 10日家居新品上市行銷會議 記錄
　　 ⏱ 03:00

✅ 回答完成 ⌄

會議摘要如下：

在10日家居的新品行銷會議中，團隊介紹了即將推出的一系列全新生活用品，這些產品主要圍繞簡約美學與實用設計兩大核心概念，包括多功能折疊置物欄、環保矽膠折疊杯以及日式極簡餐具組。目標客群為25到45歲關注生活品質的消費者，特別是都市年輕族群。

行銷策略：

1. **品牌故事與內容行銷：**
   - 在官方網站及社群平台上強調產品設計如何改善生活，並分享消費者的使用案例。

**step 03** 選左上角點選 ☒ 關閉討論串，再點選 ◁ 可回到語音筆記主畫面。

✕ ❶　　　　　 ▢ ⬚ ⤴ ⋯

**請提供會議摘要**

語音　　1 個資料來源　　1 種語言

🎵 10日家居新品上市行銷會議 記錄
　　 ⏱ 03:00

✅ 回答完成 ⌄

會議摘要如下：

在10日家居的新品行銷會議中，團隊介紹了即將推出的一系列全新生活用品，這些產品主要圍繞簡約美學與實用設計兩大核心概念，包括多功能折疊置物欄、環保矽膠折疊杯以及日式極簡餐具組。目標客群為25到45歲關注生活品質的消費者，特別是都市年輕族群。

行銷策略：

◁ ❷　　　　　　　　　　 ⋯

**10日家居新品上市行銷會議**

📅 05-07 16:39

大家好，感謝各位今天參與我們的新品行銷會議。這次 10日家居推出了 1 系列全新的生活用品，希望透過行銷策略的制定，讓這些產品能夠有效進入市場，並受到消費者喜愛。今天我們特別邀請行銷團隊組長阿恩來分享他的行銷計畫。Thank you all for participating in today's new product marketing meeting.
This time，tendi's home is launching A brand new series of lifestyle products。We hope that through the development of effective marketing strategies，these products can successfully enter the market

✦ 重新為語音筆記命名

錄製完成的語音筆記會依內容自動生成標題，若該標題不適合，於 **語音筆記** 主畫面，用手指於該筆記向左滑動，點選 ✏️，重新輸入名稱後，再點選 **保存** 即完成。

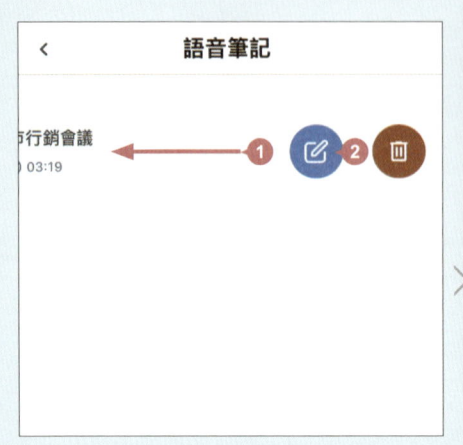

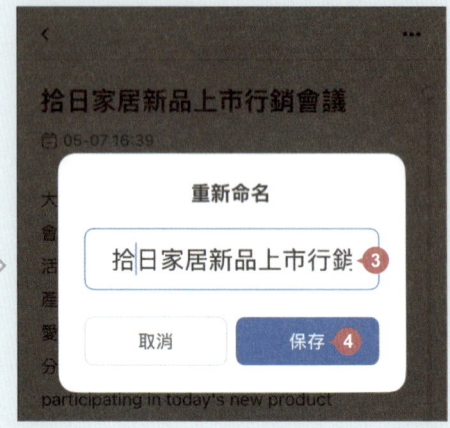

✦ 刪除語音筆記

若要刪除語音筆記，於 **語音筆記** 主畫面，用手指於該筆記向左滑動，點選 🗑️，再點選 **刪除** 即完成。

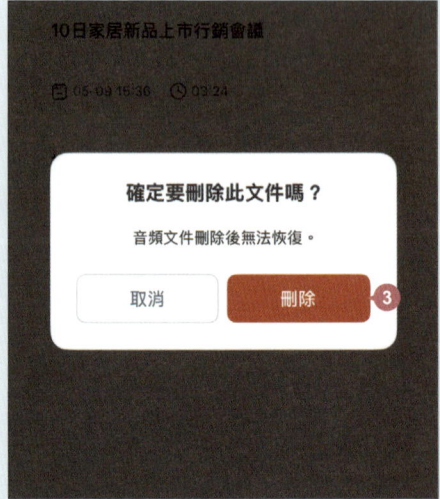

# Tip 4 語音會議記錄生成逐字稿並翻譯 (Do it!)

利用錄製的 **語音筆記** 音檔來生成逐字稿,若需要翻譯為其他語系也可透過 Felo 來完成這項工作。

## ✦ 生成會議逐字稿依講者分段整理

Felo **語音筆記** 雖然能自動生成逐字稿,但不會自動分段,為了方便閱讀以及後續運用,在討論串中請 Felo 依講者分段,生成逐字稿。

**step 01** 於首頁,對話框右側點選 ➕ \ **語音筆記**,再點選該筆記項目。

---

### 小提示

**無法在網頁版上看到語音筆記?**

在行動裝置上錄製的語音筆記僅限於行動裝置間使用,例如:在 iPhone 上錄製的內容可於 iPad 上查看,但無法同步至 Felo 網頁版中使用。

---

10-15

step 02　語音筆記畫面可看到目前逐字稿內容 (免費版帳號只能提供 3 分鐘的逐字稿)，針對講者分段整理，於對話框輸入提問，點選 ➔ 送出，Felo 會開始理解問題並完成回答。

提問 💬
請將錄音中的語音轉為逐字稿，並依講者分段整理。

---

❌　　　　　搜索範圍　　AI 回答 ˅

請將錄音中的語音轉為逐字稿，並依講者分段整理。 ①

🔍 請總結剛才會議討論的要點
🔍 請提供會議內容的全面總結
🔍 請幫我提取會議要點

⚪ Pro　　　　　　　② ➤

---

😊 答案　🖼 圖片　▶ 視頻　　資料來源

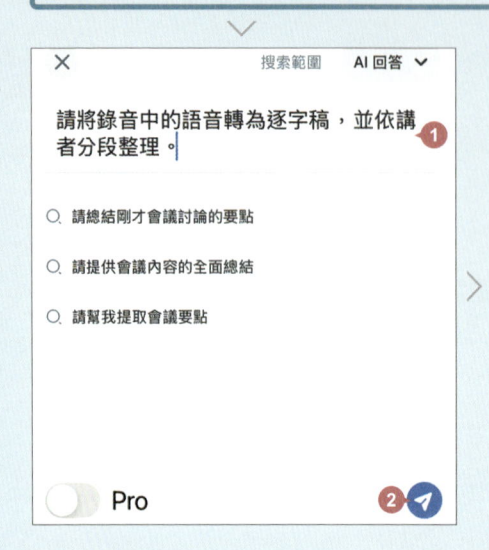

**Emily**: 大家好，感謝各位今天參與我們的新品行銷會議。這次10日家居推出了一系列全新的生活用品，希望透過行銷策略的制定，讓這些產品能夠有效進入市場，並受到消費者喜愛。今天我們特別邀請行銷團隊組長阿恩來分享他的行銷計畫。

**Alan**: Thank you all for participating in today's new product marketing meeting. This time, 10日家居 is launching a brand new series of lifestyle products. We hope that through the development of effective marketing strategies, these products can successfully enter the market and be well received by consumers today. We are pleased to have Alan, the leader

---

▎小提示

**生成逐字稿並沒有標註講者？**

若生成的結果沒有依講者分段或是自動標註講者名稱，可將提問修改為：「請將錄音中的語音轉為逐字稿，並為女音名稱設定為 "Emily"，男音名稱為 "Alan"。」，Felo 會開始理解問題並完成回答。

---

✦ **將逐字稿翻譯成指定語系**

透過 Felo 可輕鬆翻譯逐字稿，大幅提升工作效率。

step 01　將中英文混合的語音筆記逐字稿翻譯成繁體中文，接續於討論串對話框輸入提問，點選 ➔ 送出，Felo 會開始理解問題並完成回答。

**提問** 💬

請將錄音中的中英混合的逐字稿翻譯並整理成全繁體中文版本。

---

**行銷策略：**

1. **品牌故事與內容行銷：**
   - 在官方網站與社群平台上強調產品設計如何改善生活，並分享消費者的使用案例。
   - 透過短影音介紹新品的使用情境，例如快速摺疊收納和環保杯的使用。

2. **社群行銷與KOL合作：**
   - 透過Instagram和Facebook發布新品開…

請將錄音中的中英混合的逐字稿翻譯並整理成全繁體中文版本。

---

**答案** 　圖片　視頻　　　資料來源

大家好，感謝各位今天參與我們的新品行銷會議。這次10日家居推出了一系列全新的生活用品，希望透過行銷策略的制定，讓這些產品能夠有效進入市場，並受到消費者喜愛。今天我們特別邀請行銷團隊組長阿恩來分享他的行銷計畫。

> 這次，10日家居將推出一系列全新的生活產品。我們希望透過有效的行銷策略，這些產品能夠成功進入市場並受到消費者的喜愛。我們很高興邀請到行銷團隊的領導者阿恩來分享他的行銷計畫。那麼，讓我們開始吧。

謝謝Emily，也感謝大家今天的參與。這次我們推出的新品主要圍繞簡約美學與實用設計兩大核心概念，包括多功能折疊置物櫃、環保矽膠摺疊杯以及日式極簡餐具組。目標客群是25到45歲關注生活品質的消費者。市場調查顯示，這類商品的需求正在…

---

**提升篇**

**10 行動化與語音會議記錄 / AI 語音助理新體驗**

---

**step 02** 希望 Felo 將中英混合的語音筆記逐字稿翻譯成英文，接續於討論串對話框輸入提問，點選 ➡️ 送出，Felo 會開始理解問題並完成回答。

---

**提問** 💬

請將錄音中的中英混合的逐字稿翻譯並整理成全英文版本。

---

- 社群貼文與短影音互動率提升30%。
- 電商平台評價數達500則以上，並維持4.8顆星以上的評分。

會議最後，團隊成員被鼓勵提出問題，會議在無進一步問題的情況下結束。

轉換回答到 🎙️ 🎵  匯出

請將錄音中的中英混合的逐字稿翻譯並整理成全英文版本。

---

**答案** 　圖片　視頻　　　資料來源

Hello everyone, thank you for participating in our new product marketing meeting today. This time, 10日家居 is launching a brand new series of lifestyle products. We hope that through the development of effective marketing strategies, these products can successfully enter the market and be well received by consumers. Today, we are pleased to have Alan, the leader of our marketing team, here to share his marketing plan.

Thank you, Emily, and thank you all for being here today. The new products we are launching

---

10-17

# Tip 5　會議記錄分析及改進　　Do it！

會議結束後的檢討與分析交由 Felo 協助完成，讓團隊能更專注於決策與執行，提升整體效率與協作品質。

接續上個 Tip，於討論串中輸入提問，請 Felo 協助進一步分析會議記錄，最後再建立清晰的任務確認清單，讓後續執行更加有條不紊。

**step 01** 分析主講者在會議中的重點事項並整理摘要項目，接續於討論串對話框輸入提問，點選 ➡ 送出，Felo 會開始理解問題並完成回答。

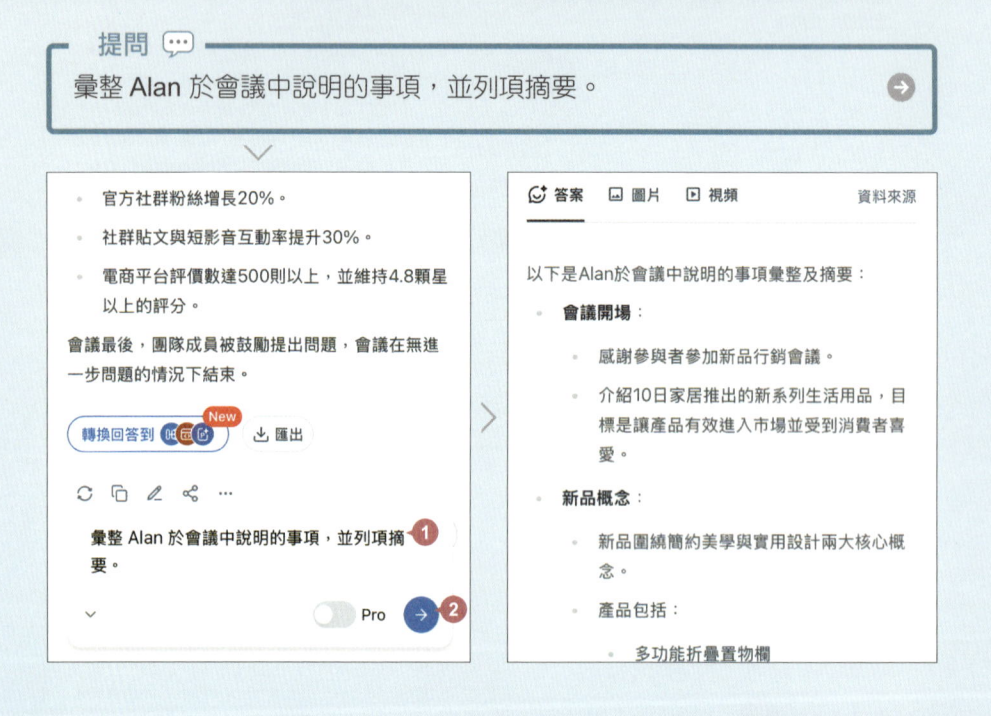

> **提問**
> 彙整 Alan 於會議中說明的事項，並列項摘要。

- 官方社群粉絲增長20%。
- 社群貼文與短影音互動率提升30%。
- 電商平台評價數達500則以上，並維持4.8顆星以上的評分。

會議最後，團隊成員被鼓勵提出問題，會議在無進一步問題的情況下結束。

轉換回答到　　　　匯出

彙整 Alan 於會議中說明的事項，並列項摘要。　❶

Pro　　➡　❷

答案　圖片　視頻　　　資料來源

以下是Alan於會議中說明的事項彙整及摘要：

- **會議開場**：
  - 感謝參與者參加新品行銷會議。
  - 介紹10日家居推出的新系列生活用品，目標是讓產品有效進入市場並受到消費者喜愛。
- **新品概念**：
  - 新品圍繞簡約美學與實用設計兩大核心概念。
  - 產品包括：
    - 多功能折疊置物櫃

**step 02** 分析會議中需要執行的工作內容與負責人建議，接續於討論串對話框輸入提問，點選 ➡ 送出，Felo 會開始理解問題並完成回答。

> **提問**
> 分析會議記錄，請列出需要執行的後續行動項目與負責人建議。

10-18

> - 電商平台評價數達500則以上，並維持4.8顆星以上的評分。
>
> 這些事項構成了Alan於會議中所說明的核心內容，為新品的行銷計畫奠定了基礎。
>
> [轉換回答到] [New] [匯出]
>
> 分析會議記錄，請列出需要執行的後續行動項目與負責人建議。 ❶
>
> Pro ➜ ❷

以下是根據會議紀錄分析後需要執行的後續行動項目及建議的負責人：

**後續行動項目**

1. 產品上市準備
   - **負責人**：產品經理
   - **行動**：確保所有新品（多功能折疊置物欄、環保矽膠折疊杯、日式極簡餐具組）在上市前的品質檢查和包裝準備完成。

**step 03** 依會議內容生成任務進度追蹤表，接續於討論串對話框輸入提問，點選 ➜ 送出，Felo 會開始理解問題並完成回答。

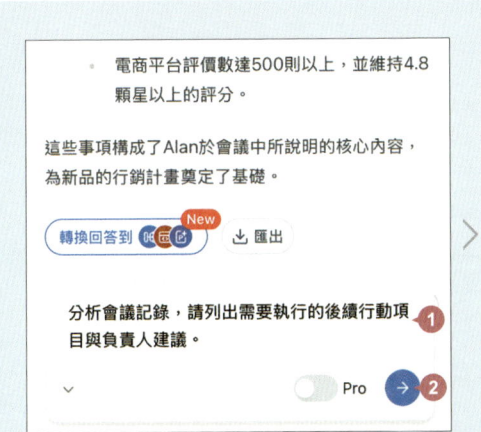

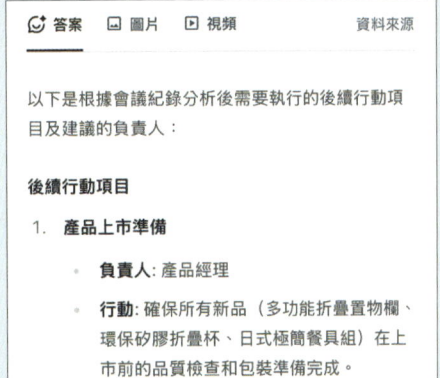

> **提問** 💬
>
> 請協助我生成一份行銷任務進度追蹤表，其中包含項目、負責人、截止日。 ➜

> - **行動項目**：安排每週進度會議，檢討行銷策略的執行狀況及調整計畫。
> - **負責人**：會議主持人Alan。
>
> 這些行動項目將有助於確保新品的成功上市及行銷策略的有效執行。
>
> [轉換回答到] [New] [匯出]
>
> 請協助我生成一份行銷任務進度追蹤表，其中包含項目、負責人、截止日。 ❶
>
> Pro ➜ ❷

以下是根據會議內容生成的行銷任務進度追蹤表，包含項目、負責人及截止日：

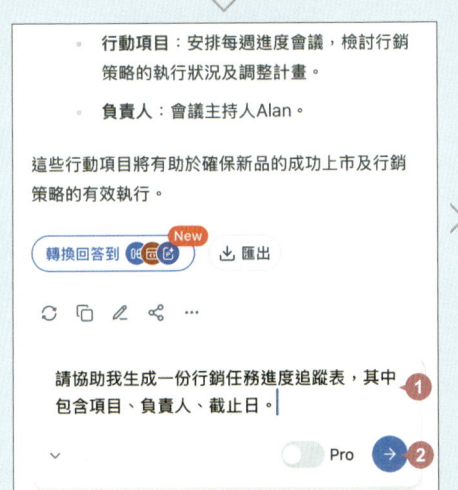

| 項目 | 負責人 | 截止日 |
| --- | --- | --- |
| 產品上市準備 | 產品經理 | 2025-05-20 |
| 確保新品品質檢查及包裝完成 | 產品經理 | 2025-05-20 |
| 品牌故事與內容行銷 | 行銷團隊組長阿恩 | 2025-05-25 |
| 制定品牌故事及內容行銷計 | 行銷團隊組長 | 2025-05- |

Felo 生成的行銷任務進度追蹤表，負責人職位與截止日期為預測值。若要實際使用，請務必確認並手動填寫正確的負責人與日期資訊。

**step 04** 為目標任務建立一份確認清單,於對話框輸入提問,點選 → 送出,Felo 會開始理解問題並完成回答。

---

**提問** 💬

請為各項任務建立確認清單。

---

| 定期檢視銷售數據及社群互動數據 | Tom | 每月底 |
| --- | --- | --- |
| 安排每週進度會議 | Alan | 每週一 |

這份追蹤表可以幫助團隊清晰地了解各項任務的進度及負責人,確保行銷計畫的順利執行。

請為各項任務建立確認清單。 ①

---

**答案** | 圖片 | 視頻 | 資料來源

**確認清單**

1. 發布新品介紹短影音
   - ☐ 確認影片內容已編輯完成
   - ☐ 確認品牌故事及產品特色已清楚表達
   - ☐ 確認影片格式及尺寸符合社群平台要求
   - ☐ 確認發布時間及平台設定
2. 聯繫KOL安排新品開箱及心得分享
   - ☐ 確認已選定合適的KOL名單
   - ☐ 確認聯繫方式及合作條件已溝通清楚
   - ☐ 確認KOL的發布時間及內容方向
   - ☐ 確認KOL的報告及反饋機制

---

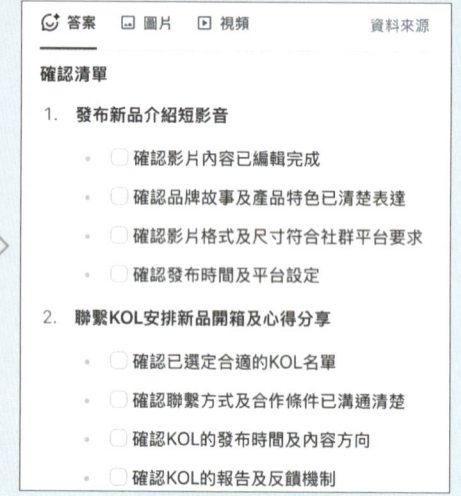

**小提示**

**將確認清單儲存至 Notion**

於討論串確認清單對話下方點選 **匯出 \ 儲存至 Notion**,依指示完成登入。若顯示 "存取權限遭封鎖",請參考 P5-5 的操作說明,先透過網頁版完成 Felo 與 Notion 的連接,再於行動裝置上繼續操作。

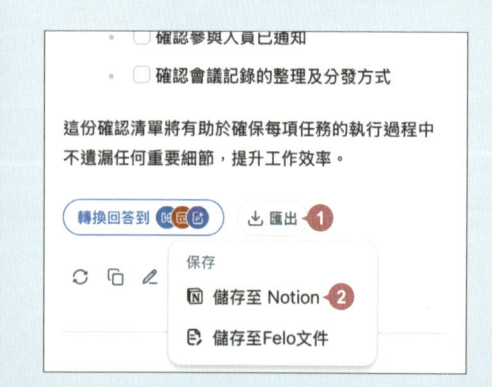

- ☐ 確認參與人員已通知
- ☐ 確認會議記錄的整理及分發方式

這份確認清單將有助於確保每項任務的執行過程中不遺漏任何重要細節,提升工作效率。

匯出 ①

保存
- 📓 儲存至 Notion ②
- 📄 儲存至Felo文件

**已封鎖存取權:這項要求遭到 Google 政策封鎖**

▇▇▇▇▇@gmail.com

這項要求不符合 Google 的「使用安全瀏覽器」政策。如果「Notion」提供網頁版,請開啟網路瀏覽器並嘗試透過該網頁登入。如要連線至無線網路,請按照這些指示操作。

PART
11

# Felo 與 NotebookLM 筆記協作
## 從知識分析到 Podcast 對談

# 單元重點

透過 Felo 與 NotebookLM 協作，整合 AI 智慧搜尋與筆記整理功能，進行知識探索分析與 Podcast 對談語音生成，提升工作與學習效率。

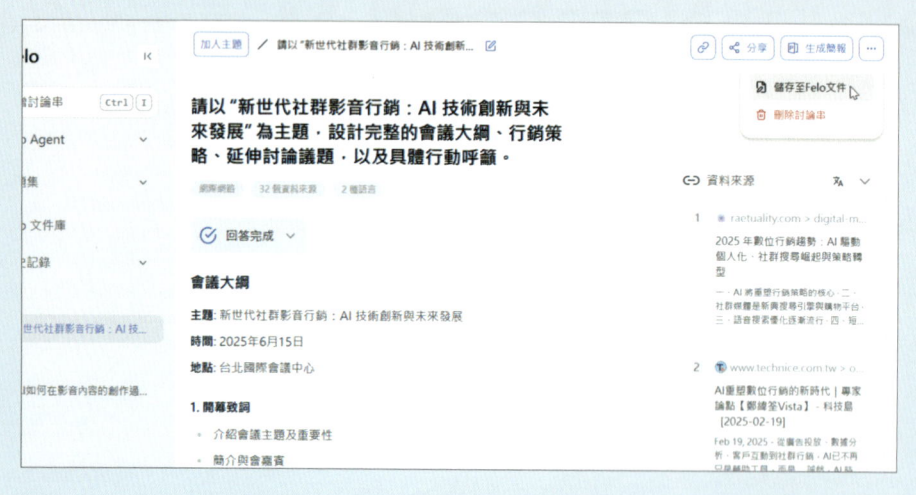

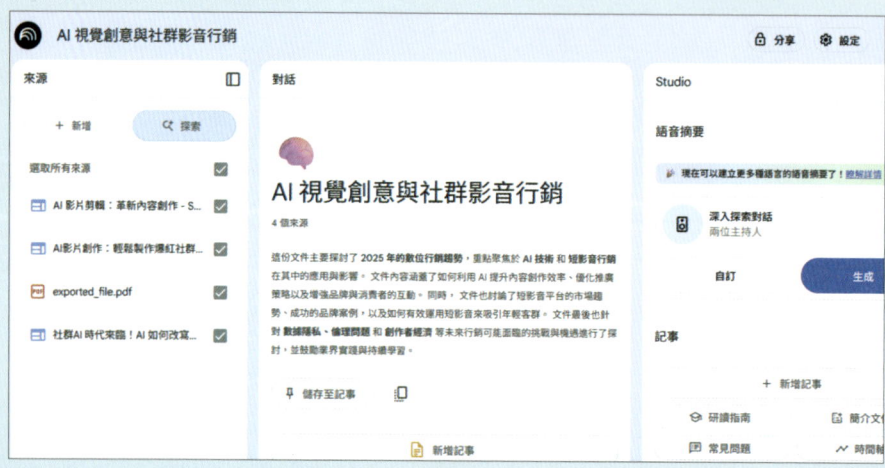

- ☑ 用 Felo 快速產出專業趨勢報告
- ☑ NLM 開啟 AI 高效知識應用新模式
- ☑ NLM 打造專屬知識庫
- ☑ NLM 從探索主題到知識轉化
- ☑ NLM 生成 Podcast 知識對談

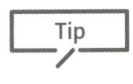

## Tip 1　用 Felo 快速產出專業趨勢報告　( Do it！)

運用 Felo 與 NotebookLM 結合 AI 搜尋與智慧筆記功能，串聯資訊整理與知識應用，打造高效協作流程。

以 NotebookLM 彙整與分析知識前，先透過 Felo 探詢專業趨勢，掌握主題脈絡，再匯入資料進行深入整理。

**step 01**　畫面左上角選按 Ⓠ Felo 回到首頁。

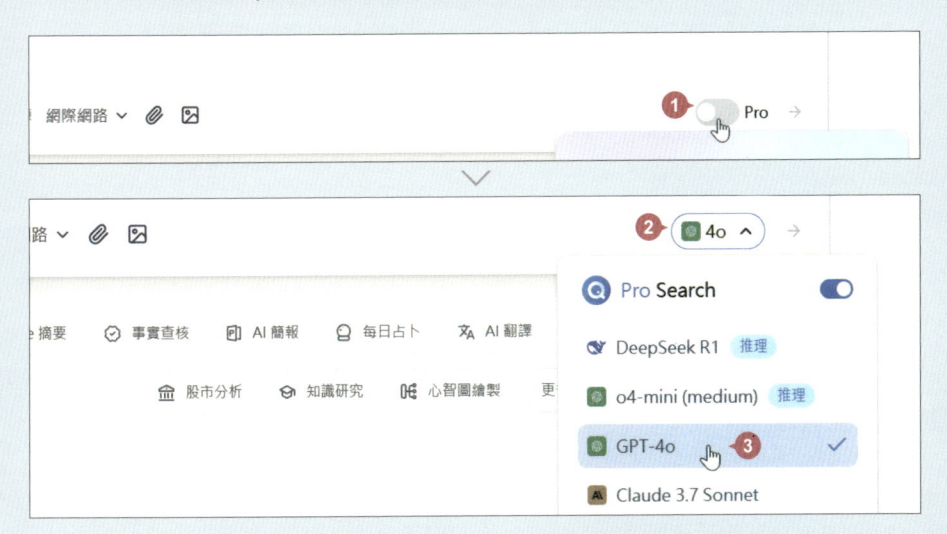

**step 02**　於對話框選按 ⬤ 鈕呈 ⬤ 狀，切換為專業版搜尋，並依需求設定合適的語言模型 (目前免費版有四個模型可選擇)。

**step 03**　針對特定領域的專業趨勢，聚焦近五年技術創新與未來應用。於對話框輸入以下提問，選按 → 鈕送出，Felo 會開始理解問題並完成回答。

> **提問** 💬
> 請分析近五年 AI 在影音多媒體應用中的技術創新與產業發展趨勢，包含主要應用場景、關鍵技術突破與未來潛力領域。

### 近五年 AI 在影音多媒體應用中的技術創新與產業發展趨勢分析

**主要應用場景**

1. 生成式 AI 在影音製作中的應用

   - **影片生成與內容創作**：生成式 AI 技術已廣泛應用於廣告製作、產品展示、社交媒體營銷等領域，業利用 AI 快速生成高品質影片，降低製作成本並提升效率 [4] [11] [29]。
   - **虛擬製片與特效**：虛擬製片技術（如 LED 虛擬場景）已成為電影製作的核心，能模擬複雜環境，少實地拍攝需求，並壓縮製作時間 [3]。
   - **社交媒體短影音**：AI 技術助力短影音內容的快速生成，滿足高頻次更新需求，提升品牌影響力 [29]。

2. 影音內容的個性化與互動性

   - **個性化片生成**：AI 能根據用戶需求生成高度個性化的影片內容，提升用戶體驗與營銷效果 [4]
   - **語音與影像同步**：視頻重講技術（Video Retalking）實現聲音與嘴型的精確匹配，應用於配音言學習及虛擬角色動畫 [7]。

3. 教育與訓練

   - AI 生成技術被廣泛應用於教育影片、企業培訓內容的自動化生成，提升學習效率 [12] [39]。

**關鍵技術突破**

*以下省略*

---

**step 04** 討論串畫面右上角選按 ⋯ 鈕 \ 儲存到 Felo 文件。

**step 05** 對話方塊選按 **商務 \ 下一步**，將討論串內容改寫為商務風格並儲存至 Felo 文件庫。(改寫風格會消耗 1 次 Pro Search 次數)

**step 06** 待報告生成完成，於側邊欄選按 Felo 文件庫，再選按剛才儲存的文件開啟。

**step 07** 編輯畫面右上角選按 **⋮** 鈕 **\ 下載 \ PDF 文件 (.pdf)**，將文件以 .pdf 檔案格式下載至本機儲存。

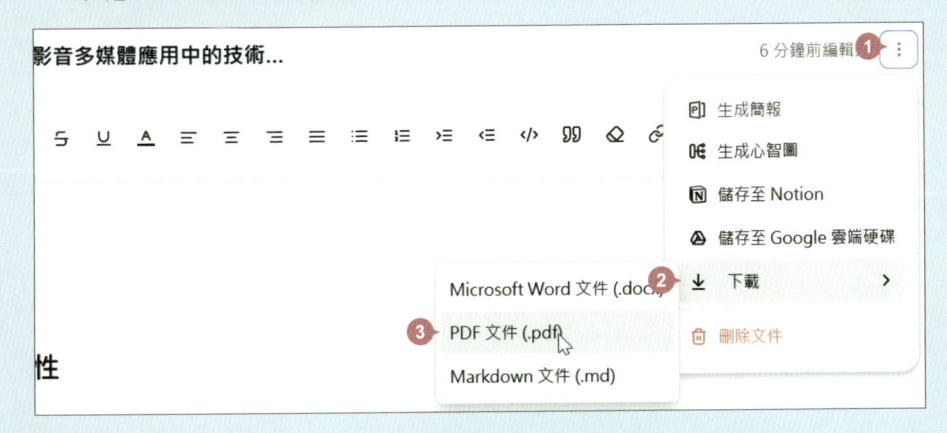

11-5

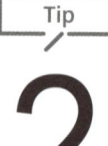

## Tip 2 NLM 開啟 AI 高效知識應用新模式 ( Do it！)

NotebookLM (以下簡稱NLM)，專為知識管理而設計，幫助你更輕鬆整理、理解和運用資訊！

### ✦ 登入並開啟第一本筆記本

**step 01** 開啟瀏覽器，於網址列輸入「https://notebooklm.google.com/」，若為首次使用，請先依步驟完成 Google 帳號登入，選按 **+ 建立新筆記本** 鈕，若已有建立的筆記本，選按 **+ 新建** 鈕，建立空白筆記本。

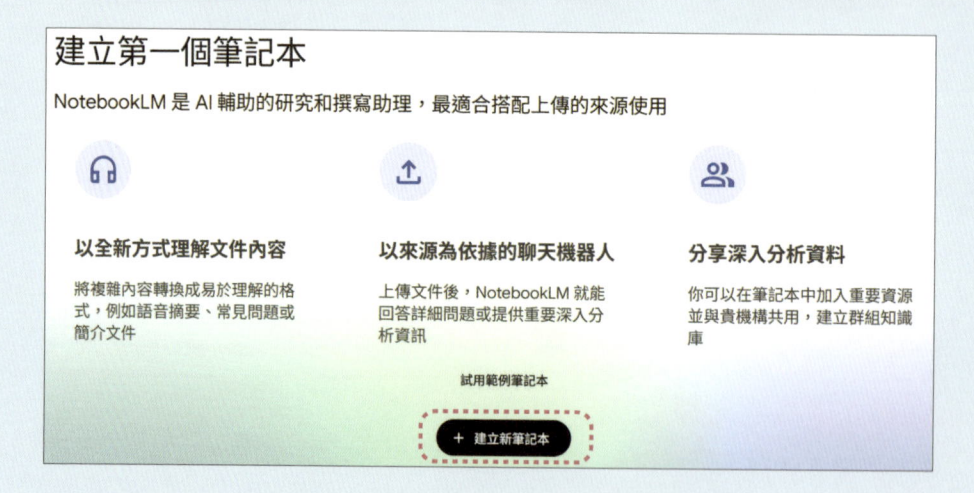

**建立第一個筆記本**

NotebookLM 是 AI 輔助的研究和撰寫助理，最適合搭配上傳的來源使用

**以全新方式理解文件內容**
將複雜內容轉換成易於理解的格式，例如語音摘要、常見問題或簡介文件

**以來源為依據的聊天機器人**
上傳文件後，NotebookLM 就能回答詳細問題或提供重要深入分析資訊

**分享深入分析資料**
你可以在筆記本中加入重要資源並與貴機構共用，建立群組知識庫

試用範例筆記本

[ + 建立新筆記本 ]

**step 02** 筆記本畫面左上角選取預設的名稱 Untitled notebook，再輸入合適的筆記本名稱，完成筆記本命名。(如果進入筆記本時出現 **新增來源** 對話方塊，可先選按右上角 ✕ 關閉。)

Untitled notebook ❶      AI視覺創意與社群影音行銷 ❷

來源                       來源

+ 新增    探索              + 新增    探索

11-6

## ✦ 認識筆記本畫面

NotebookLM 的筆記本使用介面設計簡潔，讓你輕鬆管理來源資料、提問問題與建立記事。

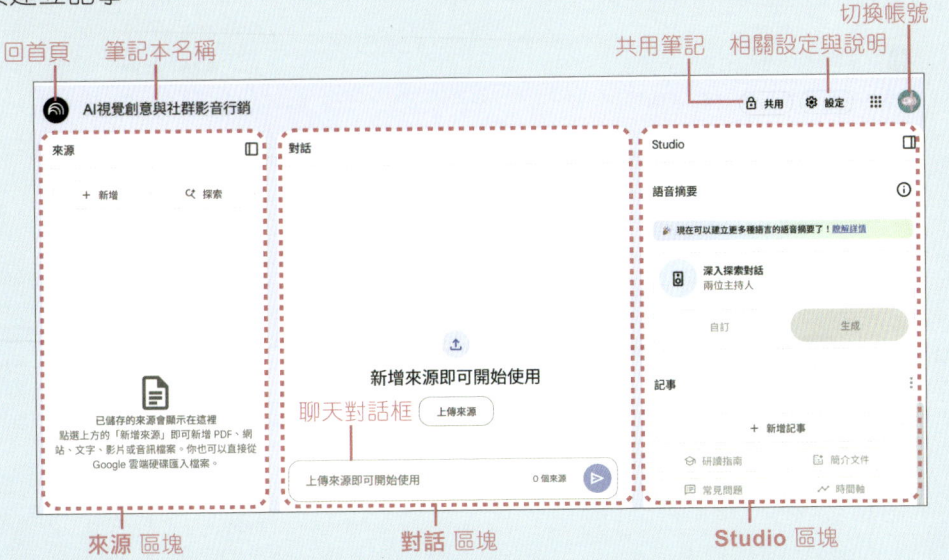

（畫面標示：回首頁、筆記本名稱、共用筆記、相關設定與說明、切換帳號、來源 區塊、對話 區塊、聊天對話框、Studio 區塊）

- 共用筆記：可與他人共享筆記。選按 **共用** 鈕，即可透過電子郵件指定共享對象，並設定權限 (如：**檢視者** 或 **編輯者**)。
- 相關設定與說明：NotebookLM 說明查詢、提供意見、裝置顯示模式切換、升級至 Plus。
- **來源** 區塊：列出所有上傳的參考資料，如：PDF、文字檔、聲音檔、Google 文件、Google 簡報、Youtube 影片、網頁...等。可以選按某份資料項目來檢視內容、逐字稿與摘要，或核選特定資料項目讓 AI 回答問題。
- **對話** 區塊：透過下方聊天對話框輸入提問，AI 會基於目前已核選的來源資料進行分析與回答；在此區塊可以看到一問一答的記錄。
- **Studio** 區塊：用於建立語音摘要與記事，記事中有研讀指南、簡介文件、常見問題、時間軸...等 AI 功能，幫助資料快速分析與整理。

✦ 認識首頁畫面

於筆記本畫面左上角，選按 ◉ 回到首頁，可由此進入其他筆記本或建立新筆記本；也可切換檢視模式與排序方式，方便使用者管理各主題筆記本。

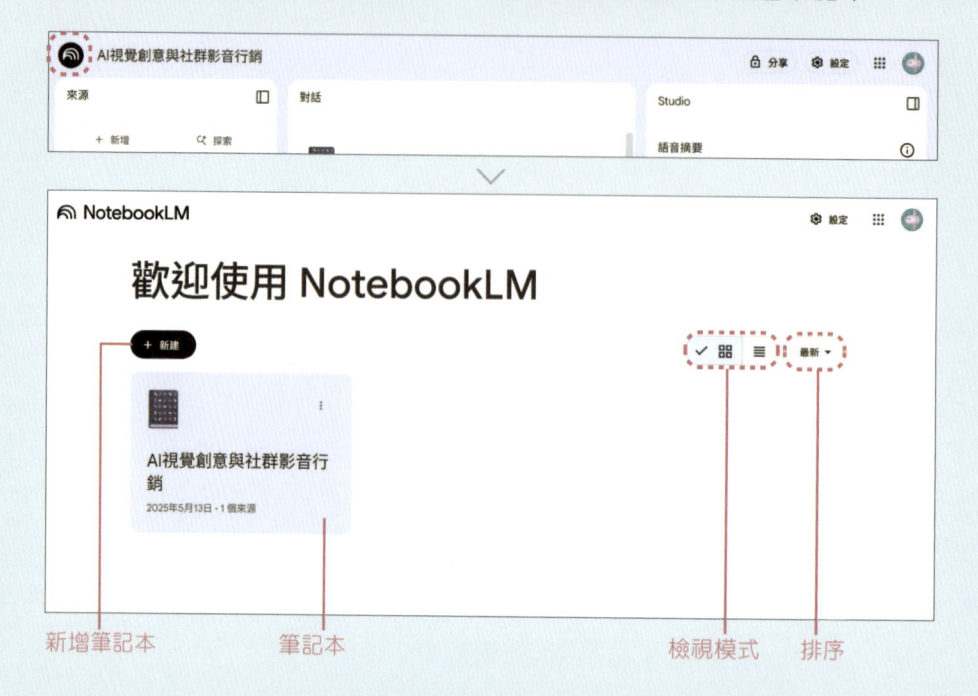

- **+ 新建**：按 **+ 新建** 鈕，可建立新的筆記本。
- **筆記本**：每本筆記本以卡片形式呈現，顯示名稱、建立時間及來源資料數量；選按筆記本卡片可進入該筆記本畫面，進行提問、編輯與互動。
- **檢視模式**：筆記本顯示方式，**網格模式** 以卡片方式排列；**列表模式** 以清單方式排列。
- **排序**：根據 **最新**、**最舊**、**與我共用** 條件，排列筆記本順序，以便快速找到指定筆記本。

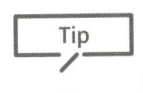

## Tip 3　NLM 打造專屬知識庫　　Do it !

將取得的相關檔案新增至 **來源** 區塊，也可以利用 **探索來源** 搜尋線上資料並匯入至 NotebookLM，以利後續資料分析。

### ✦ 新增來源：文件與檔案

NotebookLM 可上傳 Google 文件、Google 簡報、PDF、YouTube 影片、純文字筆記...等多種媒體格式，在此示範藉由 Felo 生成的專業趨勢報告 PDF 文件檔。

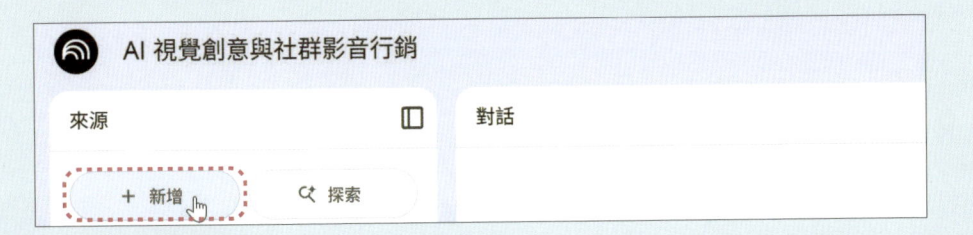

**step 01** 選按筆記本進入筆記本畫面，於 **來源** 區塊選按 **+ 新增** 鈕。

**step 02** **新增來源** 視窗選按 ⬆ 開啟對話方塊，指定存放路徑並選按欲上傳的 PDF 檔案，在此選按在 Felo 生成的趨勢報告檔案，再選按 **開啟** 鈕。

11-9

**step 03** 待上傳完成後，**來源** 區塊會看到該 PDF 檔案項目，且呈核選狀態。

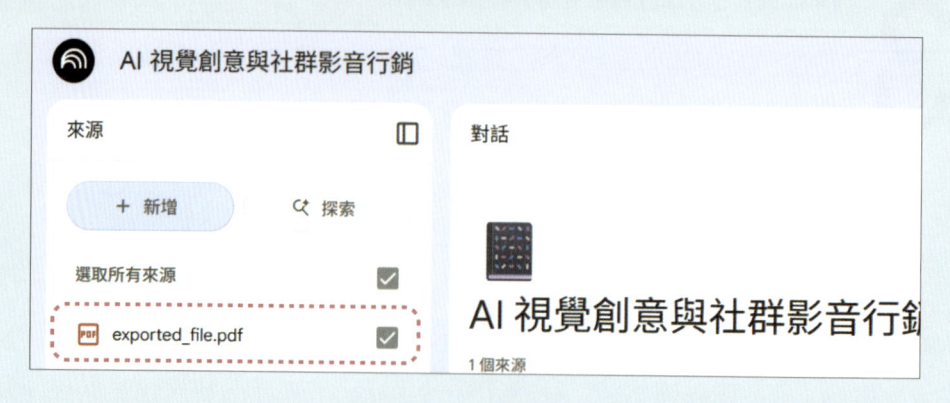

### ✦ 探索來源：網路搜尋

只要輸入想了解的主題，NotebookLM 的 **探索來源** 功能會自動從網路搜尋最相關的文章與資料，快速輔助你的研究與整理。

**step 01** 於 **來源** 區塊選按 **探索** 鈕。

**step 02** **探索來源** 視窗輸入關鍵字與描述，再選按 **提交** 鈕。

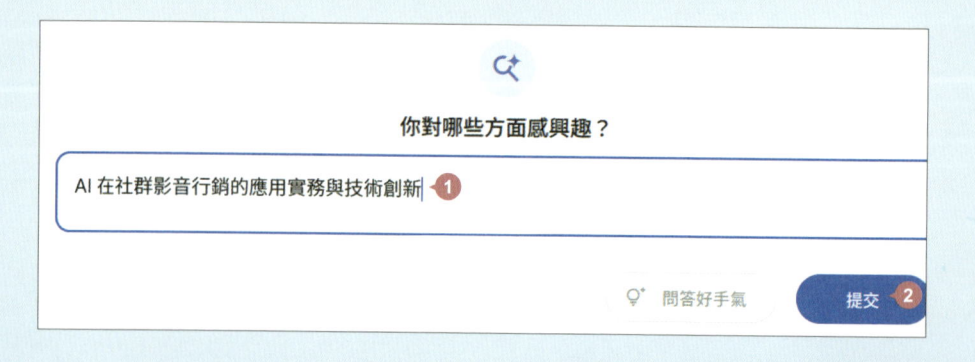

11-10

step 03　會顯示十筆相關資料且呈核選狀態，若有不適用的內容，可於資料右側取消核選，使後續提問更聚焦於主題，接著選按 **匯入** 鈕，新增至 **來源** 區塊。

step 04　待上傳完成後，**來源** 區塊會顯示 **探索來源** 匯入的資料，且呈核選狀態。

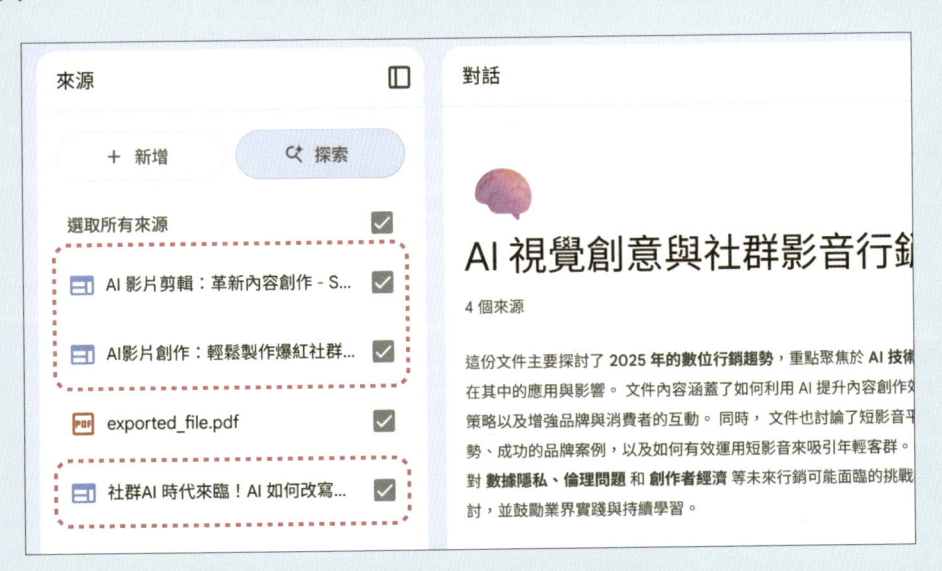

## Tip 4　NLM 從探索主題到知識轉化　　Do it！

若希望保留 NotebookLKM 對話內容，可以直接在提問後儲存為 **記事**。此外，NotebookLM 還提供多種一鍵生成的資料處理方式。

### ✦ 提問並儲存為記事

**step 01**　針對研究主題建議可能的分析方向，於對話框輸入提問，選按 ▶ 鈕送出。

提問 💬
目前哪些 AI 技術被認為是最具顛覆性的創新？為什麼？

---

目前哪些 AI 技術被認為是最具顛覆性的創 ①　　　　　　　　　　　　　　　　如要建立新
新？為什麼？|　　　　　　　　　　4 個來源　　　②

AI技術如何驅動社群影音行銷的創新與發展？　短影音平台⋯

---

探索　　　　　　　　　目前哪些 AI 技術被認為是最具顛覆性的創新？為什麼？　　　　　語音摘要

☑　　　　　　　　　　　　　　　　　　　　　　　　　　　　　　　現在可

作 - Sp...　☑　　根據來源資料，目前在數位行銷特別是社群影音行銷領域，被認
　　　　　　　　為最具顛覆性的 AI 技術主要集中在以下幾個方面：
江社群...　☑

　　　　　　　　・**生成式 AI (Generative AI)**：這項技術被視為**徹底改變了內容**
　　　　　　　　**創作的方式** ①  ⋯。生成式 AI 工具如 ChatGPT 和 DALL-E
　　　　　　　　等，已成為品牌內容創作的核心助力 ③  ⋯。它們能**自動生**
改寫社...　☑　　**成高品質的文字、圖像與影音素材** ③  ⋯，顯著提升內容產　　記事
　　　　　　　　製效率 ③  ⋯。例如，Meta 的生成式 AI 廣告工具已被廣泛
　　　　　　　　使用，創造了超過 1,500 萬則廣告，並顯著提升了點擊率與
　　　　　　　　轉換率 ④  ⋯。AI 生成內容 (AIGC) 技術能夠**快速產出符合**
　　　　　　　　**作市場需求的短影音**，降低製作成本並提升內容多樣性 ⑥
　　　　　　　　⋯。未來，生成式 AI 將能**更大規模地產製高品質內容**，並
　　　　　　　　透過智能演算法實現超個人化行銷 ⑨ 。

　　　　　　　　・AI 數據分析與智能演算法：AI 技術，包括智能演算法與數據

*以下省略*

**step 02** 生成回答後，於 **對話** 區塊，提問的答覆段落後方有灰色區塊的數字，又稱數字註腳，將滑鼠指標移到數字註腳上就會顯示引用的來源出處與資料內容；於該視窗拖曳垂直卷軸，可以瀏覽更多內容。

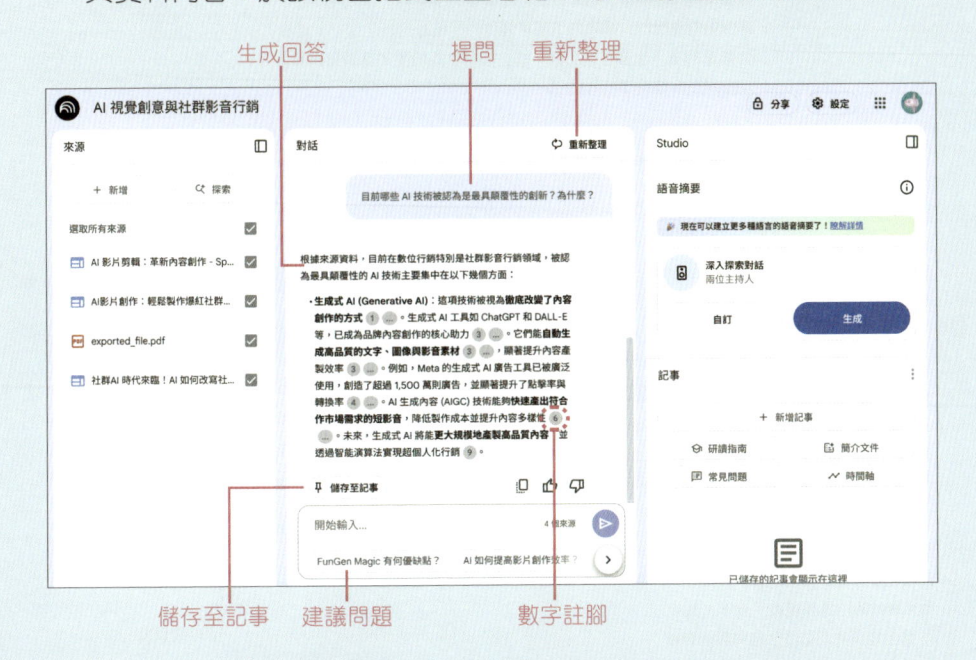

- **重新整理**：選按 **重新整理** 鈕，刷新對話紀錄，且不會保留原本的對話。
- **儲存至記事**：選按 **重新整理** 鈕或回到首頁再重開筆記本時，對話紀錄會不會保留下來；如果想保留某則回答內容，可選按 **儲存至記事** 鈕；會將該則回答內容儲存為記事，整理於右側 **Studio** 區塊。
- **數字註腳**：將滑鼠指標移至回答內容中的數字註腳，會顯示引用的來源資料項目以及引用內容。
- **建議提問**：以目前的來源資料內容，提供不同角度的問題建議並明確的描述問題，以更有結構地詢問或發掘新的見解。

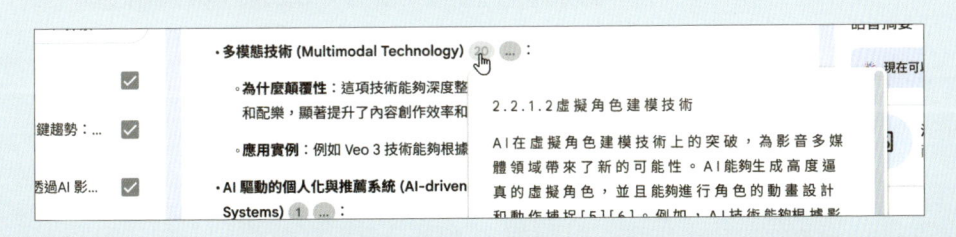

**step 03** 於 **對話** 區塊捲動至欲儲存的回答內容下方，選按 **儲存至記事** 鈕，將該回答儲存至 Studio 區塊 \ 記事。

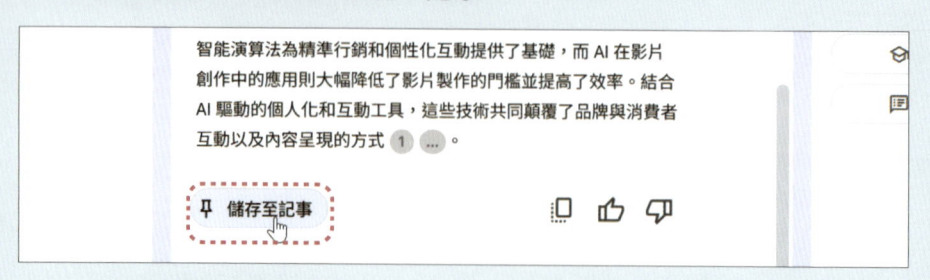

**step 04** 於 Studio 區塊選按儲存的記事，可瀏覽存放的內容；記事名稱上按一下滑鼠左鍵，可重新命名記事名稱，選按 即可回到筆記本主畫面。(該記事僅供檢視，無法編輯。)

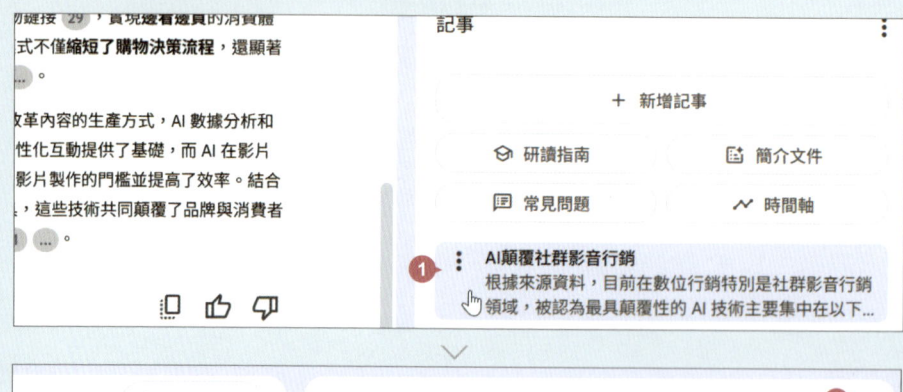

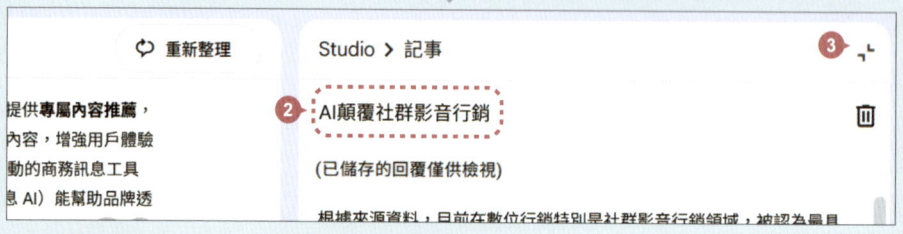

---

**小提示**

**儲存回答的訊息**

**對話** 區塊回答的訊息需手動保存，否則只要重整頁面、離開此筆記本回到首頁或是關閉網頁重新開啟，都會讓回答的訊息消失。

## ✦ 一鍵生成簡介文件

**簡介文件** 功能可以將大量資料整理成條理分明的內容，並提供適當的標題、重點摘要，無須手動整理繁瑣資料，即可擁有清晰的專業報告文件。

**step 01** 於 **來源** 區塊，選按各個資料項目可瀏覽內容與摘要，取消核選不需納入這份專業報告文件的資料來源。

**step 02** 於 **Studio** 區塊選按 **簡介文件** 鈕。

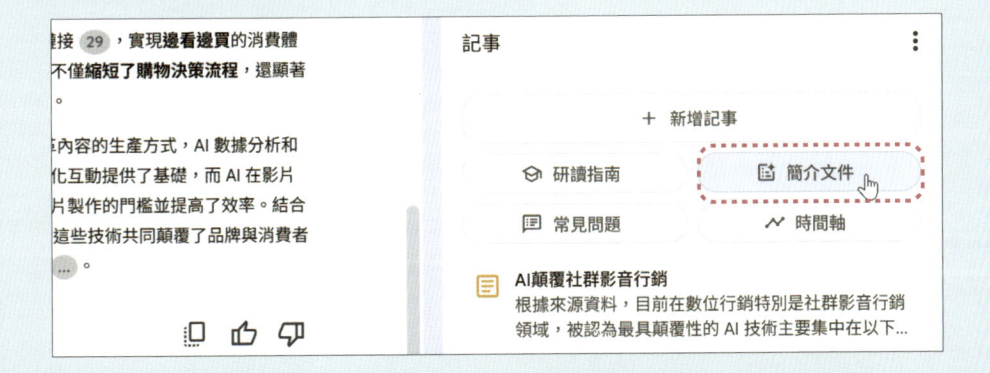

**step 03** 以 **來源** 區塊所有核選的資料彙整成這份簡介文件，並儲存為記事，選按該記事可開啟並瀏覽內容。(自動生成的記事僅供檢視，可以變更標題但無法編輯文件內容。)

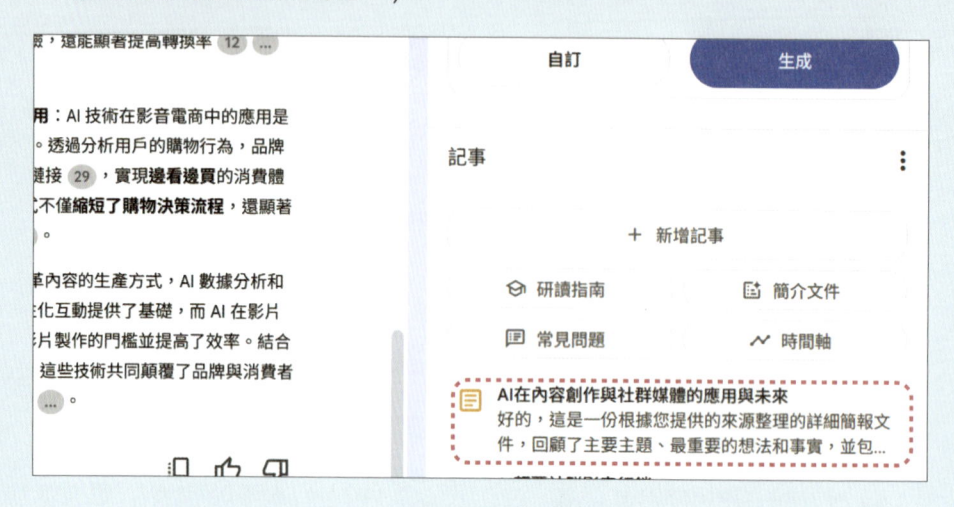

---

**小提示**

**其他記事功能**

- **研讀指南**：會根據有核選的來源資料，生成一份結構化的學習導覽，通常包含：重要主題與概念總結、關鍵詞定義與解釋與學習重點...等，甚至提供測驗題目與解答，能幫助循序漸進的理解大量知識，特別適合學術研究、備考或專業進修。
- **常見問題**：會根據有核選的來源資料，生成關鍵問題，並提供解答，幫助快速理解重點，也能將題目使用於報告、教案或考題設計...等情境。
- **時間軸**：以有核選的來源資料中包含的事件、歷程或發展過程建立為時間軸，將人物、事件...等與因果關係整理列項說明，尤其適用於歷史、專案紀錄、新聞報導或技術演進類資料。

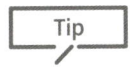

## Tip 5　NLM 生成 Podcast 知識對談　Do it !

NotebookLM 的語音摘要採用對話模式，能夠歸納並深入解析來源中的關鍵主題，讓使用者像聆聽 Podcast 一樣，快速理解重要資訊。

### ✦ 調整生成語音摘要指定語言

生成語音摘前要先確認輸出內容的語系，於頁面右上角選按 **設定** 鈕 \ **輸出內容語言**。若希望使用當前介面的語言，可指定：**預設**；如果需要生成特定語言的 Podcast 語音摘要，於 **選擇語言覆寫設定** 選按合適的語言，再選按 **儲存** 即可。(請注意：此處指定的語言將同時影響語音摘要、對話及記事內容的語系。)

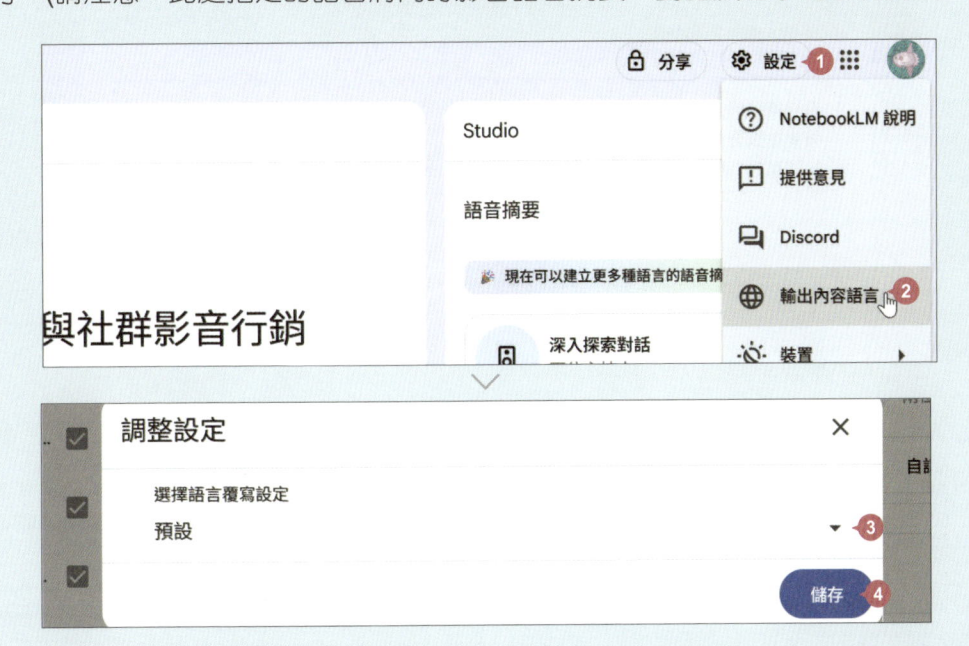

### ✦ 自訂對話式語音摘要並生成

語音摘要會依指定的語言與來源資料生成，透過 **自訂** 功能可以讓摘要生成時能更聚焦在特定重點上。

step 01　於 **來源** 區塊檢視資料來源，於資料來源來右側取消核選不需要的資料，再於 **Studio** 區塊選按 **自訂** 鈕。

step 02　於 **自訂語音摘要** 輸入指定的談話重點，例如 "訪談重點" 與 "開場及結尾時的語氣" ...等，選按 **生成** 鈕。等待生成完成後，選按 ▶ 即可聆聽完整的語音內容。

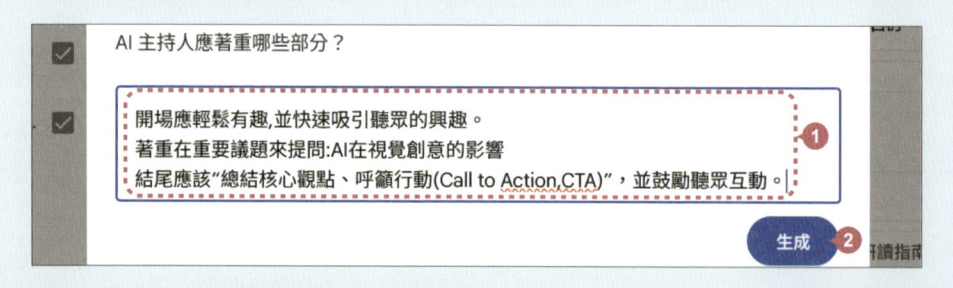

### ✦ 刪除並重新生成語音摘要

若覺得生成的內容不符合需求，想重新生成語音摘要，需先刪除已生成的語音摘要，才可以再次生成。

step 01　若要刪除語音摘要，於 **Studio** 區塊語音摘要選按 ⋮ \ **刪除**。

11-18

step 02　於對話方塊選按 **刪除** 鈕即可刪除，之後可再依 P11-18 操作步驟重新生成語音摘要。

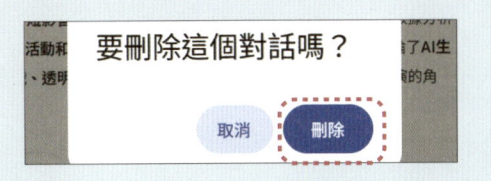

---

**小提示**

**重新載入語音摘要**

在頁面重整或是重啟瀏覽器的情況下，已生成的語音摘要會顯示 "點選即可載入對話"，選按 **載入** 鈕，即可載入之前生成的語音。

---

### ✦ 下載語音摘要

將生成的語音摘要下載，不僅可以在閒暇時間以聆聽的方式接收訊息，與朋友分享，還能作為 Podcast 或 YouTube 的素材使用。

step 01　於 **Studio** 區塊語音摘要選按 ⋮ \ **下載**。

step 02　下載完成後，於瀏覽器 (在此以 Google Chrome 瀏覽器示範) 右上角選按 ⬇ 開啟下載清單，將滑鼠指標移至檔案名稱上，選按 🗂 即可開啟下載檔案的資料夾。

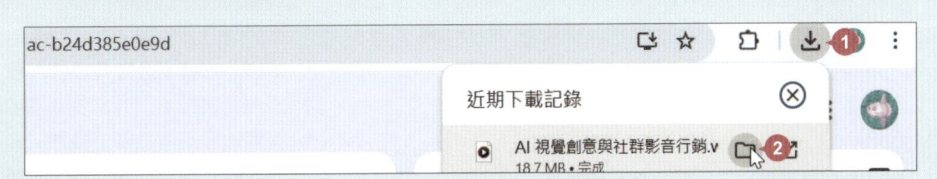

想知道更多 NotebookLM 詳細內容，請參考文淵閣工作室《AI超神筆記術：NotebookLM 高效資料整理與分析250技》一書。

# AI 超神活用術：Felo 搜尋、筆記、簡報、網頁、知識庫、心智圖與視覺圖表全能助手

作　　　者：文淵閣工作室
總　監　製：鄧君如
企劃編輯：王建賀
文字編輯：江雅鈴
設計裝幀：張寶莉
發　行　人：廖文良

發　行　所：碁峰資訊股份有限公司
地　　　址：台北市南港區三重路 66 號 7 樓之 6
電　　　話：(02)2788-2408
傳　　　真：(02)8192-4433
網　　　站：www.gotop.com.tw
書　　　號：ACV048300
版　　　次：2025 年 07 月初版
建議售價：NT$490

商標聲明：本書所引用之國內外公司各商標、商品名稱、網站畫面，其權利分屬合法註冊公司所有，絕無侵權之意，特此聲明。

版權聲明：本著作物內容僅授權合法持有本書之讀者學習所用，非經本書作者或碁峰資訊股份有限公司正式授權，不得以任何形式複製、抄襲、轉載或透過網路散佈其內容。
版權所有‧翻印必究

本書是根據寫作當時的資料撰寫而成，日後若因資料更新導致與書籍內容有所差異，敬請見諒。若是軟、硬體問題，請您直接與軟、硬體廠商聯絡。

國家圖書館出版品預行編目資料

AI 超神活用術：Felo 搜尋、筆記、簡報、網頁、知識庫、心智圖與視覺圖表全能助手 / 文淵閣工作室編著. -- 初版. -- 臺北市：碁峰資訊, 2025.07
　　面；　公分
　ISBN 978-626-425-115-0(平裝)

1.CST：資料處理　2.CST：人工智慧
312.83　　　　　　　　　　　　114008175